SPRINGER
LABOR

H. P. Latscha   G. Schilling   H. A. Klein

Chemie – Datensammlung

Zweite Auflage

Mit 33 Abbildungen
und 163 Tabellen

Springer-Verlag
Berlin Heidelberg GmbH

Professor Dr. Hans Peter Latscha
Anorganisch-Chemisches Institut
der Universität Heidelberg
Im Neuenheimer Feld 270, 6900 Heidelberg 1

Dr. Gerhard Schilling
Organisch-Chemisches Institut
der Universität Heidelberg
Im Neuenheimer Feld 270, 6900 Heidelberg 1

Dr. Helmut Alfons Klein
Bundesministerium für Arbeit und Sozialforschung
U.-Abt. Arbeitsschutz/Arbeitsmedizin
Rochusstraße 1, 5300 Bonn 1

ISBN 978-3-642-78000-4   ISBN 978-3-642-77999-2 (eBook)
DOI 10.1007/978-3-642-77999-2

Unveränderter Nachdruck

Die Deutsche Bibliothek – CIP-Einheitsaufnahme
Latscha, Hans P.:
Chemie-Datensammlung : mit 163 Tabellen / H. P. Latscha ;
G. Schilling ; H. A. Klein. – 2. Aufl. – Berlin ; Heidelberg ;
New York ; London ; Paris ; Tokyo ; Hong Kong ; Barcelona ;
Budapest : Springer, 1993
(Springer-Labor)

NE: Schilling, Gerhard:; Klein, Helmut A.:; HST

Gesamtherstellung: Konrad Triltsch, Würzburg
66/3145-543210 – Gedruckt auf säurefreiem Papier

Vorwort

Die Idee zu dem vorliegenden Buch entstand, weil eine in vielen Jahren zusammengetragene Sammlung von Tabellen und Daten aus Original- und Sekundärliteratur und Firmenschriften mit großem Erfolg von Studenten und Mitarbeitern benutzt wird.

Die Datensammlung ist als ständiger Begleiter für Labor, Vorlesung, Seminar und bei der täglichen Arbeit gedacht. Sie enthält in *sieben Kapiteln* Hinweise zum Arbeits- und Gesundheitsschutz im Labor, Stoffdaten aus der allgemeinen und speziellen Chemie, eine anorganische und organische Chemie in Stichworten, Labortips sowie Arbeitshilfen und Daten zur NMR-Spektroskopie.

Unser Ziel war es, ein handliches Tabellenwerk zum täglichen Gebrauch vorzulegen. Es soll damit eine Lücke geschlossen werden zwischen den großen Handbüchern und den Lehrbüchern mit ihren z. T. spärlichen Angaben. Bei der Auswahl der Stoffdaten, Labortips und Arbeitshilfen wurden auch zahlreiche Hinweise aus Firmenschriften übernommen, weil diese sehr gut geeignete, leider aber in vielen Einzeldarstellungen verstreute Anregungen und Vorschläge enthalten.

Die Datensammlung kann und soll kein Lehrbuch ersetzen, sondern einen ersten schnellen Überblick zu Darstellungsmethoden, Reaktionsgleichungen, Eigenschaften von Stoffen usw. vermitteln. Aus diesem Grunde wurden auch die Kapitel zur anorganischen und organischen Chemie in Form von Übersichten zusammengestellt.

Die Auswahl des Stoffes ergab sich zwar aus den Erfahrungen in der Lehre, sie ist jedoch subjektiv. Den Benutzern wären wir deshalb dankbar, wenn sie uns mit Anregungen, Kritik und Verbesserungsvorschlägen helfen würden, die Sammlung zu optimieren.

H. P. LATSCHA
G. SCHILLING
H. A. KLEIN

Inhaltsverzeichnis

Kapitel III

Kapitel IV

Kapitel V

Kapitel VI

Kapitel VII

Kapitel I

Arbeitsschutz
Gesundheitsschutz
Umweltschutz im Labor

1.1 Sicherheitsgrundregeln beim Umgang mit chemischen Stoffen

- Arbeiten Sie nie allein im Labor.
- Tragen Sie stets eine Schutzbrille.
- Benutzen Sie immer den Abzug bei Arbeiten mit giftigen, ätzenden oder sonst gefährlichen Gasen und Flüssigkeiten sowie Substanzen, die leicht entzündlich oder potentiell explosiv sind. Halten Sie dabei die Abzugsscheibe weitgehend geschlossen.
- Verwenden Sie Schutzschilde, um Verletzungen durch zerknallende Vakuumapparaturen oder unter Druck stehende Behälter vorzubeugen.
- Transportieren Sie Chemikalien in bruchsicheren, verschlossenen Gefäßen (Lösungsmittel-Flaschen im Eimer).
- Fassen Sie Chemikalien nicht mit bloßen Fingern an. Benutzen Sie Schutzhandschuhe beim Hantieren mit gefährlichen Flüssigkeiten und Lösungen.
- Erhitzen Sie brennbare (organische) Lösungsmittel nicht über einer offenen Flamme.
- Stellen Sie keine unverschlossenen Gefäße in den Kühlschrank.
- Beschriften Sie Chemikaliengefäße richtig und lesbar.
- Begrenzen Sie die zum Arbeiten erforderlichen Chemikalienmengen auf das notwendige Maß. Besondere Vorsicht beim Arbeiten mit großen (Lösungsmittel-)Mengen!
- Geben Sie niemals etwas *zu* einer konzentrierten Säure oder Lauge hinzu, sondern verfahren Sie z. B. beim Verdünnen umgekehrt.
- Richten Sie die Öffnungen von erhitzten Gefäßen (z. B. Reagenzgläsern) nicht auf eine Person, auch nicht auf sich selbst.
- Geben Sie niemals Feststoffe (z. B. Aktivkohle, Siedesteinchen) zu einer bereits erhitzten Lösung zu, sondern lassen Sie die Lösung vorher abkühlen.
- Pipettieren Sie grundsätzlich nicht mit dem Mund.
- Füllen Sie entnommene Substanzen nicht in das Reaktionsgefäß oder eine Vorratsflasche zurück.

- Tragen Sie einen Labormantel (reine Baumwolle!) sowie geeignete geschlossene Schuhe. Binden Sie lange Haare zurück und legen sie lange Halsketten ab.
- Informieren Sie sich über die Notausgänge sowie Ort und Handhabung der Feuerlöscher, Löschdecken, Notbrausen, Augenduschen, Atemschutzgeräte und anderer Sicherheitseinrichtungen.
- Beachten Sie die Laborvorschriften für die Vernichtung von Chemikalien-Resten und -Abfällen.
- Essen, trinken und rauchen Sie nicht im Labor.
- Informieren Sie sich *vor* Durchführung einer Reaktion über die Eigenschaften der verwendeten Chemikalien.

1.2 Erste Hilfe Maßnahmen

1.2.1 ABC-Vitaltherapie

A: Atemwege freimachen (Zahnprothesen, Erbrochenes)
B: Beatmen (ggf. Mund zu Mund Beatmung; bei Infektionsgefahr Beatmungshilfen benutzen)
C: Zirkulation (Kreislauf) aufrecht erhalten (Puls fühlen, Herzdruckmassage, Schocklagerung)

1.2.2 Erste Hilfe bei Elektrounfällen

1. Strom sofort unterbrechen. Danach Verunglückte vom Stromkreis trennen. Meldung an die Rettungsstelle.
2. Bei Atemstillstand Beatmung, z. B. durch Atemspende (s. 2.1 B). Atemwege freimachen!
3. Bei Kreislaufstillstand Herzdruckmassage in Verbindung mit Atemspende.
4. Elektrische Geräte vor Wiedereinschalten des Stromes außer Betrieb nehmen – auf gefährliche Betriebszustände bei laufenden Versuchen achten.

1.2.3 Erste Hilfe bei Verbrennungen

1. Löschen der Kleidung (Notbrause benutzen). Meldung an Rettungsstelle.
2. Kaltwasseranwendung (außer bei großflächigen Verbrennungen an Körperstamm und Gesicht) mindestens 15 Minuten.
3. Wundabdeckung mit sterilem Verbandmaterial.
4. Schocklagerung und warm zudecken.
5. Kreislauf und Atmung überwachen, ggf. Beatmung und Herzdruckmassage.

1.2.4 Erste Hilfe bei Chemikalienunfällen

Augenverletzungen

Mit beiden Händen das Auge weit öffnen und mit viel Wasser 10 Minuten spülen, ggf. Augenduschen benutzen. Bei Säuren und Laugen zur Pufferung möglichst auch Isogutt-Tropfen einträufeln. Zur Schmerzlinderung ggf. Novesin- oder Chibro-Kerakain-Augentropfen. Erst danach mit Deckverband sofort zum Augenarzt.
Bei Kontaktlinsen: Erst kurzes, intensives Spülen. Danach Kontaktlinsen entfernen und gründlich weiterspülen.

Giftaufnahme über die Haut

Sofortiges Waschen mit Wasser (Dusche benutzen) und ggf. mit Seife. Benetzte Kleidungsstücke ablegen. Keine Lösungsmittel verwenden.
Bei fettlöslichen Stoffen, Säuren (auch Flußsäure) oder Laugen kann auch Polyethylenglycol MG 400 (Lutrol E 400, Roticlean) verwendet werden. Arzt rufen oder Klinik aufsuchen.

Giftaufnahme über die Lunge

Vergiftete an frische Luft bringen. Auf Selbstschutz achten. Falls erforderlich beatmen, ggf. Herzdruckmassage. Vergiftete flach lagern und warm zudecken. Alle 10 Minuten Auxilosonspray einatmen lassen. Arzt rufen.

Giftaufnahme über Mund und Magen

Mund spülen und eine ausreichende Menge Wasser trinken. Bei fett-
löslichen Stoffen (insbes. Lösemitteln) 150 ml Paraffinöl oder Poly-
ethylenglycol MG 400 trinken.
Erbrechen provozieren (mit Salzwasser: 2 Teelöffel Kochsalz auf ein
Glas warmes Wasser − nicht bei Kindern bis 10 Jahre).
Nicht erbrechen bei:

− Bewußtlosen
− Waschmitteln (Tensiden)
− Säuren oder Laugen
− organischen Lösemitteln

Bei wasserlöslichen Giften danach ca. 50 Kohletabletten (ca. 10 g) in
150 ml Wasser aufgelöst trinken (möglichst 2 Eßlöffel Natriumsulfat
beifügen).

1.2.5 Behandlungszentren für Vergiftungen

In einigen Städten der Bundesrepublik Deutschland bestehen Infor-
mationszentren für Vergiftungsfälle. Diese Zentren, die auch von
Laien angerufen werden können, sind Tag und Nacht bereit, Aus-
künfte über Gegenmaßnahmen bei Vergiftungsfällen aller Art zu ertei-
len. Stand: Januar 1990; bitte regelmäßig aktualisieren!

K = Kinderklinik   I = Medizinische Klinik   * = kein 24-Stunden-Dienst

Berlin   Beratungsstelle für Vergiftungserscheinungen an der   K
Universitäts-Kinderklinik, KAVH
Pulsstr. 3−7
1000 Berlin 19
Telefon: (030) 3023022, Fernschreiber: 183191 bgi d

Reanimationszentrum der Freien Universität Berlin   I
im Klinikum Charlottenburg
Spandauer Damm 130
1000 Berlin 19
Telefon: (030) 3035466/3035436, Zentrale: (030) 30351

Bonn   Universitäts-Kinderklinik und Poliklinik Bonn   K
Informationszentrale gegen Vergiftungen
Adenauerallee 119
5300 Bonn
Telefon: (0228) 2606211, Zentrale: (0228) 26061
Fernschreiber: 8869546 klbo d

Braunschweig	Medizinische Klinik des Städtischen Krankenhauses Salzdahlumer Straße 90 3300 Braunschweig Telefon: (0531) 62290, Zentrale: (0531) 6880	I
Bremen	Kliniken der Freien Hansestadt Bremen Zentralkrankenhaus St.-Jürgen-Straße Klinikum für innere Medizin – Intensivstation – St.-Jürgen-Straße 2800 Bremen 1 Telefon: (0421) 4975268, 4973688	I
Freiburg	Universitäts-Kinderklinik Freiburg Informationszentrale für Vergiftungen Mathildenstraße 1 7800 Freiburg Telefon: (0761) 2704361, 2704300/2704301, Zentrale: (0761) 2701	K
Göttingen	Universitäts-Kinderklinik und Poliklinik Humboldtallee 38 3400 Göttingen Telefon: (0551) 396239/41 (Vermittlung an den diensthabenden Arzt), Zentrale: 396210/11 Fernschreiber: unigoed 96703	K
Hamburg	I. Medizinische Abteilung des Krankenhauses Barmbek Giftinformationszentrale Rübenkamp 148 2000 Hamburg 60 Telefon: (040) 6385345/346	I
Homburg/Saar	Universitäts-Kinderklinik Homburg/Saar Informationszentrale für Vergiftungen 6650 Homburg/Saar Telefon: (06841) 162257/162846, Zentrale: (06841) 160	K
Kiel	Zentralstelle zur Beratung bei Vergiftungsfällen an der I. Medizinischen Universitätsklinik Kiel Schittenhelmstraße 12 2300 Kiel Telefon: (0431) 5974268, Zentrale: (0431) 5970, Pförtner: (0431) 5971393/94 Fernschreiber der Landesregierung (Innenmin.): 299871 lregd (Kennwort: Vergiftungszentrale)	I
Koblenz	Städtisches Krankenhaus, Kemperhof, Koblenz I. Medizinische Klinik 5400 Koblenz Telefon: (0261) 499648 Fernschreiber der Berufsfeuerwehr: 862699 stbkod	I

Ludwigshafen   Städtische Krankenanstalten Ludwigshafen   I
                    Entgiftungszentrale, Medizinische Klinik C
                    Bremserstraße 79
                    6700 Ludwigshafen
                    Telefon: (0621) 503431, Zentrale: (0621) 5031
                    Fernschreiber der Städt. Berufsfeuerwehr: 464861 stlu d

Mainz   Beratungsstelle bei Vergiftungen   I
                    II. Medizinische Klinik und Poliklinik der Universität
                    Langenbeckstraße 1
                    6500 Mainz
                    Telefon: (06131) 232466, Zentrale: (06131) 171

München   Giftnotruf München   I
                    Toxikologische Abteilung der II. Medizinischen Klinik
                    rechts der Isar der Technischen Universität München
                    Ismaninger Straße 22
                    8000 München 80
                    Telefon: (089) 41402211
                    Fernschreiber: 524404 klire d

Münster   Medizinische Klinik und Poliklinik   I
                    Albert-Schweitzer Str. 33
                    4400 Münster
                    Telefon: (0251) 836245/836188, Zentrale: (0251) 831

                    Spezielle toxikologische Fragen:
                    Institut für Pharmakologie und Toxikologie
                    der Westfälischen Wilhelms-Universität: (0251) 835510

Nürnberg   II. Medizinische Klinik des Städtischen Klinikums   I
                    Toxikologische Intensivstation
                    Flurstraße 17,
                    8500 Nürnberg 90
                    Telefon: (0911) 3982451
                    Fernschreiber: 622903 stnbg d

Papenburg   Marienhospital, Kinderabteilung   K*
                    Hauptkanal rechts 75
                    2990 Papenburg
                    Telefon: (04961) 831 Zentrale (Vermittlung an den
                    diensthabenden Arzt)

1.3 Übersicht über die Gefahrenkennzeichnung nach der Gefahrstoffverordnung

Tabelle 1.1

Symbol (schwarz auf orangem Grund)	Gefahrenbezeichnungen mit Kurzzeichen	Gefahr	Beispiel	Vorsichtsregeln
	sehr giftig (T+) giftig (T)	Bei Aufnahme in den Körper (Einatmen, Verschlucken oder Aufnahme durch die Haut) erhebliche Gesundheitsschäden oder Tod (sofort oder auch erst später!)	Blausäure Asbest-Feinstaub	Jeglichen Kontakt mit dem Körper vermeiden. Bei Unwohlsein sofort Arzt aufsuchen
	mindergiftig (Xn)	Bei Aufnahme in den Körper verursacht der Stoff Gesundheitsschäden	Trichlorethen („Tri")	Jeglichen Kontakt mit dem Körper, insbesondere Einatmen der Dämpfe vermeiden. Bei Unwohlsein Arzt aufsuchen
	ätzend (C)	Lebendes Gewebe, aber auch Materialien (z.B. Baumwolle, Holz) werden bei Kontakt mit dem Stoff zerstört	Brom Schwefelsäure	Dämpfe nicht einatmen Berührung mit Hand, Augen und Kleidung vermeiden

	reizend (Xi)	Stoff mit Reizwirkung auf Haut, Augen oder Atmungsorgane	Ammoniak-Lösung	Dämpfe nicht einatmen, Berührung mit Augen und Haut vermeiden
	explosionsge-fährlich (E)	Stoff kann unter bestimmten Bedingungen explodieren	Ammonium-perchlorat	Schlag, Stoß, Reibung, Funkenbildung und Hitzeeinwirkung vermeiden
	brandfördernd (O)	Stoff kann brennbare Stoffe entzünden oder ausgebrochene Brände fördern	Kalium-permanganat	Jeden Kontakt mit brennbaren Stoffen vermeiden
	hochentzündlich (F+) leichtentzünd-lich (F) entzündlich (R 10)	1. Selbstentzündliche Stoffe	Phosphor (weiß)	Kontakt mit Luft vermeiden
		2. Gasförmige Stoffe	Butan, Propan	Zündquellen fernhalten Bildung zündbarer Gas-Luft-Gemische verhindern
ohne Symbol		3. Brennbare Flüssigkeiten	Aceton, Ethanol	Zündquellen fernhalten
		4. Feuchtigkeitsempfindliche Stoffe, die mit Wasser brennbare Gase bilden	Natrium	Kontakt mit Wasser oder Feuchtigkeit vermeiden

1.4 Übersicht über die persönliche Schutzausrüstung bei der Verwendung gefährlicher Stoffe (VbF = Verordnung über brennbare Flüssigkeiten)

Tabelle 1.2. Schutzausrüstung gegen gefährliche Stoffe

Diese Schutzausrüstung ist: + erforderlich − nicht geeignet 0 bedingt geeignet	Sehr giftig Giftig		Mindergiftig		Ätzend	Reizend	Explosions- gefährlich		Brand- för- dernd	Hoch- entzündlich Leicht- entzündlich
	T+, T		Xn		C	Xi	E		0	F+, F
	flüssig	fest	flüssig	fest			flüssig	fest		VbF: A I, A II, A III, B
Flammensichere, antistatische Schutzkleidung oder Schutzkittel	−	0	−	0	−	−	+	+	0	+
Schutzkleidung oder Schürze aus Gummi ggf. auch Schutzhaube	+	+	+	+	+	+	−	−	+	−

Vollschutzbrille oder Gesichtsschutzschirm	+	+	+	+	+	+	+	+	+	+
Dichte Schutzhandschuhe	+	+	+	+	−	−	+	+	−	+
Schutzhandschuhe, ggf. mit langen Stulpen	−	−	−	−	+	+	−	0	+	−
Schutzschuhe gegen verschüttete Flüssigkeit (keine Lederschuhe)	0	0	0	0	+	0	−	−	+	0
Filz- oder Lederschuhe, Schutzstiefel	+	+	0	0	−	0	+	+	−	0
Atemschutzmaske mit geeignetem Filter (siehe Tabelle 1.3)	+	+	+	+	+	+	+	+	+	+
Hautschutz	+	+	+	+	+	+	0	0	+	+

Tabelle 1.3. Gasfiltertypen

Gasfiltertyp	Kennfarbe	Hauptanwendungsbereich
A	braun	Organische Gase und Dämpfe, z. B. von Lösemitteln
B	grau	Anorganische Gase und Dämpfe, z. B. Chlor, Schwefelwasserstoff, Cyanwasserstoff (Blausäure)
E	gelb	Schwefeldioxid, Chlorwasserstoff
K	grün	Ammoniak
CO	schwarz	Kohlenstoffmonoxid
Hg	rot	Quecksilber (Dampf)
NO	blau	Nitrose Gase incl. Stickstoffmonoxid
Reaktor	orange	Radioaktives Iod incl. radioaktives Methyliodid

1.5 Farbcode für Druckgasflaschen und Rohrleitungen

1. Druckgasbehälter werden entsprechend der in ihnen enthaltenen Gase farbig gekennzeichnet, und zwar gilt:

rot   = brennbare Gase
gelb   = Acetylen
blau   = Sauerstoff
grün   = Stickstoff
grau   = alle übrigen Gase

Für giftige Gase gibt es keine besondere farbliche Kennzeichnung. Alle brennbaren Gase haben als Anschlußgewinde ein Linksgewinde, nichtbrennbare Gase ein Rechtsgewinde.

2. Rohrleitungen werden entsprechend der in ihnen geförderten Stoffe (Flüssigkeiten, Gase, Dämpfe) farblich gekennzeichet nach DIN 2403. Die DIN 2403 kennt 10 Gruppen von Durchflußstoffen:

Wasser	grün
Wasserdampf	rot
Luft	grau
brennbare Gase	gelb oder gelb mit Zusatzfarbe rot
nichtbrennbare Gase	gelb mit Zusatzfarbe schwarz oder schwarz
Säuren	orange
Laugen	violett
brennbare Flüssigkeiten	braun oder braun mit Zusatzfarbe rot
nichtbrennbare Flüssigkeiten	braun mit Zusatzfarbe schwarz oder schwarz
Sauerstoff	blau

1.6 Unverträgliche Chemikalien

Die folgende Tabelle enthält wichtige Beispiele für Chemikalien, die aufgrund ihrer chemischen Eigenschaften heftig miteinander reagieren können. Sie sollten daher getrennt voneinander aufbewahrt werden und dürfen nicht miteinander in Kontakt kommen.

Tabelle 1.4

Stoff	Unverträglich mit
Acetylen	Brom, Chlor, Fluor, Kupfer, Silber, Quecksilber
Aktivkohle	Calciumhypochlorit, Oxidationsmittel, flüssige Luft
Alkalimetalle (K, Na)	Wasser, Tetrachlorkohlenstoff und andere Halogenalkane, Kohlendioxid, Halogene
Alkylphosphane	Halogenalkane
Aluminiumalkyle	Wasser
Ammoniak (Laborgas)	Quecksilber, Chlor, Calciumhypochlorit, Iod, Brom, Fluorwasserstoff
Ammoniumnitrat	Säuren, Metallpulver, brennbare Flüssigkeiten, Chlorate, Nitrate, Schwefel, fein verteilte organische Substanzen oder andere brennbare Stoffe
Anilin	Salpetersäure, Wasserstoffperoxid
brennbare Flüssigkeiten (z. B. Aceton)	Ammoniumnitrat, Chrom(VI)-oxid, Wasserstoff, Salpetersäure, Natriumperoxid, Halogene
Brom, Chlor	Acetylen, Ammoniak, Butadien, Butan, Methan, Propan, Wasserstoff, höhere Alkane (Benzine), Benzol, Metallpulver
Chlorate	Ammoniumsalze, Säuren, Metallpulver, Schwefel, fein verteilte organische Substanzen oder andere brennbare Stoffe
Chrom(VI)-oxid	Essigsäure, Naphthalin, Campher, Glycerin, höhere Alkane (Benzine), Alkohole, brennbare Flüssigkeiten
Cumolhydroperoxid	Säuren
Cyanide	Säuren
Decaboran	CCl_4 u. a. Halogenalkane
Essigsäure	Chrom(VI)-oxid, Salpetersäure, Alkohole, Ethylenglycol, Perchlorsäure, Peroxide, Permanganate
Fluor	getrennt lagern von allen Substanzen
Fluorwasserstoff	Ammoniak (Laborgas oder Lösung)

Tabelle 1.4 (Fortsetzung)

Stoff	Unverträglich mit
Iod	Acetylen, Ammoniak (Laborgas oder Lösung)
Kaliumpermanganat	Glycerin, Ethylenglycol, Benzaldehyd, Schwefelsäure
Kohlenwasserstoffe (Butan, Propan, Benzol etc.)	Fluor, Chlor, Brom, Chrom(VI)-oxid, Natriumperoxid
Kupfer	Acetylen, Wasserstoff
Natriumperoxid	Methanol, Ethanol, Eisessig, Essigsäureanhydrid, Benzaldehyd, Schwefelkohlenstoff, Glycerin, Ethylenglycol, Ethylacetat, Methylacetat, Furfurol
Oxalsäure	Silber, Quecksilber
Perchlorsäure	Essigsäureanhydrid, Bismut und -Legierungen, Alkohole, Papier, Holz
Perchlorate	s. Chlorate
Phosphor	Schwefel, sauerstoffhaltige Verbindungen (z.B. Chlorate)
Quecksilber	Acetylen, Ammoniak
Salpetersäure(konz.)	Essigsäure, Anilin, Chrom(VI)-oxid, Blausäure, Schwefelwasserstoff, brennbare Flüssigkeiten und Gase
Schwefelsäure	Kaliumchlorat, Kaliumperchlorat, Kaliumpermanganat
Schwefelwasserstoff	Salpetersäure rauchend, oxidierende Gase
Silber	Acetylen, Oxalsäure, Weinsäure, Ammoniumverbindungen
Wasserstoffperoxid	Kupfer, Chrom, Eisen, Metalle und Metallsalze, Alkohole, Aceton, organische Substanzen, Anilin, Nitromethan, brennbare Stoffe (fest oder flüssig)

Tabelle 1.5. Ausgewählte Ersatzstoffe und Alternativverfahren

Gefahrstoff	Substitut	Bemerkungen zum Substitut
Alkylammoniumperchlorate, $(alkyl)_4N^{\oplus}ClO_4^{\ominus}$	Tetrabutylammoniumhexafluorophosphat, $(n\text{-}C_4H_9)_4^{\oplus}NPF_6^{\ominus}$	nicht explosiv, größerer Potentialbereich als das ent- entsprechende Produkt
Benzidin (zum Blutnachweis), 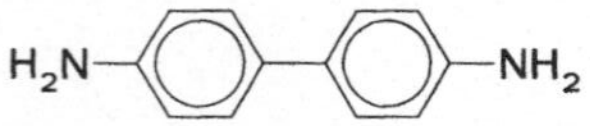	3,3',5,5'-Tetramethylbenzidin, 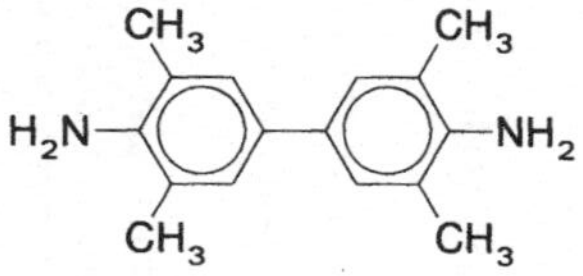	nicht krebserzeugend (Holland et al. Tetrahedron *30*, 3299 (1974)).
Benzol, C_6H_6	Toluol, $C_6H_5CH_3$; Xylol, $C_6H_4(CH_3)_2$	nicht krebserzeugend
Diazomethan, CH_2N_2	Darstellung aus N-Methyl-N-nitrosotoluolsulfonamid	nicht krebserzeugendes Ausgangsmaterial erlaubt Darstellung als Intermediat im geschlossenen System
Diethylether, $C_2H_5\text{—}O\text{—}C_2H_5$	tert. Butylmethylether, MTBE $(CH_3)_3C\text{—}O\text{—}CH_3$	praktisch keine Peroxidbildung, Schmp. $-109\,°C$, Sdp. $55\,°C$

Hexamethylphosphorsäure-triamid (HMPT) $O{=}P(N(CH_3)_2)_3$	1,3-Dimethyl-2-oxohexahydro-pyrimidin	nicht krebserzeugend (D. Seebach et al. Helv. Chim. Chim. Acta *65*, 385 (1982); andere mögliche Substitute: Dimethylsulfoxid, 1-Methyl-2-pyrrolidon
Natrium (zum Trocknen), Na	Molekularsieb, Aluminiumoxid	Brandgefahr beim Vernichten der Reste entfällt
Phosgen, $COCl_2$	Diphosgen (Trichlormethyl-chlorformiat)	Flüssigkeit (statt Gas), niedriger Dampfdruck K. Kurita et al., J. Org. Chem. *41*, 2070 (1976)
Schwefelwasserstoff (zur Analyse), H_2S	Thioacetamid	H_2S wird als Intermediat in der Reaktionslösung gebildet
Asbest (z. B. für Filtertiegel)	Aluminiumoxid-Fasern	Die Al_2O_3-Fasern lassen sich nicht nur z. B. für Gooch-Tiegel einsetzen, sondern auch zur Hochtemperatur-Isolierung bis ca. 1000 °C

1.7 Lösemittel/Sicherheitsdaten

Sicherheitstechnische Kennzahlen und Daten erlauben bei geeigneter Zusammenstellung und Bewertung eine grobe Abschätzung der Gesundheitsgefahren und erleichtern die Suche und Auswahl von ungefährlicheren Ersatzstoffen.
Die Gefahrenabschätzung wird vereinfacht, wenn man sich für die wichtigsten Stoffe Gefahrentabellen zusammenstellt. Die erforderlichen Daten können i. a. der Literatur entnommen werden. Tabelle 1.6 enthält sie für einige wichtige Lösemittel.
Die Sicherheitsdaten jedes Stoffes sind jeweils in ihrer Gesamtheit zu betrachten und zu bewerten. Bei unterschiedlichen Gefährdungsgraden ist grundsätzlich der höchste Gefährdungsgrad Ausgangspunkt für die Sicherheitsplanung.
Beispiele für die Benutzung der Gefahrentabelle:

1. Benötigt man ein aromatisches Lösemittel, so ist wegen der krebserzeugenden Wirkung von Benzol nach der Tabelle zwischen Toluol und Xylol zu wählen. Die Art der Verwendung bestimmt dann die endgültige Wahl. Toluol ist z. B. leichter abzudestillieren und kann auch bei tiefen Temperaturen eingesetzt werden.
2. Bei den chlorierten Lösemitteln ist nach Möglichkeit 1,1,1-Trichlorethan den anderen Lösemitteln vorzuziehen, solange bei diesen ein Verdacht auf krebserzeugende Wirkung weiterbesteht. Dem Vorteil der Nichtbrennbarkeit vieler Chlorkohlenwasserstoffe steht der Nachteil einer möglichen Umweltbelastung gegenüber, weshalb diese Lösemittel sachgerecht zu handhaben und zu entsorgen sind.

Tabelle 1.6. Sicherheitsdaten zu Lösemitteln

Lösemittel nach Gruppen geordnet	MAK/TRK 1989 ml/m³ (ppm)	Krebsgefahr/ Fruchtschädigung 1989 – GefStoffV und MAK-Liste	Gefahren- bezeich- nung GefStoffV	Flamm- punkt °C	Siede- punkt °C	Dampf- druck 20°C	untere–obere Explosions- grenze Vol-%	Löse- mittel- klasse GefStoffV	Geruchs- schwelle ml/m³ (ppm)
Alkane									
n-Hexan	50	–	–	F, Xn	−23	69	160	1,1−7,6	IIa	–
n-Heptan	500	–	–	F	− 4	98	48	1−6,7	–	–
n-Pentan	1000	–	–	F	−49	36	573	1,4−8	–	–
Spezialbenzin (benzolfrei, < 5%-n-Hexan)									
40/65	–	–	–	F	−30	40−65	330	1,2−7,5	–	–
60/80	–	–	–	F	−30	60−80	200	1,0−7,4	–	–
100/140	–	–	–	F	− 2	100−140	40	0,8−6,5	–	–
140/165	–	–	–	R 10	25	140−165	10	0,6−6,5	–	–
Cyclohexan	–	–	–	F	−17	81	104	1,2−8,3	–	0,4
Alkohole									
1-Butanol	100	–	–	Xn	29	117	7	1,4−11,3	IId	25
2-Butanol (sec-Butanol)	100	–	–	Xn	24	99,5	17	2,8−9	IId	40
tert. Butanol (2-Methyl-2-propanol)	100	–	–	F, Xn	11	82	40	2,3−8	IId	–
Ethanol	1000	–	–	F	12	78,5	59	3,5−15	–	10
Ethandiol (Glykol)	–	–	–	Xn	111	197	0,06	3,2−53	IId	–
Glycerin	–	–	–	(Xi)	176	290	1	–	–	–
Methanol	200 H	–	D	T, F	11	65	128	5,5−44	Ic	5
1-Propanol	–	–	–	F	15	97	19	2,1−13,5	–	100
2-Propanol (Isopropanol)	400	–	D	F	12	82	40	2−12	–	–

Tabelle 1.6 (Fortsetzung)

Lösemittel nach Gruppen geordnet	MAK/TRK 1989 ml/m³ (ppm)	Krebsgefahr/ Fruchtschädigung 1989 – GefStoffV und MAK-Liste	Gefahren-bezeich-nung GefStoffV	Flamm-punkt °C	Siede-punkt °C	Dampf-druck 20 °C	untere – obere Explosions-grenze Vol-%	Löse-mittel-klasse GefStoffV	Geruchs-schwelle ml/m³ (ppm)
Alkoxyethanol (Ethylenglykolether)									
2-Butoxyethanol	20 H	–	C	Xn	61	171	0,8	1,1–10,6	II b	–
2-Ethoxyethanol (Ethylglycol)	20 H	–	B	Xi	41	135	5	1,8–15,7	–	–
2-Methoxyethanol	5 H	–	B	Xn	52	124,5	11	2,5–20	II c	–
Aromaten									
Benzol	5 H	II	–	T, F	−11	80	101	1,2–8	I a	5,0
Chlorbenzol	50	–	C	Xn	29	132	12	1,3–11	II a	0,2
Toluol	100	–	D	F, Xn	4	111	29	1,2–7	II c	2
Xylolgemisch	100	–	D	Xn	27	137–142	8	1–7,6	II c	4
Chlorkohlenwasserstoffe									
Dichlormethan (Methylenchlorid)	100	B	D	Xn	–	40	475	13–22	II d	200
1,1,2,2-Tetrachlorethan	1 H	B	–	T	–	146	7	–	I a	
Tetrachlorethen, „Per“	50	B	C	Xn	–	121	19	–	II b	5
Tetrachlormethan	10 H	B	D	T	–	76,5	120	–	I a	100
1,1,1-Trichlorethan	200	–	C	Xn	–	74	133	–	II c	100
Trichlorethen, „Tri“	50	B	C	Xn	–	87	77	7,9	II b	20
Trichlormethan (Chloroform)	10	B	B	Xn	–	62	210	–	II a	200

Ester/Säuren										
1-Butylacetat	200	–	–	R 10	33	127	13	1,2–7,6	–	10
Essigsäure	10	–	–	C	40	118	16	4–17	–	1
Ethylacetat	400	–	–	F	– 4	77	97	2,1–11,5	–	50
Methylacetat	200	–	D	F	–10	57	220	3,1–16	–	50
Ether										
t-Butylmethylether	–	–	–	(F)	–28	55	417	1,6–8,4	–	–
Diethylether	400	–	D	F	–40	34	587	1,7–36	–	100
Diisopropylether	500	–	–	F	–23	68	180	1,4–21	–	–
1,4-Dioxan	50 H	B	D	F, Xn	12	101	41	1,9–22,5	II a	620
Tetrahydrofuran	200	–	C	F, Xi	–17	66	200	1,5–12	–	–
Ketone										
Aceton	1000	–	–	F	–18	56	240	2,5–13	–	100
Methylethylketon (2-Butanon)	200	–	D	F, Xi	– 4	80	101	1,8–11,5	–	10
Methylisobutylketon (4-Methylpentan-2-on)	100	–	–	F	14	116	8	1,2–8,0	–	0,5
Methylpropylketon (Pentan-2-on)	200	–	–	(F)	16	102	16	1,5–8,2	–	8
Verschiedene										
Acetonitril	40	–	–	T, F	6	82	97	–	I c	–
N,N-Dimethylform-amid	20 H	–	B	Xn	62	153	4	1,6–2,2	II b	100
Dimethylsulfoxid	–	–	–	(Xi)	95	189	0,6	3–63	–	–
1-Nitropropan	25	–	–	Xn	49	132	10	2,6	II a	–
Nitromethan	100	–	–	Xn	36	101	36	7,1–63	II b	–
Pyridin	5	–	–	F, Xn	20	115,5	30	1,7–10,6	II a	0,02
Triethanolamin	–	–	–	(Xn)	180	335	0,02	–		–

Erläuterungen zu Tabelle 1.6 Lösemittel

Spalte 1: Die **Lösemittel** sind innerhalb der Gruppen i. a. alphabetisch geordnet.

Spalte 2: Angegeben sind die Maximalen Arbeitsplatzkonzentrationen **(MAK-Werte)** bzw. für krebserzeugende Stoffe die Technischen Richtkonzentrationen **(TRK-Werte)** für 1989. H bedeutet erhöhte Gefahr der Hautresorption.

Spalte 3: In der ersten Spaltenhälfte bedeutet B einen **krebsverdächtigen** Stoff, während bei **krebserzeugenden** Stoffen die Gefährdungsklasse I, II oder III nach der Gefahrstoffverordnung angegeben ist. Die zweite Spaltenhälfte enthält Angaben zur Teratogenität: A = sicher teratogen, B = teratogenes Risiko wahrscheinlich, C = nicht teratogen unterhalb des MAK-Wertes (teratogen: fruchtschädigend bei Schwangeren), D = Einstufung noch nicht möglich.

Spalte 4: Die verwendete Kurzbezeichnung bedeutet: F = leichtentzündlich, T = giftig, Xn = mindergiftig, C = ätzend, Xi = reizend, R 10 = entzündlich. Die Kennzeichnung entspricht der **Gefahrstoffverordnung**, bei eingeklammerten Symbolen wurde sie aus Chemikalienkatalogen entnommen (Stand: 1988).

Spalte 5: **Flammpunkt** – das ist die Temperatur, bei der sich aus der zu prüfenden Flüssigkeit Dämpfe in solcher Menge entwickeln, daß sich ein durch Fremdzündung entflammbares Dampf/Luft-Gemisch bildet. Es brennt also nicht die Flüssigkeit, sondern der Dampf über der Flüssigkeitsoberfläche!
Bereits kleine Mengen von Zusätzen, z. B. Flüssigkeiten mit niedrigem Flammpunkt, können den Flammpunkt eines brennbaren Lösemittels deutlich absenken.

Spalte 6: **Siedepunkt!** Niedrig siedende Flüssigkeiten haben ein höheres Gefahrenpotential als höhersiedende.

Spalte 7: Je höher der **Dampfdruck**, desto größer ist die Unfallgefahr (z. B. beim Erwärmen geschlossener Behälter) und desto leichter flüchtig ist ein Stoff. Der Dampfdruck ist temperaturabhängig.

Spalte 8: **Untere** bzw. **obere Explosionsgrenze** (UEG bzw. OEG) – dies ist der untere bzw. der obere Grenzwert der Konzentration eines brennbaren Stoffes in einem Gemisch von Gasen, Dämpfen, Nebeln oder Stäuben in Luft, in dem sich nach dem Zünden eine von der

Zündquelle unabhängige Flamme gerade nicht mehr selbständig fort-
pflanzen kann (das Gemisch ist dann gerade nicht mehr explosionsfä-
hig).
Bei sicherer Einhaltung des MAK-Wertes im Arbeitsbereich besteht
i. a. keine Explosionsgefahr mehr.

Spalte 9: Wichtige Lösemittel sind in der Gefahrstoffverordnung in
Gefährdungsklassen eingeteilt (Klasse I a – c: sehr giftige und giftige,
Klasse II a – d: mindergiftige). Die Gefährdung nimmt von I a nach II d
ab.

Spalte 10: Die **Geruchsschwelle** ist die kleinste Konzentration, bei
der ein Stoff durch seinen charakteristischen Geruch wahrgenommen
werden kann. Die Werte sind nur Anhaltswerte wegen der sehr sub-
jektiven Beurteilung des Geruches: einige Stoffe sind geruchlos, andere beeinflussen im Gemisch das Geruchsempfinden, die Wahrneh-
mungsfähigkeit ist subjektiv verschieden, es besteht die Gefahr einer
Geruchsgewöhnung.

1.8 Abfallbeseitigung und Vernichtung von Kleinmengen

Größere Mengen von nicht mehr benötigten Chemikalien sowie Ab-
fälle aus den Laboratorien, die nicht dem Hausmüll zugerechnet werden können, sind entsprechend den Bestimmungen des Abfallbeseiti-
gungsgesetzes („Gesetz über die Vermeidung und Entsorgung von
Abfällen") zu entsorgen. Es empfiehlt sich, hiermit geeignete Fach-
firmen zu beauftragen.
Kleinstmengen von Chemikalien können unmittelbar im Labor vernichtet werden. Üblich ist es, sie entsprechend ihren chemischen
Eigenschaften so zu verändern, daß die Endprodukte ins Abwasser
gegeben werden können oder zumindest so inaktiviert werden, daß
sie zur Müllverbrennung gebracht werden können. Bei der Vernichtung arbeite man stets im Abzug unter Verwendung geeigneter
Schutzausrüstung (Schutzbrille, Handschuhe, ggf. Atemschutz etc.).
Soweit der zu beseitigende Stoff bekannt ist, sind die detaillierten
Beseitigungsmethoden nach Kühn-Birett oder den Chemikalienkatalogen der Lieferfirmen anzuwenden. Die nachfolgenden Beispiele
gelten demgegenüber jeweils für Substanzklassen ohne Berücksich-

tigung der Eigenschaften bestimmter Stoffe. Sie dienen als Anleitung für das Fachpersonal, dem auch die Verantwortung für die Einhaltung der einschlägigen Arbeitsschutz- und Abfallbeseitigungsvorschriften obliegt.

Beispiele:

Alkalimetalle: in kleinen Portionen unter Rühren in Butanol eintragen. Nach Reaktionsende vorsichtig mit Wasser verdünnen, neutralisieren → Abwasser

Alkaloide: mit Königswasser inaktivieren, vorsichtig neutralisieren → Abwasser

Amide: s. Hydride

Basen: mit verdünnter Schwefelsäure neutralisieren → Abwasser

Brom: Bromreste unter Rühren, Bromdämpfe mittels Glasfritte in saure Natriumthiosulfatlösung einleiten → Abwasser

Cancerogene: anorganische Stoffe → Sondermülldeponie, organische Stoffe mit Königswasser durch Abbau inaktivieren, neutralisieren → Abwasser

Cyanide: NaCN und KCN in alkalischer Lösung mit 20% Eisen(II)sulfatlösung komplexieren, einige Tage reagieren lassen → Abwasser

Dimethyl-, Diethylsulfat: im Zweihalskolben mit Tropftrichter zu einer konzentrierten, eisgekühlten Ammoniaklösung tropfen, neutralisieren → Abwasser

Hydride, Amide: Alkaliborhydride werden tropfenweise mit Methanol versetzt, Alkalihydride und Alkaliamide mit Isopropanol. Dies geschieht in einem Zweihalskolben mit Rückflußkühler und Tropftrichter mit Druckausgleich, wobei der aus dem Kühler entweichende Wasserstoff unmittelbar in den Abzugskanal eingeleitet wird. Nach Reaktionsende mit viel Wasser hydrolysieren, neutralisieren → Abwasser

Lithium- aluminiumhydrid:	in ausreichend (s. u.) Ether aufschlämmen. Im Zweihalskolben mit Metallkühler und Tropftrichter mit Druckausgleich unter gutem Rühren Essigsäureethylester zutropfen und die entweichenden Gase unmittelbar in den Abluftkanal einleiten. Für die Aufschlämmung werden 4 Teile Ether und 1 Teil Essigester benötigt. Den Tropftrichter so aufsetzen, daß der Essigester stets in die Lösung tropft und sich an der Kolbenwand keine reaktiven Rückstände absetzen können. Nach Reaktionsende mit Wasser verdünnen, neutralisieren → Abwasser
Nitrile, Merkaptane:	oxidieren mit höchstens 15 % wäßriger Natrium- oder Calciumhypochlorit-Lösung, dabei kräftig rühren. Danach neutralisieren → Abwasser
Quecksilber:	mittels Saugflasche aufsammeln. Reste mit Mercurisorb bestreuen und nach Anweisung entsorgen, Hg-Dämpfe lassen sich gut an Iodkohle adsorbieren
Raney-Nickel:	in wäßriger Suspension mit Salzsäure auflösen → Entsorgung
Säurechloride, -anhydride u. ä.	in 10 % Natronlauge, die mit Eis gekühlt wird, eintropfen lassen, neutralisieren → Abwasser
saure Gase:	wie Cl_2, SO_2, HCl, HBr, HI, $COCl_2$ über eine grobe Glasfritte in 20 % Natronlauge einleiten
Säuren:	ggf. mit Wasser verdünnen und mit Natronlauge neutralisieren → Abwasser

1.9 Literatur

Rechtsgrundlagen

Klein HA (1987) Gefahrstoffrecht. Ecomed Verlag, Landsberg

Arbeitssicherheit allgemein

Sicherheit mit Merck, Firmenbroschüre E. Merck, Darmstadt
Richtlinien für Laboratorien, Schrift ZH 1/119 des Hauptverbandes der gewerblichen Berufsgenossenschaften
Schäfer HK (1981) Sicherheit in der Chemie. Hanser, München
Sicheres Arbeiten in chemischen Laboratorien, Heft 4 der BAGUV, München

Informationen über Einzelstoffe

Stoffmerkblätter (M-Reihe) der BG Chemie
MAK-Werte-Liste, Verlag Chemie oder als Technische Regel TRGS 900 im Bundesarbeitsblatt
Auer-Technikum, Firmenschrift Auergesellschaft, Berlin 44
Kühn R, Birett K (1986) Merkblätter gefährliche Arbeitsstoffe. Ecomed, Landsberg
Sorbe G, Sicherheitstechnische Kenndaten. Ecomed. Landsberg
Roth L, Weller U, Gefährliche chemische Reaktionen. Ecomed, Landsberg
Sax NJ (1979) Dangerous properties of industrial materials van Nostrand Reinhold Company, New York
Bretherick L (1979) Handbook of reactive chemical hazards. Butterworths, London
Greber W (1981) Arbeitsstoffe III – Daten zur Stoffliste der Arbeitsstoffverordnung. Wirtschaftsverlag NW, Bremerhaven
Seidenstücker R, Wölcke U (1979) Krebserregende Stoffe – chemische Kanzerogene im Labor. Wirtschaftsverlag NW, Bremerhaven

Toxikologie

Roth L, Daunderer M (1985) Giftliste. Ecomed Verlag, Landsberg
Forth W, Henschler D, Rummel W (1988) Pharmakologie und Toxikologie. Bibliographisches Institut, Mannheim

Entsorgung

Armour MA, Browne LM, Weir GL (1984) Hazardous chemicals information and disposal guide. University of Alberta, Edmonton, Alberta, Canada

Need Replacement Page 27

Need Replacement Page 28

2.1.2 Elektronenkonfiguration der Elemente

Tabelle 2.1. Elektronenkonfiguration der Elemente

Ord-nungs-zahl	Ele-ment	K	L		M			N				O				P			Q
		1s	2s	2p	3s	3p	3d	4s	4p	4d	4f	5s	5p	5d	5f	6s	6p	6d	7s
1	H	1																	
2	He	2																	
3	Li	2	1																
4	Be	2	2																
5	B	2	2	1															
6	C	2	2	2															
7	N	2	2	3															
8	O	2	2	4															
9	F	2	2	5															
10	Ne	2	2	6															
11	Na	2	2	6	1														
12	Mg				2														
13	Al				2	1													
14	Si				2	2													
15	P				2	3													
16	S				2	4													
17	Cl				2	5													
18	Ar				2	6													
19	K	2	2	6	2	6		1											
20	Ca							2											
21	Sc						1	2											
22	Ti						2	2											
23	V						3	2											
24	Cr						5	1											
25	Mn						5	2											
26	Fe						6	2											
27	Co						7	2											
28	Ni						8	2											
29	Cu						10	1											
30	Zn						10	2											
31	Ga						10	2	1										
32	Ge						10	2	2										
33	As						10	2	3										
34	Se						10	2	4										
35	Br						10	2	5										
36	Kr						10	2	6										
37	Rb	2	2	6	2	6	10	2	6			1							
38	Sr											2							
39	Y									1		2							
40	Zr									2		2							

Tabelle 2.1 (Fortsetzung)

Ord-nungs-zahl	Ele-ment	K 1s	L 2s	L 2p	M 3s	M 3p	M 3d	N 4s	N 4p	N 4d	N 4f	O 5s	O 5p	O 5d	O 5f	P 6s	P 6p	P 6d	Q 7s
41	Nb									4		1							
42	Mo									5		1							
43	Tc									6		1							
44	Ru									7		1							
45	Rh									8		1							
46	Pd									10									
47	Ag									10		1							
48	Cd									10		2							
49	In									10		2	1						
50	Sn									10		2	2						
51	Sb									10		2	3						
52	Te									10		2	4						
53	I									10		2	5						
54	Xe									10		2	6						
55	Cs	2	2	6	2	6	10	2	6	10		2	6			1			
56	Ba															2			
57	La													1		2			
58	Ce										1			1		2			
59	Pr										3			0		2			
60	Nd										4			0		2			
61	Pm										5			0		2			
62	Sm										6			0		2			
63	Eu										7			0		2			
64	Gd										7			1		2			
65	Tb										9			0		2			
66	Dy										10			0		2			
67	Ho										11			0		2			
68	Er										12			0		2			
69	Tm										13			0		2			
70	Yb										14			0		2			
71	Lu										14			1		2			
72	Hf										14			2		2			
73	Ta										14			3		2			
74	W										14			4		2			
75	Re										14			5		2			
76	Os										14			6		2			
77	Ir										14			7		2			
78	Pt										14			9		1			
79	Au										14			10		1			
80	Hg										14			10		2			
81	Tl										14			10		2	1		
82	Pb										14			10		2	2		
83	Bi										14			10		2	3		
84	Po										14			10		2	4		
85	At										14			10		2	5		

Tabelle 2.1 (Fortsetzung)

Ord-nungs-zahl	Ele-ment	K	L		M			N				O				P			Q
		1s	2s	2p	3s	3p	3d	4s	4p	4d	4f	5s	5p	5d	5f	6s	6p	6d	7s
86	Rn										14			10		2	6		
87	Fr	2	2	6	2	6	10	2	6	10	14	2	6	10		2	6		1
88	Ra																		2
(89)	Ac																	(1)	2
(90)	Th																	(2)	2
(91)	Pa														2			(1)	2
(92)	U														3			(1)	2
(93)	Np														4			(1)	2
94	Pu														6			0	2
95	Am														7			0	2
(96)	Cm														7			(1)	2
97	Bk														8			(1)	2
98	Cf														10			0	2
99	Es														11			0	2
100	Fm														12			0	2
101	Md														13			0	2
102	No														14			0	2
103	Lr														14			1	2
104	Ku														14			2	2
105															14			3	2
106															14			4	2
107																			
108																			
109																			

Elemente, bei denen die Elektronenkonfiguration vom erwarteten Schema abweicht, sind mit einem Kreis gekennzeichnet.

2.1.3 Besetzung der Elektronenschalen

Tabelle 2.2. Elektronenschalen, Besetzung

Schale	Hauptquantenzahl n	Nebenquantenzahl l	Elektronentypus	Magnetische Quantenzahl m	Spintenquantenzahl $s = \pm 1/2$	Elektronen je Teilschale maximal	Maximale Elektronenzahl für die ganze Schale
K	1	0	s	0	$\pm 1/2$	2	2
L	2	0	s	0	$\pm 1/2$	2	8
		1	p	$-1, 0, +1$	$\pm 1/2$	$3 \times 2 = 6$	
M	3	0	s	0	$\pm 1/2$	2	18
		1	p	$-1, 0, +1$	$\pm 1/2$	$3 \times 2 = 6$	
		2	d	$-2, -1, 0, +1, +2$	$\pm 1/2$	$5 \times 2 = 10$	
N	4	0	s	0	$\pm 1/2$	2	32
		1	p	$-1, 0, +1$	$\pm 1/2$	$3 \times 2 = 6$	
		2	d	$-2, -1, 0, +1, +2$	$\pm 1/2$	$5 \times 2 = 10$	
		3	f	$-3, -2, -1, 0, +1, +2, +3$	$\pm 1/2$	$7 \times 2 = 14$	

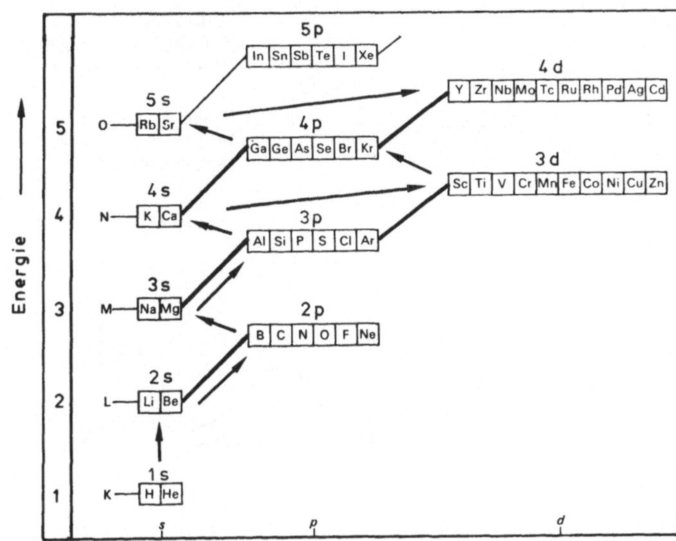

Abb. 2.2. Energieniveauschemata der wichtigsten Elemente. Die Niveaus einer Schale sind jeweils miteinander verbunden. Durch Pfeile wird die Reihenfolge der Besetzung angezeigt

2.1.4 Graphische Darstellung der Atomorbitale

Der Übersichtlichkeit wegen zerlegt man meist die Wellenfunktion $\psi_{n, l, m}$ in ihren sog. *Radialteil* $R_{n, l}(r)$, der nur eine Funktion vom Radius r ist, und in die sog. *Winkelfunktion* $Y_{l, m}(\vartheta, \varphi)$. Beide Komponenten von ψ werden meist getrennt betrachtet.

Die Winkelfunktionen $Y_{l, m}$ sind von der Hauptquantenzahl *n* unabhängig. Sie sehen daher für alle Hauptquantenzahlen gleich aus.

Zur bildlichen Darstellung der Winkelfunktion benutzt man häufig sog. *Polardiagramme*. Sie entstehen, wenn man den Betrag von $Y_{l, m}$ für jede Richtung als Vektor vom Koordinatenursprung ausgehend abträgt. Die Richtung des Vektors ist durch die Winkel φ und ϑ gegeben. Sein Endpunkt bildet einen Punkt auf der Oberfläche der räumlichen Gebilde in den Abb. 2.3, 2.4, 2.6.

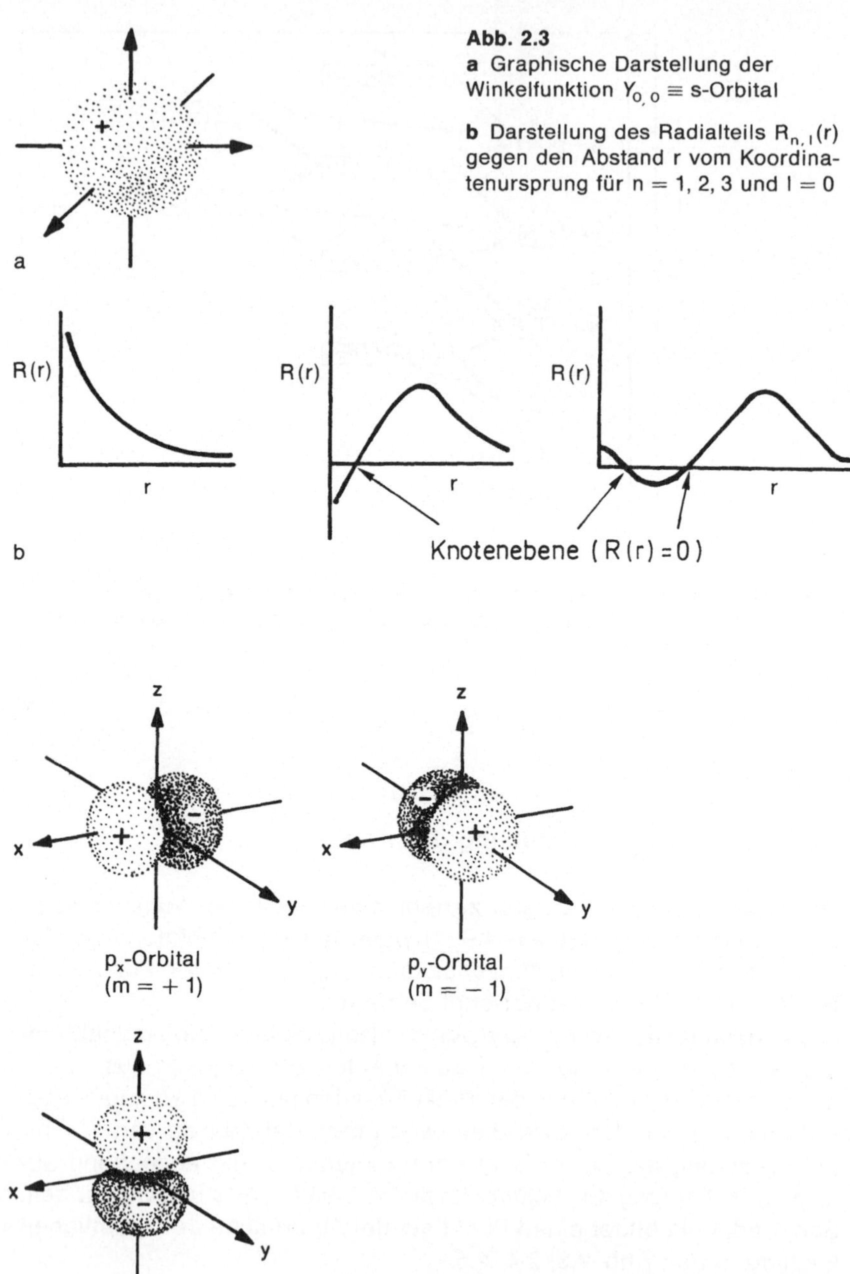

Abb. 2.3
a Graphische Darstellung der Winkelfunktion $Y_{0,0} \equiv$ s-Orbital

b Darstellung des Radialteils $R_{n,l}(r)$ gegen den Abstand r vom Koordinatenursprung für n = 1, 2, 3 und l = 0

Abb. 2.4. Graphische Darstellstellung der Winkelfunktion $Y_{1,m}$

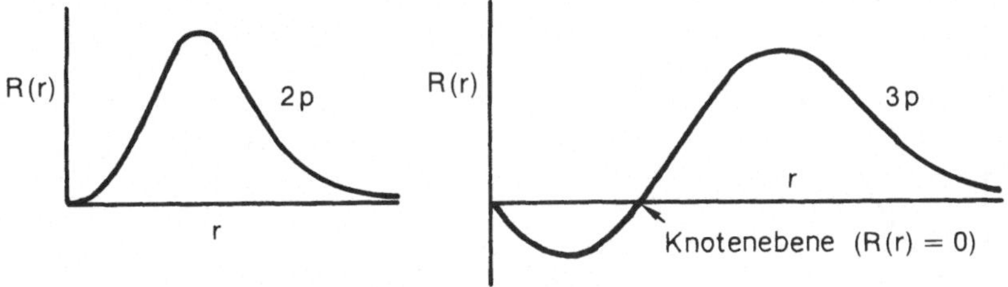

Abb. 2.5. Darstellung des Radialteils $R_{n,l}(r)$ gegen den Abstand r für n = 2, 3 und l = 1

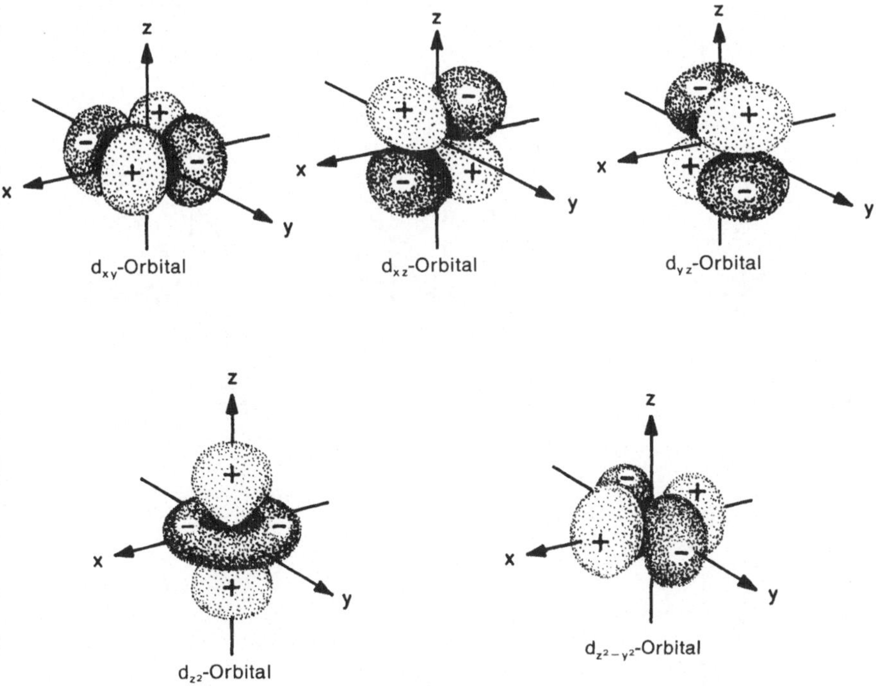

Abb. 2.6. Graphische Darstellung der Winkelfunktion $Y_{2,m}$

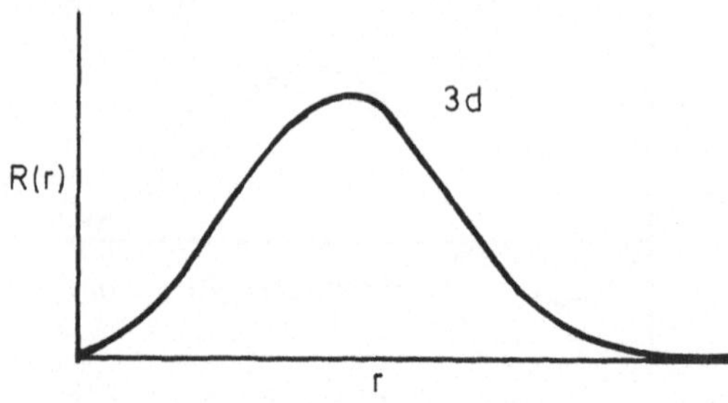

Abb. 2.7. Darstellung des Radialteils $R_{n,l}(r)$ gegen den Abstand r für n = 3 und l = 2

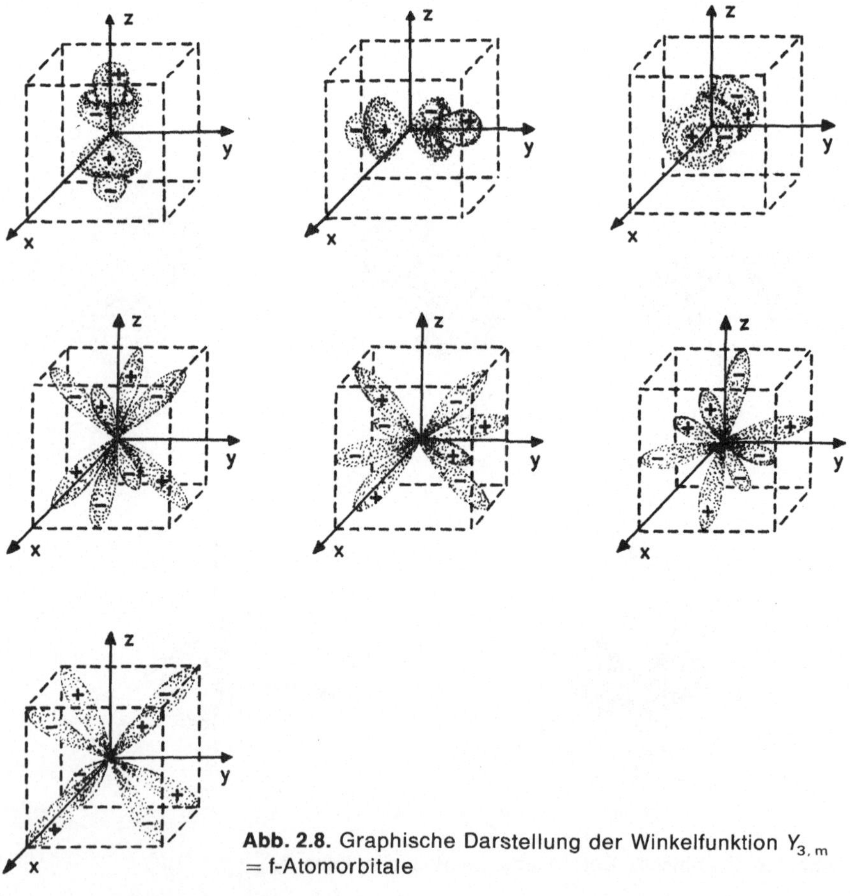

Abb. 2.8. Graphische Darstellung der Winkelfunktion $Y_{3,m}$ = f-Atomorbitale

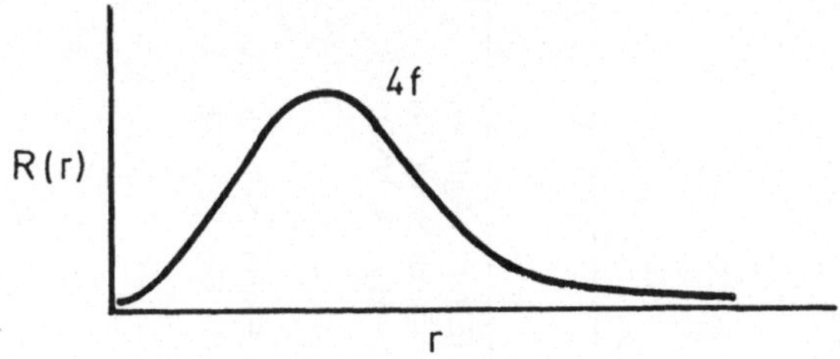

Abb. 2.9. Darstellung des Radialteils $R_{n,l}(r)$ gegen den Abstand r für n = 4 und l = 3

Tabelle 2.3. Hybridisierung und Geometrie

Hybrid-orbital	Aufbau	Zahl der Hybrid-AO	∢ zwischen Hybrid-AO	Symmetrie Punktgruppe	geometrische Form	Beispiele
sp	1s, 1p	2	$180°$	$C_{\infty v}$	linear	σ-Gerüst von HCCH (Ethin), $[Ag(CN)_2]^{\ominus}$, $I_3^{\ominus}$,
dp	1d, 1p	2	$180°$	$D_{\infty h}$		σ-Gerüst von CO_2, $N_3^{\ominus}$, HCN, NCCN, $HgCl_2$, XeF_2, $X-Hg-Hg-X$, NNO, CS_2
sp^2	1s, 2p	3	$120°$	D_{3h}	Dreieck	σ-Gerüst von C_2H_2, Ethen, σ-Gerüst von Benzol BX_3 (X = F, Cl, Br), PCl_3, SO_3, $NO_3^{\ominus}$, $CO_3^{2\ominus}$, H_2CO
sp^3	1s, 3p	4	$109°28'$	T_d	Tetraeder	CH_4, C_2H_6, CX_4 (X = F, Cl, Br, I, H), $ClO_4^{\ominus}$, $CrO_4^{2\ominus}$, $Cu(CN)_4^{3\ominus}$, $PH_4^{\oplus}$, $PO_4^{3\ominus}$, $SO_4^{2\ominus}$, $H_2PO_2^{\ominus}$, $HPO_3^{2\ominus}$, $PCl_4^{\oplus}$, $TiCl_4$, $TiBr_4$, $Zn(CN)_4^{2\ominus}$, $NH_4^{\oplus}$, $Ni(CO)_4$, $AlCl_4$, SiX_4 (X = Cl, Br, I, H), SnX_4 (X = Cl, Br, I, H), $BF_4^{\ominus}$, $BH_4^{\ominus}$, $AsO_4^{3\ominus}$, $MnO_4^{\ominus}$

dsp^2	1s, 2p, 1d	4	$90°$	D_{4h}	Quadrat	Komplexe von Pd (II), Pt (II), Ni (II)
d^2p^2	2d, 2p	4	$90°$	D_{4h}		$AuCl_4^\ominus$, $ICl_4^\ominus$, XeF_4
dsp^3	1s, 3p, 1d	5	$90°$ $120°$ $180°$	D_{3h}	trigonale Bipyramide	PCl_5, $SbCl_5$, AsF_5, $MoCl_5$ $Fe(CO)_5$ PF_5
d^2sp^3*	1s, 3p,	6	$90°$	O_h	Oktaeder	$PCl_6^\ominus$, SF_6, WCl_6, XeF_6, UF_6, MoF_6
sp^3d^2	2d		$180°$			$[Fe(CN)_6]^{3\ominus}$ $[Co(NH_3)_6]^{2\oplus}$ $[Fe(H_2O)_6]^{3\oplus}$ $[CoF_6]^{2\ominus}$

---

* Die Reihenfolge der Buchstaben hängt von der Herkunft der Orbitale ab: zwei 3d-AO + ein 4s-AO + drei 4p-AO ergeben: d^2sp^3

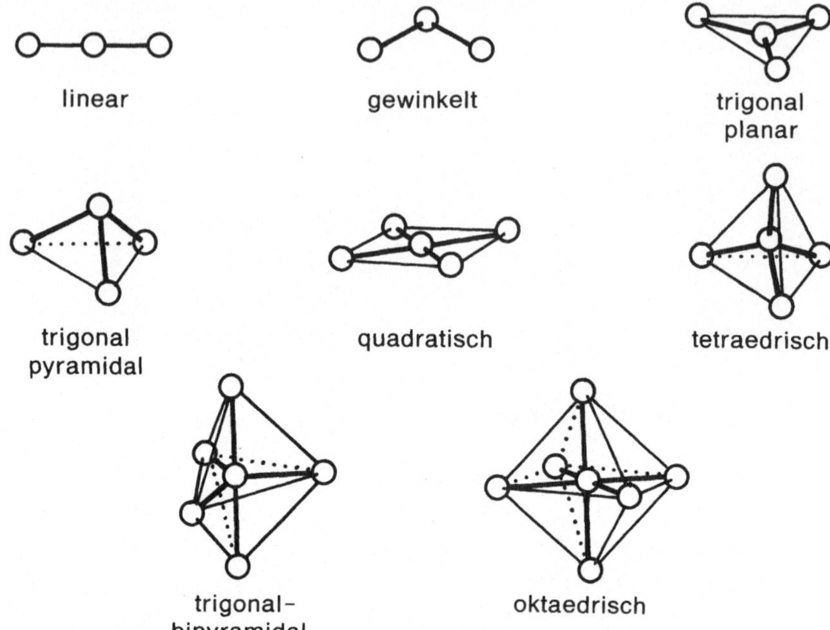

Abb. 2.10. Molekülstrukturen

2.1.5 Radioaktive Zerfallsreihen

Es gibt *vier* verschiedene *radioaktive Zerfallsreihen*. Die *Thorium*-Reihe, *Uran*-Reihe und die *Aktinium*-Reihe kommen in der Natur vor. Die *Neptunium*-Reihe wurde künstlich hergestellt.

Tabelle 2.4. Radioaktive Zerfallsreihen. Zweige, die weniger als 1% der Atome betreffen, wurden weggelassen. Bei der Mehrheit der Zerfallsprozesse wird Gammastrahlung emittiert

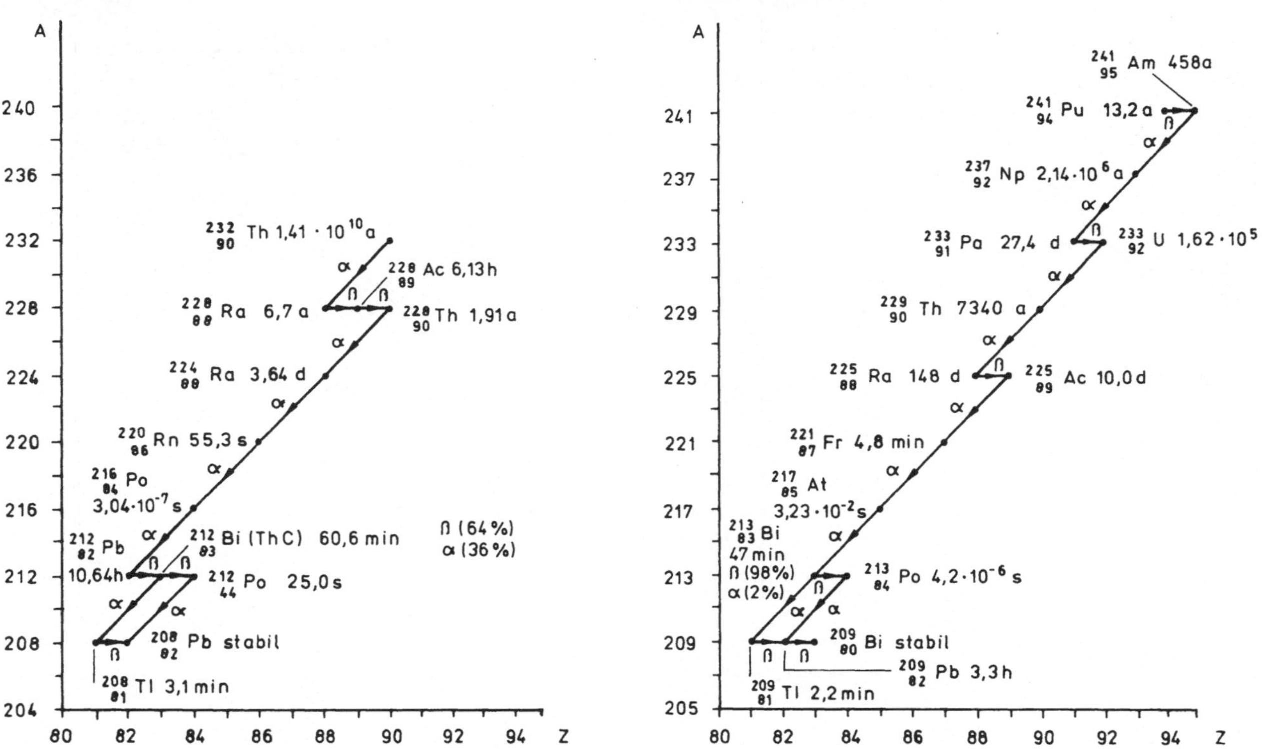

Tabelle 2.4 (Fortsetzung)

Uran-Reihe A = 4 n + 2

Aktinium-Reihe A = 4 n + 3

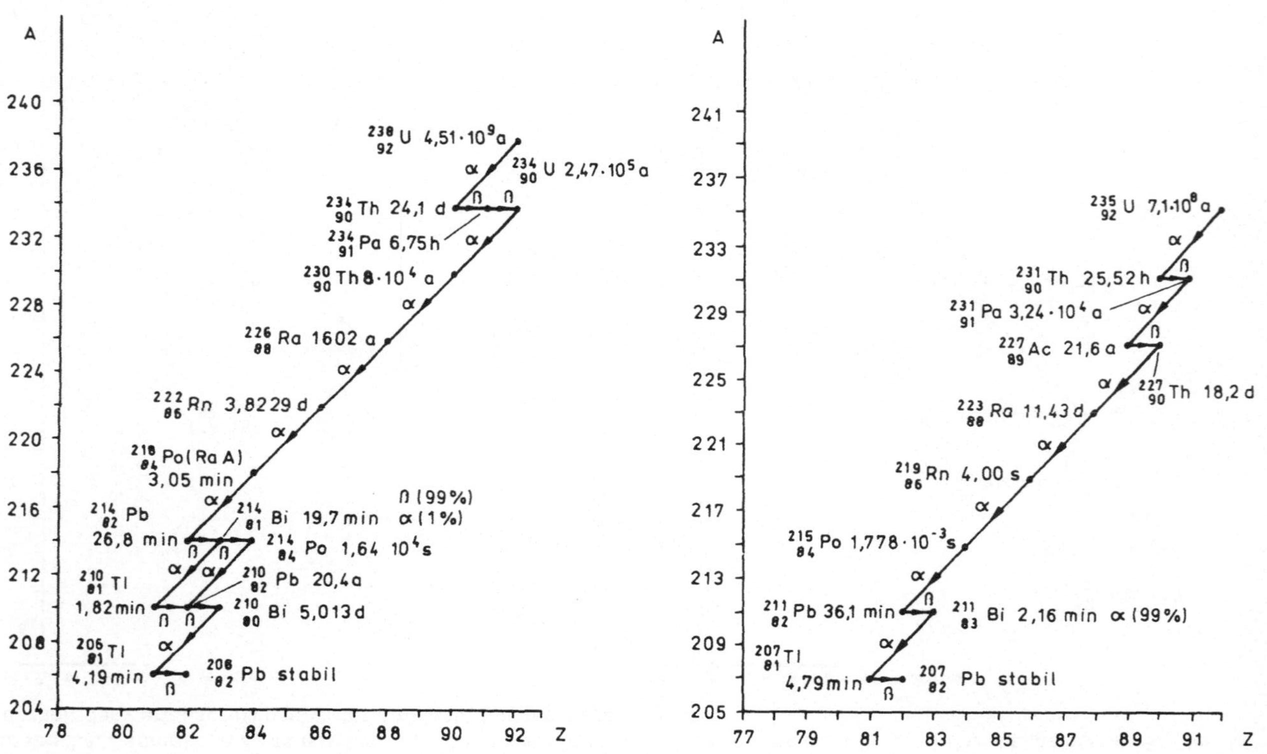

2.1.6 IUPAC-Standardwerte der Atommassen 1983

Tabelle 2.5. Die Atommassen mancher Elemente sind nicht konstant, sondern abhängig von Herkunft und Behandlung des Materials. Die Anmerkungen zu dieser Tabelle weisen auf die bei den einzelnen Elementen zu erwartenden Schwankungs-Ursachen hin.
Die Werte der Atommassen sind für die natürlich auf der Erde existierenden Elemente angegeben.
Ein Stern (*) hinter dem Namen kennzeichnet die Elemente, von denen keine stabilen Nuklide existieren. Die Genauigkeit der Werte ist – unter Berücksichtigung der Anmerkungen – $\pm\,1$ der letzten Ziffer, sofern nicht anders angegeben

Symbol	Element	Z	$A_r(E)$	Anmerkungen
Ac	Actinium*	89		
Ag	Silber	47	$107,8682 \pm 3$	g
Al	Aluminium	13	26,98154	
Am	Americium*	95		
Ar	Argon	18	39,948	g r
As	Arsen	33	74,9216	
At	Astat*	85		
Au	Gold	79	196,9665	
B	Bor	5	$10,811 \pm 5$	m r
Ba	Barium	56	137,33	g
Be	Beryllium	4	9,01218	
Bi	Bismut	83	208,9804	
Bk	Berkelium*	97		
Br	Brom	35	79,904	
C	Kohlenstoff	6	12,011	r
Ca	Calcium	20	$40,078 \pm 4$	g
Cd	Cadmium	48	112,41	g
Ce	Cer	58	140,12	g
Cf	Californium*	98		
Cl	Chlor	17	35,453	
Cm	Curium*	96		
Co	Cobalt	27	58,9332	
Cr	Chrom	24	$51,9961 \pm 6$	
Cs	Caesium	55	132,9054	
Cu	Kupfer	29	$63,546 \pm 3$	r
Dy	Dysprosium	66	$162,50 \pm 3$	g
Er	Erbium	68	$167,26 \pm 3$	g
Es	Einsteinium*	99		
Eu	Europium	63	151,96	g

Symbol	Element	Z	$A_r(E)$	Anmerkungen
F	Fluor	9	18,998403	
Fe	Eisen	26	$55,847 \pm 3$	
Fm	Fermium*	100		
Fr	Francium*	87		
Ga	Gallium	31	$69,723 \pm 4$	
Gd	Gadolinium	64	$157,25 \pm 3$	g
Ge	Germanium	32	$72,59 \pm 3$	
H	Wasserstoff	1	$1,00794 \pm 7$	g m r
He	Helium	2	$4,002602 \pm 2$	g r
Hf	Hafnium	72	$178,49 \pm 3$	
Hg	Quecksilber	80	$200,59 \pm 3$	
Ho	Holmium	67	164,9304	
I	Iod	53	126,9045	
In	Indium	49	114,82	g
Ir	Iridium	77	$192,22 \pm 3$	
K	Kalium	19	39,0983	
Kr	Krypton	36	83,80	g m
La	Lanthan	57	$138,9055 \pm 3$	g
Li	Lithium	3	$6,941 \pm 2$	g m r
Lr	Lawrencium*	103		
Lu	Lutetium	71	174,967	g r
Md	Mendelevium*	101		
Mg	Magnesium	12	24,305	
Mn	Mangan	25	54,9380	
Mo	Molybdän	42	95,94	
N	Stickstoff	7	14,0067	g
Na	Natrium	11	22,98977	
Nb	Niob	41	92,9064	
Nd	Neodym	60	$144,24 \pm 3$	g
Ne	Neon	10	20,179	g m
Ni	Nickel	28	58,69	
No	Nobelium*	102		
Np	Neptunium*	93		
O	Sauerstoff	8	$15,9994 \pm 3$	g r
Os	Osmium	76	190,2	g
P	Phosphor	15	30,97376	
Pa	Protactinium*	91		

Tabelle 2.5 (Fortsetzung)

Symbol	Element	Z	$A_r(E)$	Anmerkungen
Pb	Blei	82	207,2	g r
Pd	Palladium	46	106,42	g
Pm	Promethium*	61		
Po	Polonium*	84		
Pr	Praseodym	59	140,9077	
Pt	Platin	78	$195,08 \pm 3$	
Pu	Plutonium*	94		
Ra	Radium*	88		
Rb	Rubidium	37	$85,4678 \pm 3$	g
Re	Rhenium	75	186,207	
Rh	Rhodium	45	102,9055	
Rn	Radon*	86		
Ru	Ruthenium	44	$101,07 \pm 2$	g
S	Schwefel	16	$32,066 \pm 6$	r
Sb	Antimon	51	$121,75 \pm 3$	
Sc	Scandium	21	$44,95591 \pm 1$	
Se	Selen	34	$78,96 \pm 3$	
Si	Silicium	14	$28,0855 \pm 3$	r
Sm	Samarium	62	$150,36 \pm 3$	g
Sn	Zinn	50	$118,710 \pm 7$	
Sr	Strontium	38	87,62	g
Ta	Tantal	73	180,9479	
Tb	Terbium	65	158,9254	
Tc	Technetium*	43		
Te	Tellur	52	$127,60 \pm 3$	g
Th	Thorium*	90	232,0381	g
Ti	Titan	22	$47,88 \pm 3$	
Tl	Thallium	81	204,383	
Tm	Thulium	69	168,9342	
U	Uran*	92	238,0289	g m
V	Vanadium	23	50,9415	
W	Wolfram	74	$183,85 \pm 3$	
Xe	Xenon	54	$131,29 \pm 3$	g m
Y	Yttrium	39	88,9059	
Yb	Ytterbium	70	$173,04 \pm 3$	g
Zn	Zink	30	$65,39 \pm 2$	
Zr	Zirconium	40	$91,224 \pm 2$	g

Anmerkungen

g Geologisch außergewöhnliche Proben sind bekannt, in denen das Element eine Isotopen-Zusammensetzung außerhalb der Grenzen für normales Material hat. Der Unterschied der Atommasse des Elements in solchen Proben und dem in der Tabelle gegebenen kann die angegebene Unsicherheit beträchtlich überschreiten.

m Modifizierte (veränderte) Isotopen-Zusammensetzungen können in käuflich erwerblichem Material gefunden werden, weil es einer nicht genannten oder nicht bekannten Isotopentrennung unterworfen wurde.

r Schwankungen der Isotopen-Zusammensetzung in normalem irdischen Material verhindern genauere Werte als die angegebenen. Die Tabellenwerte sollen für alle normalen Materialien anwendbar sein.

2.1.7 Vielfache Atommassen häufig vorkommender Elemente

Tabelle 2.6. Vielfache Atommassen von Elementen und Strukturteilen

	C	H	O		C	H	O		C	H
1	12,01	1,008	16,00	31	372,31	31,248	496,00	61	732,61	61,488
2	24,02	2,016	32,00	32	384,32	32,256	512,00	62	744,62	62,496
3	36,03	3,024	48,00	33	396,33	33,264	528,00	63	756,63	63,504
4	48,04	4,032	64,00	34	408,34	34,272	544,00	64	768,64	64,512
5	60,05	5,040	80,00	35	420,35	35,280	560,00	65	780,65	65,520
6	72,06	6,048	96,00	36	432,36	36,288	576,00	66	792,66	66,528
7	84,07	7,056	112,00	37	444,37	37,296	592,00	67	804,67	67,536
8	96,08	8,064	128,00	38	456,38	38,304	608,00	68	816,68	68,544
9	108,09	9,072	144,00	39	468,39	39,312	624,00	69	828,69	69,552
10	120,10	10,080	160,00	40	480,40	40,320	640,00	70	840,70	70,560
11	132,11	11,088	176,00	41	492,41	41,328		71	852,71	71,568
12	144,12	12,096	192,00	42	504,42	42,336		72	864,72	72,576
13	156,13	13,104	208,00	43	516,43	43,344		73	876,73	73,584
14	168,14	14,112	224,00	44	528,44	44,352		74	888,74	74,592
15	180,15	15,120	240,00	45	540,45	45,360		75	900,75	75,600
16	192,16	16,128	256,00	46	552,46	46,368		76	912,76	76,608
17	204,17	17,136	272,00	47	564,47	47,376		77	924,77	77,616
18	216,18	18,144	288,00	48	576,48	48,384		78	936,78	78,624
19	228,19	19,152	304,00	49	588,49	49,392		79	948,79	79,632
20	240,20	20,160	320,00	50	600,50	50,400		80	960,80	80,640
21	252,21	21,168	336,00	51	612,51	51,408				
22	264,22	22,176	352,00	52	624,52	52,416				
23	276,23	23,184	368,00	53	636,53	53,424				
24	288,24	24,192	384,00	54	648,54	54,432				
25	300,25	25,200	400,00	55	660,55	55,440				
26	312,26	26,208	416,00	56	672,56	56,448				
27	324,27	27,216	432,00	57	684,57	57,456				
28	336,28	28,224	448,00	58	696,58	58,464				
29	348,29	29,232	464,00	59	708,59	59,472				
30	360,30	30,240	480,00	60	720,60	60,480				

Tabelle 2.6 (Fortsetzung)

	N	CH$_3$O	S	Si	F	Cl	Br	I	H$_2$O
1	14,008	31,034	32,066	28,09	19,00	35,457	79,916	126,91	18,02
2	28,016	62,068	64,132	56,18	38,00	70,914	159,832	253,82	36,03
3	42,024	93,102	96,198	84,27	57,00	106,371	239,748	380,73	54,05
4	56,032	124,136	128,264	112,36	76,00	141,828	319,664	507,64	72,06
5	70,040	155,170	160,330	140,45	95,00	177,285	399,580	634,55	90,08
6	84,048	186,204	192,396	168,54	114,00	212,742	479,496	761,46	108,10
7	98,056	217,238	224,462	196,63	133,00	248,199	559,412	888,37	126,11
8	112,064	248,272	256,528	224,72	152,00	283,656	639,328	1015,28	134,12
9	126,072	279,306	288,594	252,81	171,00	319,113	719,244	1142,19	152,14
10	140,080	310,340	320,660	280,90	190,00	354,570	799,160	1269,10	180,16

	1	2	3	4	5	6
Ag	107,880	215,760	323,640	431,520	539,400	647,280
Al	26,98	53,96	80,94	107,92	134,90	161,88
As	74,91	149,82	224,73	299,64	374,55	449,46
Au	197,0	394,0	591,0	788,0	985,0	1182,0
Ba	137,36	274,72	412,08	549,44	686,80	824,16
Bi	209,00	418,00	627,00	836,00	1045,00	1254,00
Ca	40,08	80,16	120,24	160,32	200,40	240,48
Co	58,94	117,88	176,82	235,76	294,70	353,64
Cr	52,01	104,02	156,03	208,04	260,05	312,06
Cu	63,54	127,08	190,62	254,16	317,70	381,24
Fe	55,85	111,70	167,55	223,40	279,25	335,04
Hg	200,61	401,22	601,83	802,44	1003,05	1203,66
K	39,100	78,200	117,300	156,400	195,500	234,600
Li	6,940	13,880	20,820	27,760	34,700	41,640
Mg	24,32	48,64	72,96	97,28	121,60	145,92
Mn	54,94	109,88	164,82	219,76	274,70	329,64
Mo	95,95	191,90	287,85	383,80	479,75	575,70
Na	22,991	45,982	68,973	91,964	114,955	137,946
Ni	58,69	117,38	176,07	234,76	293,45	352,14
Pb	207,21	414,42	621,63	828,84	1036,05	1243,26
Sb	121,76	243,52	365,28	487,04	608,80	730,56
Sn	118,70	237,40	356,10	474,80	593,50	712,20
Ti	47,90	95,80	143,70	191,60	239,50	287,40
U	238,07	476,14	714,21	952,28	1190,35	1428,42
B	10,82	21,64	32,46	43,28	54,10	64,92
P	30,97	61,95	92,92	123,90	154,87	185,85
OC$_2$H$_5$	45,06	90,12	135,18	180,24	225,30	280,36
OCOCH$_3$	59,04	118,09	177,13	236,18	295,22	354,26

2.1.8 Atom- und Ionenradien in pm

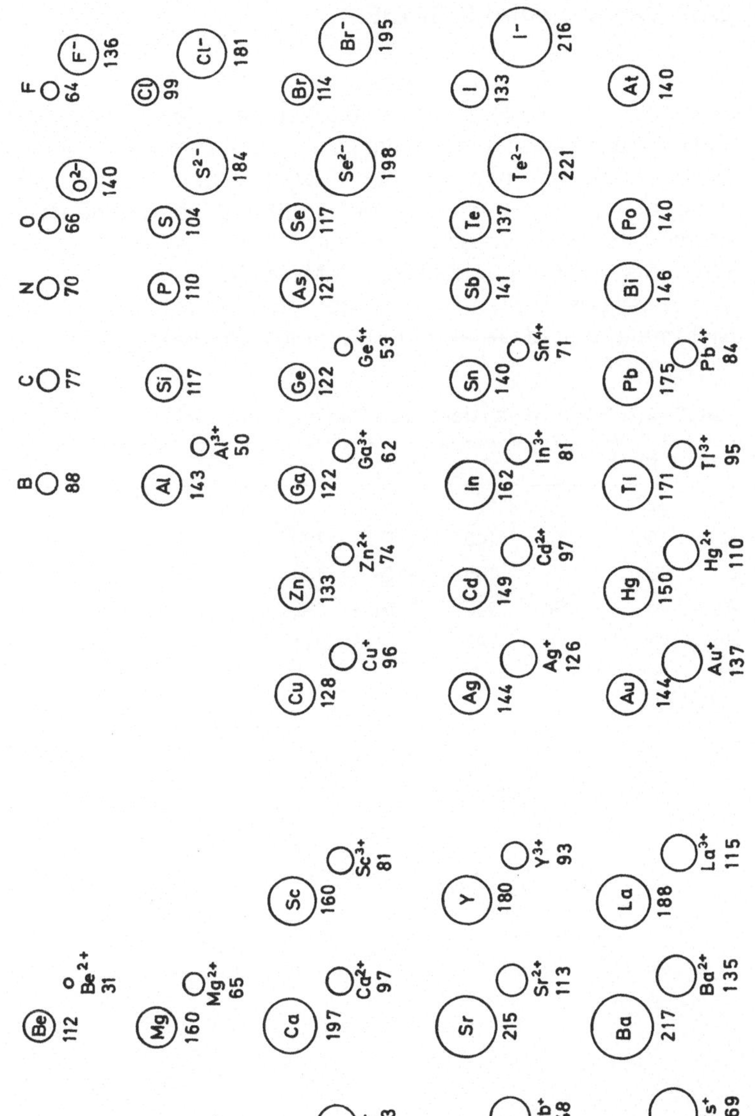

Abb. 2.11

2.1.9 Van der WAALS-RADIEN

Van der Waals-Radien sind definiert als die Hälfte des Gleichgewichtsabstands zwischen den Kernen von Atomen oder Gruppen, die in einem van der Waals-Kontakt miteinander sind. Sie entsprechen dem Abstand – bei größtmöglicher Annäherung eines Atoms oder einer Gruppe in einem Molekül an ein Atom desselben Elements in einem benachbarten Molekül.
Van der Waals-Radien sind länger als die *kovalenten Radien*; für Nichtmetalle sind sie annähernd gleich den *Ionenradien*.

Tabelle 2.7. Effektive van der Waals-Radien. (Nach Pauling)

Radien [pm]					
H	120				
N	150	O	140	F	135
P	190	S	185	Cl	180
As	200	Se	200	Br	195
Sb	220	Te	220	I	215
CH_3	200				
CH_2	200				

2.1.10. Ionisierungsenthalpien, Ionisierungspotentiale

Ionisierungs*enthalpie* ist die Ionisierungs*energie* bei konstantem Druck.

Definition
Ionisierungsenergie heißt die Energie, die man aufwenden muß, um von einem gasförmigen Atom oder Ion ein Elektron vollständig abzutrennen.
Wird das *erste* (äußerste) Elektron abgetrennt, spricht man von der *ersten* Ionisierungsenergie. Sie steigt mit der Anzahl der abzutrennenden Elektronen.
Potential = Maß für die Stärke eines Kraftfeldes.

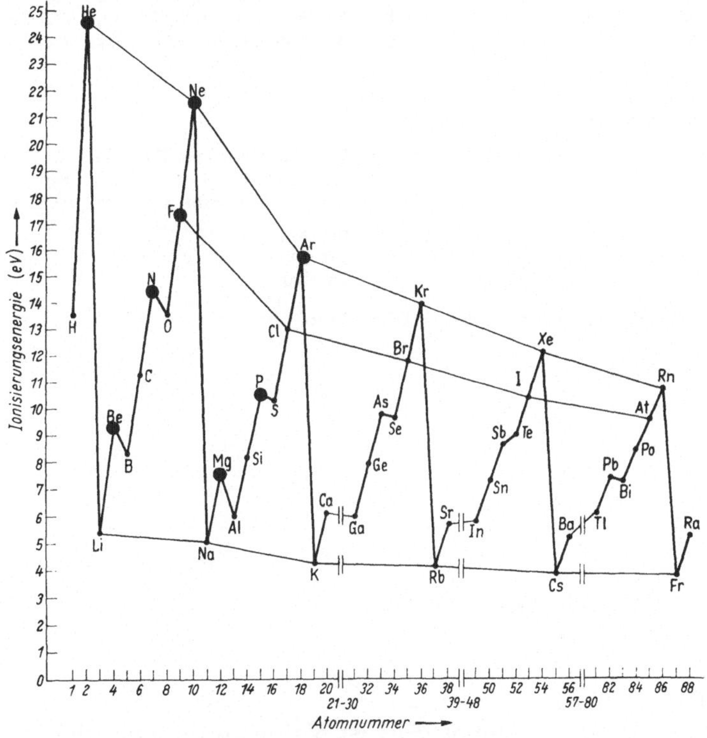

Abb. 2.12. „Erste" Ionisierungspotentiale (in eV) der Hauptgruppenelemente. Elemente mit halb- und vollbesetzten Energieniveaus in der K-, L- und M-Schale sind durch einen ausgefüllten Kreis gekennzeichnet

Erste Ionisierungsenthalpien bei 25 °C [kJ mol^{-1}]

Erste Ionisierungspotentiale bei 0 K in eV

H
1317
13.59

He
2378
24.58

Li	Be												B	C	N	O	F	Ne
526	905												807	1092	1409	1319	1687	2087
5.39	9.32												8.30	11.26	14.53	13.61	17.42	21.56
Na	**Mg**												**Al**	**Si**	**P**	**S**	**Cl**	**Ar**
502	744												584	793	1017	1006	1257	1526
5.14	7.64												5.98	8.15	10.48	10.36	12.97	15.76
K	**Ca**	**Sc**	**Ti**	**V**	**Cr**	**Mn**	**Fe**	**Co**	**Ni**	**Cu**	**Zn**	**Ga**	**Ge**	**As**	**Se**	**Br**	**Kr**
425	596	637	663	657	659	723	766	765	743	751	912	585	766	953	947	1148	1357
4.34	6.11	6.54	6.82	6.74	6.87	7.43	7.87	7.86	7.63	7.72	9.39	6.00	7.88	9.81	9.75	11.84	14.00
Rb	**Sr**	**Y**	**Zr**	**Nb**	**Mo**	**Tc**	**Ru**	**Rh**	**Pd**	**Ag**	**Cd**	**In**	**Sn**	**Sb**	**Te**	**I**	**Xe**
409	556	624	666	670	691	709	717	726	810	737	874	564	715	840	876	1015	1176
4.18	5.69	6.38	6.84	6.88	7.10	7.28	7.36	7.46	8.33	7.57	8.99	5.79	7.34	8.64	9.01	10.45	12.13

Cs	**Ba**	**La**	**Hf**	**Ta**	**W**	**Re**	**Os**	**Ir**	**Pt**	**Au**	**Hg**	**Tl**	**Pb**	**Bi**	**Po**	**At**	**Rn**
382	509	bis	682	766	778	766	849	880	871	896	1013	595	722	709	820	920	1044
3.89	5.21	**Lu**	7.00	7.88	7.98	7.87	8.73	9.1	8.96	9.22	10.43	6.11	7.42	7.29	8.43	9.5	10.75
Fr	**Ra**	**Ac**															
,390	516	bis															
3.98	5.28	**Am**															

La	**Ce**	**Pr**	**Nd**	**Pm**	**Sm**	**Eu**	**Gd**	**Tb**	**Dy**	**Ho**	**Er**	**Tm**	**Yb**	**Lu**
548	637	527	536	542	548	550	600	574	568	574	580	588	589	520
5.61	6.54	5.40	5.49	5.55	5.61	5.64	6.16	5.89	5.82	5.89	5.95	6.03	6.04	5.32

Ac	**Th**	**Pa**	**U**	**Np**	**Pu**	**Am**
672	677		593		500	590
6.9	6.95		6.08		5.1	6.0

1 Elektronenvolt pro Mol $= 96{,}5$ kJ mol^{-1}

Abb. 2.13

2.1.11 Elektronenaffinität

Definition

Die Elektonenaffinität (EA) ist diejenige Energie, die mit der Elektronenaufnahme durch ein gasförmiges Atom oder Ion verbunden ist:

$$X + e^- \rightarrow X^- ;$$

Beachte

Nimmt ein Atom mehrere Elektronen auf, so muß Arbeit gegen die abstoßende Wirkung des ersten „überschüssigen" Elektrons geleistet werden. EA hat dann einen positiven Wert.

Beispiel: $O^- + e^- \rightarrow O^{2-}$; $S^- + e^- \rightarrow S^{2-}$

Tabelle 2.8. EA-Werte für Elemente bei 25 °C [kJ · mol^{-1}]

H	B	C	N	O	F	$O^- + e^- \rightarrow O^{2-}$
−72	− 35	−119	+20	−141,4	−340 (344)	+790,8
	Al	Si	P	S	Cl	$S + e^- \rightarrow S^{2-}$
	− 54	−140	−82	−206	−355 (362)	+648,5
	Ga	Ge	As	Se	Br	
	− 55	−138	−78	+582	−331 (346)	
	In	Sn	Sb	Te	I	
	− 76	−148	−65	−220	−302 (297)	
	Tl	Pb	Bi	Po		
	−123	−179	+27	−196		

Anmerkung

Die in der Tabelle angegebenen Werte wurden teilweise berechnet (Clementi, Politzer) und teilweise experimentell gefunden (Moiseiwitsch)

$1 \text{ eV} = 1{,}60203 \cdot 10^{-19} \text{ J}$

Tabelle 2.9. EA-Werte für Elemente bei 25 °C in eV

$H + e^\ominus \rightarrow H^\ominus$		F:	−3,448	Al:	−0,27
−0,756		Cl:	−3,613	Be:	+0,69
		Br:	−3,363	Mg:	+0,69
$H^+ + e^\ominus \rightarrow H$		I:	−3,063	Li:	−0,59
−13,595		O:	−1,465	Na:	−0,22
		S:	−2,07	He:	+0,2
		P:	−0,62	Ne:	+0,3
		C:	−1,25	Ar:	+0,36
		Si:	−1,40	Kr:	+0,40
		B:	−0,16	Xe:	+0,42

2.1.12 Elektronegativität

Definition
Die Elektronegativität ist nach Pauling ein Maß für das Bestreben eines Atoms, in einer kovalenten Einfachbindung Elektronen an sich zu ziehen.

Tabelle 2.10. Elektronegativitätswerte nach Pauling

H						H
2,1						2,1
Li	Be	B	C	N	O	F
1,0	1,5	2,0	2,5	3,0	3,5	4,0
Na	Mg	Al	Si	P	S	Cl
0,9	1,2	1,5	1,8	2,1	2,5	3,0
K	Ca				Se	Br
0,8	1,0				2,4	2,8
Rb	Sr				Te	I
0,8	1,0				2,1	2,4
Cs	Ba					
0,7	0,9					

H									
2,2									
Li	Be	B	C	N	O	F			
1,0	1,5	2,0	2,5	3,1	3,5	4,1			
Na	Mg	Al	Si	P	S	Cl			
1,0	1,2	1,5	1,7	2,1	2,4	2,8			
K	Ca	Ga	Ge	As	Se	Br			
0,9	1,0	1,8	2,0	2,2	2,5	2,7			
Rb	Sr	In	Sn	Sb	Te	I			
0,9	1,0	1,5	1,7	1,8	2,0	2,2			
Cs	Ba	Tl	Pb	Bi	Po	At			
0,9	1,0	1,4	1,6	1,7	1,8	2,0			
Fr	Ra								
0,9	1,0								
Sc	Ti	V	Cr	Mn	Fe	Co	Ni	Cu	Zn
1,2	1,3	1,5	1,6	1,6	1,6	1,7	1,8	1,8	1,7
Y	Zr	Nb	Mo	Tc	Ru	Rh	Pd	Ag	Cd
1,1	1,2	1,2	1,3	1,4	1,4	1,5	1,4	1,4	1,5
Hf	Ta	W	Re	Os	Ir	Pt	Au	Hg	
1,2	1,3	1,4	1,5	1,5	1,6	1,4	1,4	1,5	

2.2 Struktur und Eigenschaften von Molekülen

2.2.1 Bindungslängen und Bindungsenergien (Auswahl)

Tabelle 2.12. Bindungslängen und Bindungsenergien

Bindung		Bindungslänge [pm]	Bindungsenergien [kJ · mol^{-1}]
H—H	H_2	74,1	436
H—F	HF	91,7	567
H—Cl	HCl	127,4	431
H—Br	HBr	140,8	365
H—I	HI	160,9	297
F—F	F_2	141,8	158
Cl—Cl	Cl_2	198,8	244
Br—Br	Br_2	228,4	193
I—I	I_2	266,6	151
C—H	RCH_3	109,6	
	Olefin	108,3	
	Ethin	105,5	416
	Aromat	108,4	
Si—H	R_3SiH	147,6	323
N—H	NH_3	101,2	389
P—H	PH_3	143,7	327
O—H	H_2O	95,8	464
	ROH	97	
S—H	H_2S	133,5	361
C—C		154	346
C—F		138	489
C—Cl		177	327
C—Br		194	272
C—I		214	214
Si—O		163,3	444
Si—F		156,1	234
Si—Cl	R_3SiCl	201,9	398
Si—Br	R_3SiBr	216	329
Si—I	R_3SiI	246	234
N—N	R_2NNH_2	145,1	159
N—O	$RO—NO_2$	136	181
	RNO_2	122	
O—O	O_2	120,7	
	O_3	127,8	144
	H_2O_2	148	

Tabelle 2.12 (Fortsetzung)

Bindung		Bindungslänge [pm]	Bindungsenergien [kJ · mol^{-1}]
S—S	S$_8$	204	268
	RSSR	205	
S—O	SOCl$_2$	145	(285)
S—C		182	269
S—Si		215	226
S—F		156,1	368
S—Cl		201,9	272
S—Br		216	(239)
Mehrfachbindungen			
C=C		134	611
C⋯C	(Benzol)	139	–
C≡C		120	835
C=O		122	736
C=N		130	616
C≡N		116	892
N=N		125	466
N≡N		110	945
O=O		121	
S=S		189	

2.2.2 Kristallsysteme

Zur Beschreibung der verschiedenen „Elementarzellen" (kleinste
sinnvolle Einheit, in die man ein Raumgitter zerlegen kann) benötigt
man *sieben* Achsenkreuze mit verschiedenen Achsenlängen und verschiedenen Winkeln zwischen je zwei Achsen. Kristallgitter, die sich
auf ein Achsenkreuz beziehen lassen, faßt man zu einem *Kristallsy-
stem* zusammen. Es gibt *sieben* Kristallsysteme.

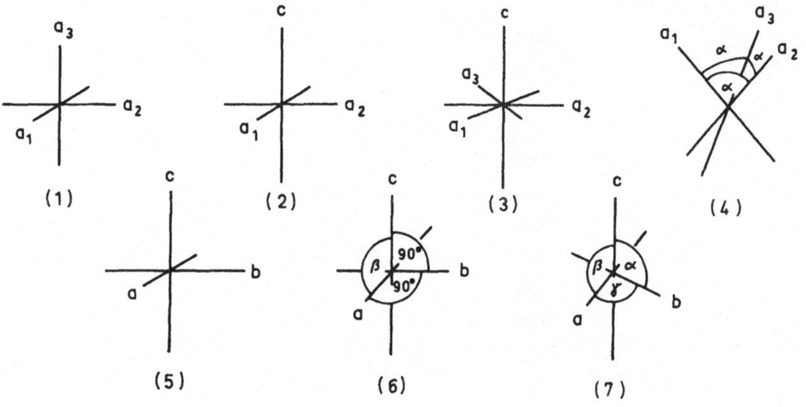

System	Achsenlänge	Achsenwinkel
(1) kubisch	$a_1 = a_2 = a_3$	$\alpha = \beta = \gamma = 90°$
(2) tetragonal	$a = b \neq c$	$\alpha = \beta = \gamma = 90°$
(3) hexagonal	$a_1 = a_2 = a_3 \neq c$	$\angle\, a_1/a_2 = a_2/a_3 = a_3/a_1 = 120°$ $\angle\, a_n/c = 90°$
(4) rhomboedrisch	$a = b = c$	$\alpha = \beta = \gamma \neq 90°$
(5) ortho(rhombisch)	$a \neq b \neq c$	$\alpha = \beta = \gamma = 90°$
(6) monoklin	$a \neq b \neq c$	$\alpha = \gamma = 90°$ $\beta \neq 90°$
(7) triklin	$a \neq b \neq c$	$\alpha \neq \beta \neq \gamma \neq 90°$

$$\alpha = \angle\, b/c \qquad \beta = \angle\, a/c \qquad \gamma = \angle\, a/b$$

Abb. 2.14. Achsenkreuze und Kristallsysteme

2.2.3 Bravais-Gitter

Kristallisierte Stoffe können folgende Symmetrie-Elemente enthalten: *Drehachsen, Symmetriezentrum, Spiegelebene* als einfache Symmetrieelemente sowie die *Drehspiegelachse* als zusammengesetztes Symmetrieelement.
Zusammen mit Gleitspiegelebenen und Schraubenachsen lassen sich insgesamt 230 symmetrisch unterschiedliche Anordnungen von Gitterpunkten konstruieren. Eine solche Anordnung heißt *Raumgruppe*. Alle Raumgruppen lassen sich aus jeweils einem von **14** Gittertypen (= Bravais-Gitter) aufbauen.

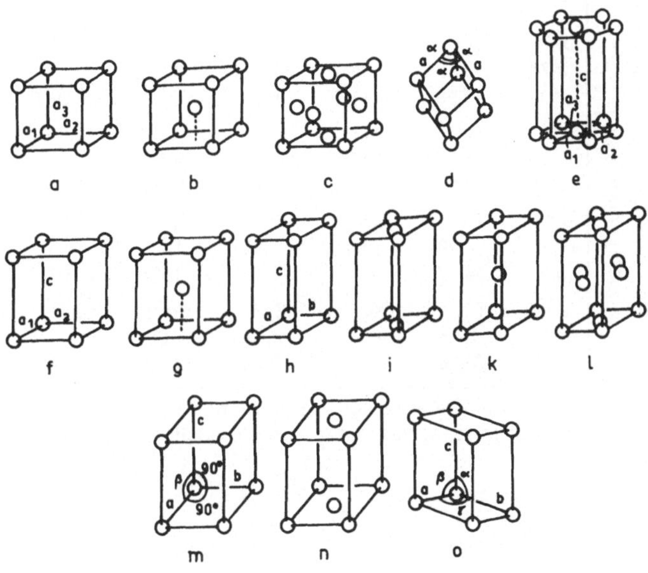

Abb. 2.15. Die 14 Bravais-Gitter. (Nach Hiller)

a = kubisch, einfach	h = rhombisch, einfach
b = kubisch, innenzentriert	i = rhombisch, basisflächenzentriert
c = kubisch, flächenzentriert	k = rhombisch, innenzentriert
d = rhomboedrisch	l = rhombisch, allseitig flächenzentriert
e = hexagonal	m = monoklin, einfach
f = tetragonal, einfach	n = monoklin, flächenzentriert
g = tetragonal, innenzentriert	o = triklin

2.2.4 Kristallgitter

2.2.4.1 Polarisierbarkeit von Ionen

Die Polarisationseigenschaften von Gitterbausteinen sind neben dem Radienverhältnis ein entscheidender Faktor für die Ausbildung eines bestimmten *Gittertyps*. Je stärker die Polarisation, um so deutlicher der Übergang von der typisch ionischen zur kovalenten Bindungsart.

Tabelle 2.13. Polarisierbarkeit von Ionen in 10^{-24} cm³. Die Werte ohne Klammer wurden von K. Fajans berechnet. Die Werte in Klammern stammen von M. Born und W. Heisenberg

$OH^{\ominus}$		He	$Li^{\oplus}$	$Be^{2\oplus}$	$B^{3\oplus}$	$C^{4\oplus}$
1,89		0,20	0,029	0,008		
			(0,075)	(0,028)	(0,014)	
$O^{2\ominus}$	$F^{\ominus}$	Ne	$Na^{\oplus}$	$Mg^{2\oplus}$	$Al^{3\oplus}$	$Si^{4\oplus}$
2,74	0,96	0,394	0,187	0,103		
(3,1)	(0,99)		(0,21)	(0,12)	(0,065)	(0,043)
$S^{2\ominus}$	$Cl^{\ominus}$	Ar	$K^{\oplus}$	$Ca^{2\oplus}$	$Sc^{3\oplus}$	$Ti^{4\oplus}$
8,94	3,57	1,65	0,888	0,552		
(7,25)	(3,05)		(0,85)	(0,57)	(0,38)	(0,27)
$Se^{2\ominus}$	$Br^{\ominus}$	Kr	$Rb^{\oplus}$	$Sr^{2\oplus}$	$Y^{3\oplus}$	$Zr^{4\oplus}$
11,4	4,99	2,54	1,49	1,02		
(8,4)	(4,17)		(1,81)	(1,42)	(1,04)	
$Te^{2\ominus}$	$I^{\ominus}$	Xe	$Cs^{\oplus}$	$Ba^{2\oplus}$	$La^{3\oplus}$	$Ce^{4\oplus}$
16,1	7,57	4,11	2,57	1,86		
(9,6)	(6,28)		(2,79)	(2,08)	(1,56)	(1,20)

Links: Abnehmende Polarisierbarkeit; abnehmender Radius
Rechts: Zunehmende polarisierende Wirkung; abnehmender Radius

Abnehmende Polarisierbarkeit; zunehmende polarisierende Wirkung
Abnehmender Ionenradius; zunehmende positive Ladung

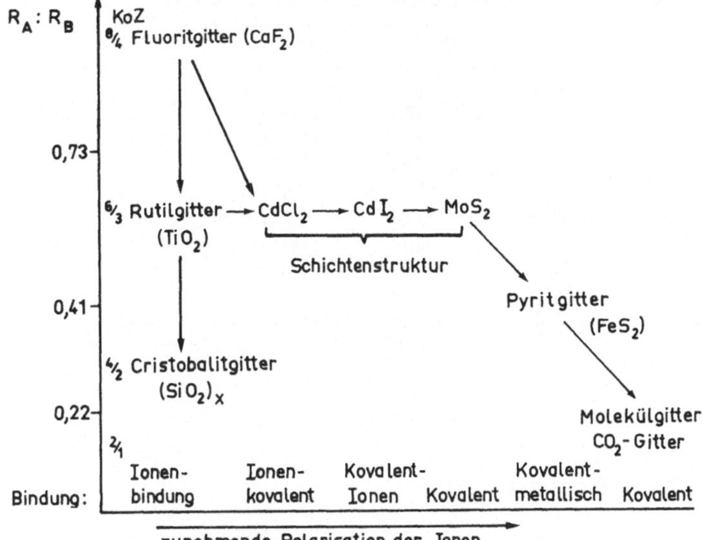

Abb. 2.16. Abhängigkeit des Gittertyps und der Bindungsart für Verbindungen der Zusammensetzung AB$_2$ vom Radienverhältnis und der Polarisation der Ionen. KoZ = Koordinationszahl

2.2.4.2 Gitterenergiewerte von ionischen Kristallen
(*Gitterenthalpie* = Gitterenergie bei konstantem Druck)

Gitterenergie U_G heißt die Energie, die bei der Vereinigung äquivalenter Mengen gasförmiger (g) Kationen und Anionen zu einem Einkristall (fest, (f)) von 1 mol *frei* wird:

$$X^{\oplus}(g) + Y^{\ominus}(g) \rightarrow XY(f) + U_G$$

U_G gilt für den Kristall am absoluten Nullpunkt. In der Tabelle sind Werte der *Gitterenthalpie* für 25 °C = 298 K angegeben. Sie sind für diese Reaktion negativ.

Tabelle 2.14. Gitterenthalpie bei 25 °C (ΔH_{298}/kJ mol^{-1})

	F	Cl	Br	I
Li	−1039	− 850	− 802	− 742
Na	− 920	− 780	− 740	− 692
K	− 816	− 710	− 680	− 639
Rb	− 780	− 686	− 658	− 621
Cs	− 749	− 651	− 630	− 599
Be	−3476	−2994	−2896	−2784
Mg	−2949	−2502	−2402	−2293
Ca	−2617	−2231	−2134	−2043
Sr	−2482	−2129	−2040	−1940
Ba	−2330	−2024	−1942	−1838

2.2.4.3 Typische Gitter

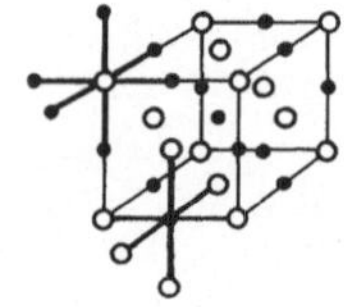

(a)
Natriumchlorid (NaCl)
Koordination 6 : 6

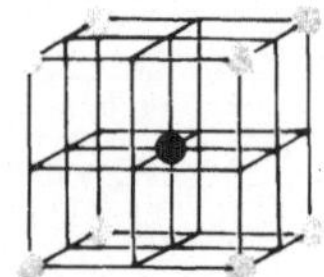

(b)
Cäsiumchlorid (CsCl).
Die $Cs^{\oplus}$- und $Cl^{\ominus}$-Ionen
sitzen jeweils im Zentrum
eines Würfels.
Koordination 8 : 4

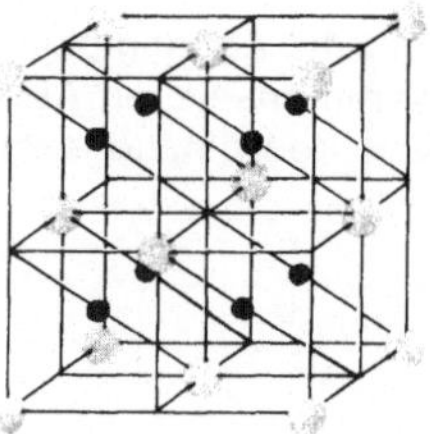

(c)
Antifluorit-Gitter (z. B.
Li_2O, Na_2O, K_2O, Li_2S,
Na_2S, K_2S, Mg_2Si)

Abb. 2.17 a−c (Legende s. S. 63)

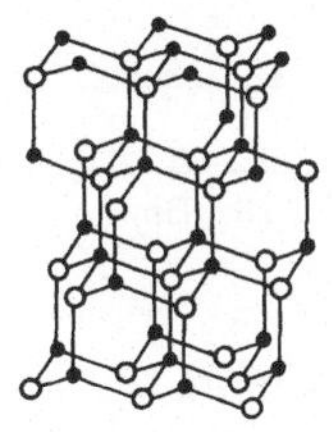

(d)
Zinkblende (ZnS)
Die Zn- und S-Atome sit-
zen jeweils in der Mitte
eines Tetraeders.
Koordination 4 : 4

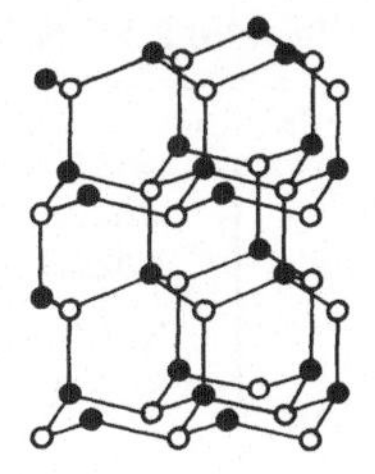

(e)
Wurtzit (ZnS)
Koordination 4 : 4

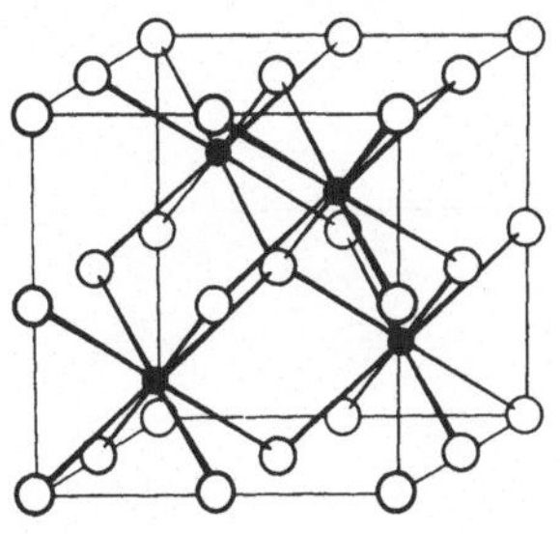

(f)
Calciumfluorid (CaF$_2$)
Die Ca$^{2\oplus}$-Ionen sind wür-
felförmig von F$^\ominus$-Ionen
umgeben. Jedes F$^\ominus$-Ion
sitzt in der Mitte eines Tetraeders aus Ca$^{2\oplus}$-Ionen

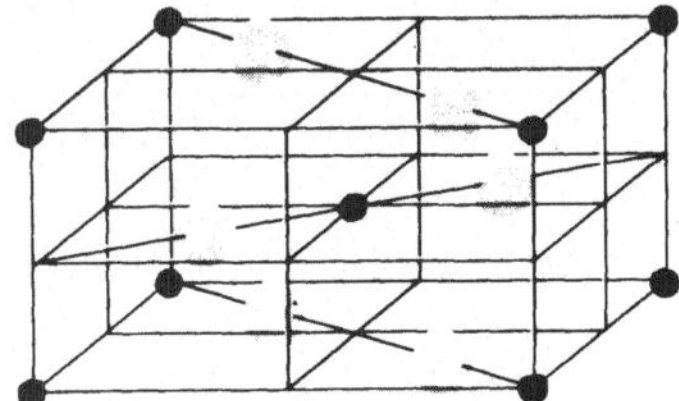

(g)
Rutil (TiO$_2$)
Jedes Ti$^{4\oplus}$-Ion sitzt in ei-
nem verzerrten Oktaeder
von O$^{2\ominus}$-Ionen. Jedes
O$^{2\ominus}$-Ion sitzt in der Mitte
eines gleichseitigen
Dreiecks von Ti$^{4\oplus}$-Ionen.
Koordination 6 : 3

Abb. 2.17 a–g. Ionengitter (Die schwarzen Kugeln stellen die Kationen dar)

Tabelle 2.15. Kristallstrukturen einiger ionischer Verbindungen

Struktur		Beispiele
AB	Cäsiumchlorid KoZ. 8	CsCl, CsBr, CsI, TlCl, TlBr, TlI, NH$_4$Cl, NH$_4$Br
	Natriumchlorid KoZ. 6	Halogenide des Li$^\oplus$, Na$^\oplus$, K$^\oplus$, Rb$^\oplus$ Oxide und Sulfide des Mg$^{2\oplus}$, Ca$^{2\oplus}$, Sr$^{2\oplus}$, Ba$^{2\oplus}$, Mn$^{2\oplus}$, Ni$^{2\oplus}$ AgF, AgCl, AgBr, NH$_4$I
	Zinkblende KoZ. 4	Sulfide des Be$^{2\oplus}$, Zn$^{2\oplus}$, Cd$^{2\oplus}$, Hg$^{2\oplus}$ CuCl, CuBr, CuI, AgI, ZnO
AB$_2$	Fluorit KoZ. 8 : 4	Fluoride des Ca$^{2\oplus}$, Sr$^{2\oplus}$, Ba$^{2\oplus}$, Cd$^{2\oplus}$, Pb$^{2\oplus}$ BaCl$_2$, SrCl$_2$, ZrO$_2$, ThO$_2$, UO$_2$
	Antifluorit	Oxide und Sulfide des Li$^\oplus$, Na$^\oplus$, K$^\oplus$, Rb$^\oplus$
	Rutil KoZ. 6 : 3	Fluoride des Mg$^{2\oplus}$, Ni$^{2\oplus}$, Mn$^{2\oplus}$, Zn$^{2\oplus}$, Fe$^{2\oplus}$ Oxide des Ti$^{4\oplus}$, Mn$^{4\oplus}$, Sn$^{4\oplus}$, Te$^{4\oplus}$
	Cristobalit KoZ. 4 : 2	SiO$_2$, BeF$_2$

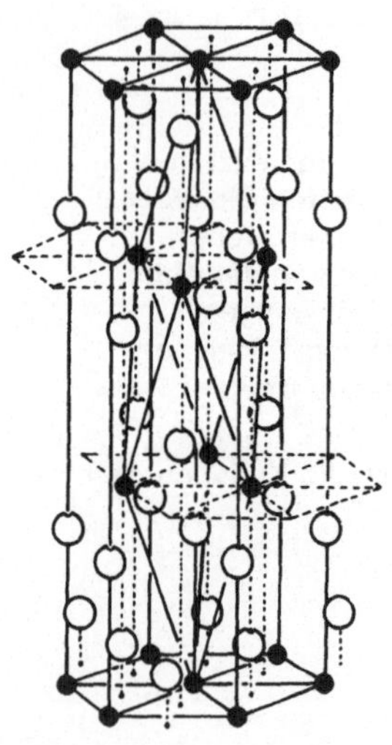

Abb. 2.18 a (Legende s. S. 65)

(a)
CdCl$_2$-Gitter (nach Hiller)
● Cd
○ Cl

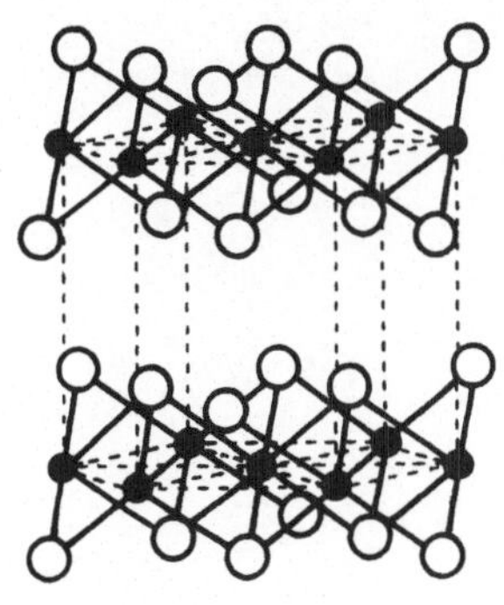

(b)
Cadmiumiodid (CdI_2)
CdI_2-Gitter
● Cd
○ I

(c)
Graphit-Gitter

Abb. 2.18 a–c. Schichtengitter

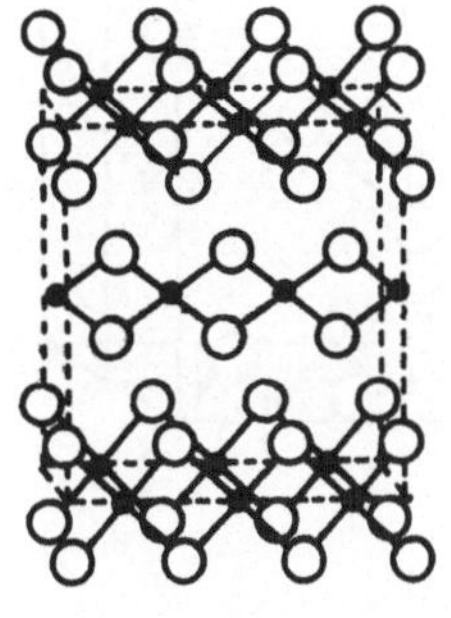

Palladiumchlorid ($PdCl_2$)
● Pd
○ Cl

Abb. 2.19. Kettenstruktur

Diamant
Koordinationszahl 4

Abb. 2.20. Diamantstruktur

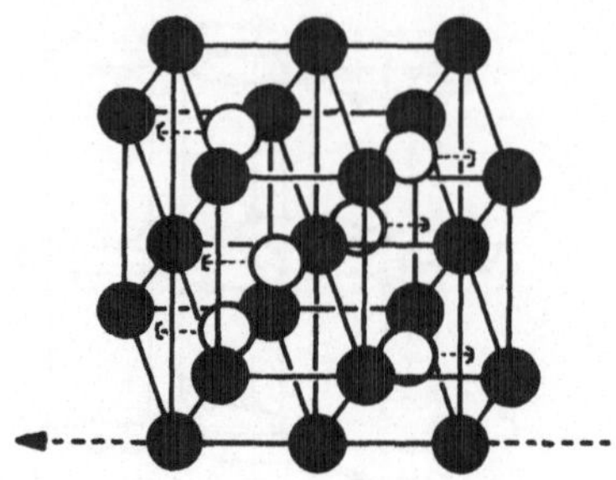

c-Achse
Rotnickelkies-Gitter (NiAs)
Koordination 6 : 6

Abb. 2.21. *Beispiele für Verbindungen mit NiAs-Gitter:* NiAs, NiSb, NiBi, NiS, NiSe, FeS, FeSe, MnAs

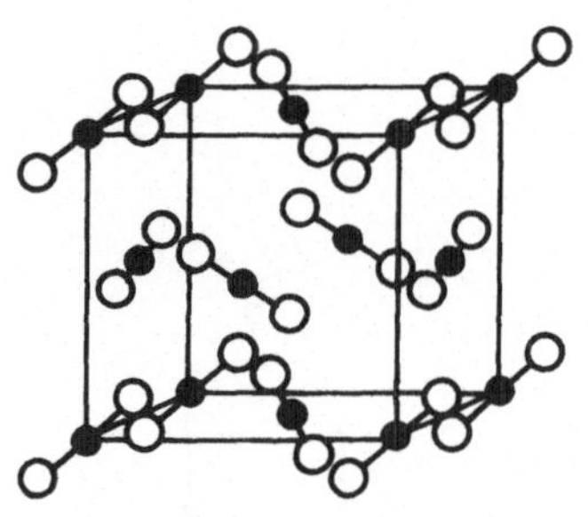

Kohlendioxid (CO_2)

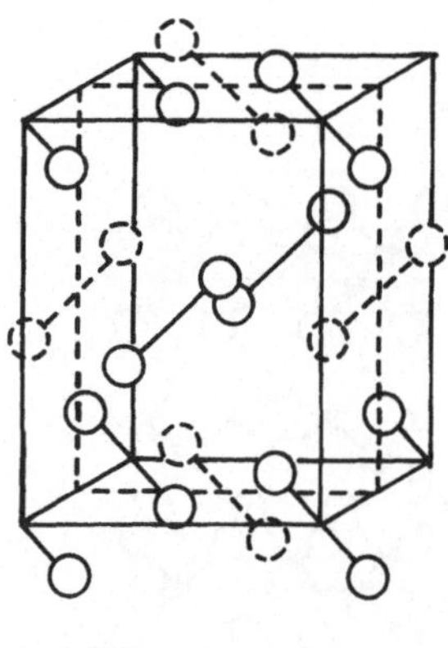

Iod (I_2)

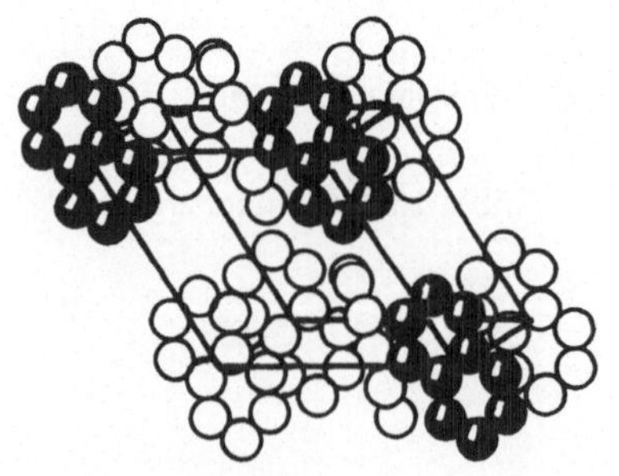

Naphthalin ($C_{10}H_8$)

Abb. 2.22. Molekülgitter

2.2.4.4 Metallgitter

3/5 aller Metalle kristallisieren in der *kubisch-dichtesten* bzw. *hexagonal-dichtesten* Kugelpackung. Ein großer Teil der restlichen 2/5 bevorzugt das *kubisch-innenzentrierte* = *kubisch-raumzentrierte* Gitter.

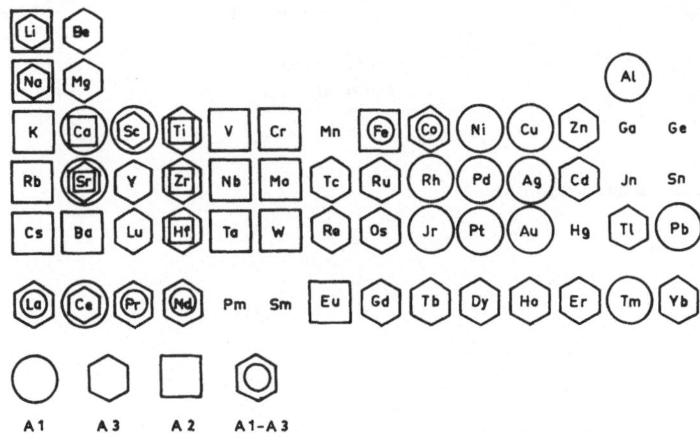

Abb. 2.23. Vorkommen der kubisch (A 1) und hexagonal (A 3) dichtesten Kugelpakkung und des kubisch-innenzentrierten Gitters (A 2). Das Symbol für die jeweils stabilste Modifikation ist am größten gezeichnet. (Nach Krebs)

Tabelle 2.16. Koordinationszahl und Raumerfüllung von Metallgittern

Anordnung	Koordinationszahl	Raumerfüllung (%)
Kubisch- und hexagonal-dichteste Kugelpackung	12	74,1
Kubisch raumzentriert	8	68,1

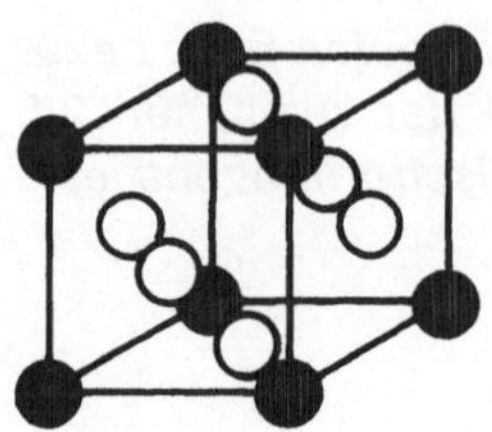

kubisch dichteste
Packung
(A 1)

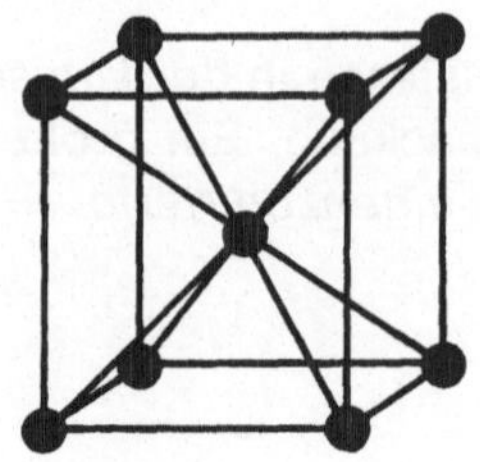

kubisch raum-
zentriert
(A 2)

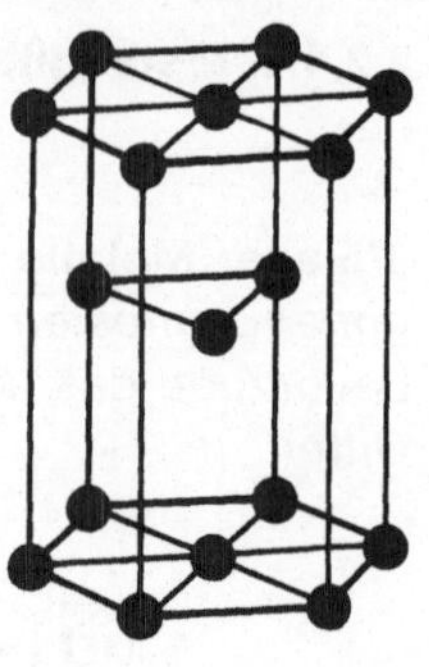

hexagonal dichteste
Packung
(A 3)

Abb. 2.24. Metallgitter

2.3 Physikalisch Chemische Daten von Atomen und Molekülen

2.3.1 Kalorische Daten von Metallen

Tabelle 2.17. Schmelz- und Siedepunkte von Metallen

Metall	Schmelz-punkt [°C]	Schmelz-enthalpie [J/g]	Siede-punkt [°C]	Verdampfungs-enthalpie J/g
Aluminium	660,4	396,6	2467	10 885
Antimon	630,7	167,6	1750	1 053
Barium	725	55,8	1640	1 098,7
Beryllium	1278	1387	2970 (5 mm)	32 622
Bismut	271,3	52,16	1560	724,95
Blei	327,5	23,03	1740	866,4
Cadmium	320,9	56,94	765	888,5
Calcium	839	216,1	1484	3 742,5
Chrom	1857	280,8	2672	6 712,0
Eisen	1535	277,5	2750	6 338,7
Gold	1646,4	64,83	2807	1 647,0
Kalium	63,3	59,59	774	1 982
Kobalt	1453	259,6	2870	4 802
Kupfer	1083,4	2046	2567	4 784,4
Lithium	180,5	433,7	1347	21 337
Magnesium	648,8	368,2	1090	4 092
Mangan	1244	265,7	1962	6 191,4
Molybdän	2617	287,7	4612	3 873
Natrium	97,8	113,2	883	6 483
Nickel	1453	303,2	2733	2 291,3
Platin	1772	111,2	3827	294,68
Quecksilber	–	11,44	356	2 354,7
Silber	961,9	104,47	2212	4 161,4
Tantal	2996	173,53	5425	8 977
Titan	1660	323,6	3287	1 730,9
Uran	1132	82,76	3818	4 345,9
Wolfram	3410	191,5	5660	1 754,6
Zink	419,6	111,37	907	2 446,7
Zinn	232	59,57	2270	

2.3.2 Löslichkeitsprodukte

Das Löslichkeitsprodukt Lp eines schwerlöslichen Elektrolyten $A_m B_n$ ist definiert als das Produkt seiner Ionenkonzentrationen in gesättigter Lösung

$$A_m B_n \rightleftharpoons mA^{\oplus} + nB^{\ominus}$$

$$Lp(A_m B_n) = c^m(A^{\oplus}) \cdot c^n(B^{\ominus}) \quad (mol/l)^{m+n}$$

Tabelle 2.18. Löslichkeitsprodukt schwerlöslicher Salze

Verbindung $A_m B_n$	Lp $(mol/l)^{m+n}$	Temperatur [°C] (wenn nicht anders angegeben, gelten die Werte für 25 °C)
Ag_2S	$1,6 \cdot 10^{-49}$	18
Ag_3PO_4	$1,8 \cdot 10^{-18}$	20
AgI	$1,5 \cdot 10^{-16}$	
$AgIO_3$	$1,5 \cdot 10^{-16}$	
$AgCN$	$7 \cdot 10^{-15}$	
$AgBr$	$7,7 \cdot 10^{-13}$	
$AgSCN$	$1,16 \cdot 10^{-12}$	
$Ag_2S_2O_3$	$1,16 \cdot 10^{-12}$	
Ag_2CrO_4	$4 \cdot 10^{-12}$	
$AgCl$	$1,56 \cdot 10^{-10}$	
	$13,2 \cdot 10^{-10}$	50
$AgOH$	$1,5 \cdot 10^{-8}$	20
Ag_2SO_4	$7,7 \cdot 10^{-5}$	
$Al(OH)_3$ (frisch)	$3,7 \cdot 10^{-15}$	
As_2S_3	$4 \cdot 10^{-29}$	18
$BaSO_4$	$1 \cdot 10^{-10}$	
$BaCrO_4$	$1,6 \cdot 10^{-10}$	18
$BaMnO_4$	$2,5 \cdot 10^{-10}$	
$BaCO_3$	$7 \cdot 10^{-9}$	
Bi_2S_3	$1,6 \cdot 10^{-72}$	18
$BiOCl$	$1,6 \cdot 10^{-31}$	
$Bi(OH)_3$	$4,3 \cdot 10^{-31}$	18
$Ca_3(PO_4)_2$	$1 \cdot 10^{-25}$	
CaF_2	$3,4 \cdot 10^{-11}$	18
$CaC_2O_4 \cdot H_2O$	$2,6 \cdot 10^{-9}$	
$CaCO_3$	$4,8 \cdot 10^{-9}$	
$CaSO_4$	$6,1 \cdot 10^{-5}$	10
$CaCrO_4$	$2,3 \cdot 10^{-2}$	18

Verbindung A_mB_n	Lp $(mol/l)^{m+n}$	Temperatur [°C]	(wenn nicht anders angegeben, gelten die Werte für 25 °C)
CdS	$3,6 \cdot 10^{-29}$	18	
CoS	$1,9 \cdot 10^{-27}$	20	
$Cr(OH)_3$	$6,7 \cdot 10^{-31}$		
Cu_2S	$2 \cdot 10^{-47}$	18	
CuS	$8 \cdot 10^{-45}$	18	
$Cu(OH)_2$	$3 \cdot 10^{-13}$		
CuI	$5 \cdot 10^{-12}$	20	
CuSCN	$1,6 \cdot 10^{-11}$	18	
CuBr	$4,2 \cdot 10^{-8}$	20	
CuCl	$1 \cdot 10^{-6}$	20	
$Fe(OH)_3$	$3,8 \cdot 10^{-38}$	18	
FeS	$3,7 \cdot 10^{-19}$	18	
$Fe(OH)_2$	$4,8 \cdot 10^{-16}$	18	
HgS	$3 \cdot 10^{-54}$	18	
Hg_2S	$1 \cdot 10^{-47}$	18	
HgCN	$5 \cdot 10^{-40}$		
HgI	$1,2 \cdot 10^{-28}$		
HgO	$1,7 \cdot 10^{-26}$		
$HgCl_2$	$2,6 \cdot 10^{-25}$		
Hg_2Cl_2	$2 \cdot 10^{-18}$		
$MgNH_4PO_4 \cdot 6H_2O$	$2,5 \cdot 10^{-13}$		
$Mg(OH)_2$	$1,2 \cdot 10^{-11}$	18	
MnS	$1,4 \cdot 10^{-15}$	18	
$Mn(OH)_2$	$4 \cdot 10^{-14}$	18	
NiS	$1,4 \cdot 10^{-24}$	18	
PbS	$3,4 \cdot 10^{-28}$	18	
$PbCrO_4$	$1,77 \cdot 10^{-14}$		
$PbCO_3$	$3,3 \cdot 10^{-14}$	18	
$PbSO_4$	$1,6 \cdot 10^{-8}$		
$PbCl_2$	$2,1 \cdot 10^{-5}$		
$Sb(OH)_3$	$4 \cdot 10^{-42}$		
SnS	$1 \cdot 10^{-28}$		
$SrCO_3$	$1,6 \cdot 10^{-9}$		
$SrSO_4$	$2,8 \cdot 10^{-7}$		
$SrCrO_4$	$3,6 \cdot 10^{-5}$	18	
ZnS	$6,9 \cdot 10^{-26}$	20	
	$1,2 \cdot 10^{-23}$	18	
$Zn(OH)_2$	$1 \cdot 10^{-17}$		

2.3.3 Elektrochemische Spannungsreihe

Die Elektroden-Standard-Potentiale werden für wäßrige Lösungen
bei 25 °C angegeben (= Normalpotentiale, E^0).
Bezugselektrode (Bezugshalbzelle) ist die *Normalwasserstoffelek-*
trode

Elektrodenreaktion: $\qquad\qquad H_2 \rightleftharpoons 2H^{\oplus} + 2e^{\ominus}$
$$2H^{\oplus} + 2H_2O \rightleftharpoons 2H_3O^{\oplus}$$

Zur Umrechnung der Potentiale auf beliebige Konzentrationen und
beliebige Temperatur gilt die *Nernstsche Gleichung.*
Für die Berechnung des Potentials E eines Redoxpaares lautet die
Nernstsche Gleichung:

Redoxpaar

$$Red \rightleftharpoons Ox + n \cdot e^{\ominus}$$

$$E = E^0 + \frac{R \cdot T \cdot 2{,}303}{n \cdot F} \lg \frac{c\,(Ox)}{c\,(Red)}$$

Für $T = 298{,}15\,K = 25\,°C$ und $F = 96\,487\,A \cdot s \cdot mol^{-1}$ und
$R = 8{,}3143\,J \cdot K^{-1}\,mol^{-1}$ gilt:

$$\frac{R \cdot T \cdot 2{,}303}{F} = 0{,}059$$

Redoxsystem

$$Red_1 + Ox_2 \rightleftharpoons Red_2 + Ox_1$$

$$E = E_2^0 - E_1^0 + \frac{R \cdot T \cdot 2{,}303}{n \cdot F} \lg \frac{c\,(Red_1) \cdot c\,(Ox_2)}{c\,(Red_2) \cdot c\,(Ox_1)}$$

E_2^0 bzw. E_1^0 sind die Normalpotentiale der Redoxpaare Red_2/Ox_2 bzw.
Red_1/Ox_1. E_2^0 soll positiver sein als E_1^0, d. h. Red_2/Ox_2 ist das stärkere
Oxidationsmittel.

Tabelle 2.19. *Spannungsreihe* (Normalpotentiale E^0) *Metalle (Wasser, 25 °C) (Auswahl)*

Saure Lösung

$Red \rightleftharpoons Ox \quad + e^-$	E^0 [V]
$Li \rightleftharpoons Li^+ \quad + e^-$	$-3,04$
$Rb \rightleftharpoons Rb^+ \quad + e^-$	$-2,96$
$Cs \rightleftharpoons Cs^+ \quad + e^-$	$-2,92$
$K \rightleftharpoons K^+ \quad + e^-$	$-2,92$
$Ba \rightleftharpoons Ba^{2+} + 2e^-$	$-2,92$
$Sr \rightleftharpoons Sr^{2+} + 2e^-$	$-2,89$
$Ca \rightleftharpoons Ca^{2+} + 2e^-$	$-2,86$
$Na \rightleftharpoons Na^+ \quad + e^-$	$-2,71$
$Mg \rightleftharpoons Mg^{2+} + 2e^-$	$-2,36$
$Ti \rightleftharpoons Ti^{3+} + 3e^-$	$-2,0$
$Al \rightleftharpoons Al^{3+} + 3e^-$	$-1,66$
$Mn \rightleftharpoons Mn^{2+} + 2e^-$	$-1,18$
$Zn \rightleftharpoons Zn^{2+} + 2e^-$	$-0,76$
$Cr \rightleftharpoons Cr^{3+} + 3e^-$	$-0,71$
$Fe \rightleftharpoons Fe^{2+} + 2e^-$	$-0,44$
$Cd \rightleftharpoons Cd^{2+} + 2e^-$	$-0,40$
$Co \rightleftharpoons Co^{2+} + 2e^-$	$-0,27$
$Ni \rightleftharpoons Ni^{2+} + 2e^-$	$-0,23$
$Sn \rightleftharpoons Sn^{2+} + 2e^-$	$-0,13$
$Pb \rightleftharpoons Pb^{2+} + 2e^-$	$-0,12$
$\mathbf{H_2 \rightleftharpoons 2H^+ \quad + 2e^-}$	$\mathbf{\pm 0,00}$
$Cu \rightleftharpoons Cu^{2+} + 2e^-$	$+0,33$
$Cu \rightleftharpoons Cu^+ \quad + e^-$	$+0,52$
$Ag \rightleftharpoons Ag^+ \quad + e^-$	$+0,79$
$Hg \rightleftharpoons Hg^{2+} + 2e^-$	$+0,85$
$Pd \rightleftharpoons Pd^{2+} + 2e^-$	$+0,98$
$Pt \rightleftharpoons Pt^{2+} + 2e^-$	$+1,20$
$Ce^{3+} (1\,M\ HCl) \rightleftharpoons Ce^{4+} + e^-$	$+1,28$
$Au \rightleftharpoons Au^{3+} + 3e^-$	$+1,42$
$Ce^{3+} (1\,M\ HNO_3) \rightleftharpoons Ce^{4+} + e^-$	$+1,61$
$Au \rightleftharpoons Au^+ \quad + e^-$	$+1,68$

Tabelle 2.20. *Metalle* (Wasser, 25 °C) (Auswahl)

Alkalische Lösung

$Red \rightleftharpoons Ox + e^-$	$E^0 [V]$
$Li \rightleftharpoons Li^+ + e^-$	$-3,04$
$Ca + 2OH^- \rightleftharpoons Ca(OH)_2 + 2e^-$	$-3,03$
$Cs \rightleftharpoons Cs^+ + e^-$	$-3,02$
$Sr + 2OH^- \rightleftharpoons Sr(OH)_2 + 2e^-$	$-2,99$
$Ba + 2OH^- \rightleftharpoons Ba(OH)_2 + 2e^-$	$-2,97$
$K \rightleftharpoons K^+ + e^-$	$-2,92$
$Na \rightleftharpoons Na^+ + e^-$	$-2,71$
$Mg + 2OH^- \rightleftharpoons Mg(OH)_2 + 2e^-$	$-2,69$
$Al + 4OH^- \rightleftharpoons Al(OH)_4^- + 3e^-$	$-2,35$
$Mn + 2OH^- \rightleftharpoons Mn(OH)_2 + 2e^-$	$-1,55$
$Cr + 4OH^- \rightleftharpoons Cr(OH)_4^- + 3e^-$	$-1,27$
$Zn + 4OH^- \rightleftharpoons Zn(OH)_4^{2-} + 2e^-$	$-1,21$
$Sn + 3OH^- \rightleftharpoons Sn(OH)_3^- + 2e^-$	$-0,90$
$Fe + 2OH^- \rightleftharpoons Fe(OH)_2 + 2e^-$	$-0,87$
$Cd + 2OH^- \rightleftharpoons Cd(OH)_2 + 2e^-$	$-0,80$
$Co + 2OH^- \rightleftharpoons Co(OH)_2 + 2e^-$	$-0,73$
$Ni + 2OH^- \rightleftharpoons Ni(OH)_2 + 2e^-$	$-0,72$
$Pb + 3OH^- \rightleftharpoons Pb(OH)_3^- + 2e^-$	$-0,54$
$Cu + 2OH^- \rightleftharpoons Cu(OH)_2 + 2e^-$	$-0,22$
$Hg + 2OH^- \rightleftharpoons HgO + H_2O + 2e^-$	$+0,09$
$2Ag + 2OH^- \rightleftharpoons Ag_2O + H_2O + 2e^-$	$+0,34$
$Au + 4OH^- \rightleftharpoons H_2AuO_3^- + H_2O + 3e^-$	$+0,70$

Tabelle 2.21. Umladung von Metall-Ionen

Saure Lösung		*Alkalische Lösung*
$Red \rightleftharpoons Ox + e^-$	$E^0 [V]$	$E^0 [V]$
$Cr^{2+} \rightleftharpoons Cr^{3+} + e^-$	$-0,40$	$-1,10$
$Sn^{2+} \rightleftharpoons Sn^{4+} + 2e^-$	$+0,15$	$-0,93$
$Fe^{2+} \rightleftharpoons Fe^{3+} + e^-$	$+0,77$	$-0,56$
$Pb^{2+} + 2H_2O \rightleftharpoons PbO_2 + 4H^+ + 2e^-$	$+1,45$	$+0,24$
$Mn^{2+} + 4H_2O \rightleftharpoons MnO_4^- + 8H^+ + 5e^-$	$+1,51$	$+0,33$
$Ce^{3+} \rightleftharpoons Ce^{4+} + e^-$	$+1,70$	
$Ag^+ \rightleftharpoons Ag^{2+} + e^-$	$+1,98$	

Tabelle 2.22. Umladung von komplex gebundenen Metall-Ionen

Saure Lösung

$Red \rightleftharpoons Ox + e^-$	E^0[V]
$[Cr(CN)_6]^{4-} \rightleftharpoons [Cr(CN)_6]^{3-} + e^-$	$-1,28$
$[Co(CN)_6]^{4-} \rightleftharpoons [Co(CN)_6]^{3-} + e^-$	$-0,83$
$[Co(NH_3)_6]^{2+} \rightleftharpoons [Co(NH_3)_6]^{3+} + e^-$	$-0,1$
$[Fe(CN)_6]^{4-} \rightleftharpoons [Fe(CN)_6]^{3-} + e^-$	$+0,35$

Tabelle 2.23. Metalle in Lösungen mit CN^- und F^-, Cl^-, Br^-, I^-

Saure Lösung

$Red \rightleftharpoons Ox + e^-$	E^0[V]
$Al + 6 F^- \rightleftharpoons [AlF_6]^- + 3 e^-$	$-2,0$
$Fe + 6 CN^- \rightleftharpoons [Fe(CN)_6]^{4-} + 2 e^-$	$-1,5$
$Ti + 6 F^- \rightleftharpoons [TiF_6]^{2-} + 4 e^-$	$-1,2$
$Cd + 4 CN^- \rightleftharpoons [Cd(CN)_4]^{2-} + 2 e^-$	$-0,99$
$Hg + 4 CN^- \rightleftharpoons [Hg(CN)_4]^{2-} + 2 e^-$	$-0,37$
$Ag + 2 CN^- \rightleftharpoons [Ag(CN)_2]^- + e^-$	$-0,31$
$Hg + 4 I^- \rightleftharpoons [HgI_4]^{2-} + 2 e^-$	$-0,04$
$Ag + CN^- \rightleftharpoons AgCN + e^-$	$-0,01$
$Cu + I^- \rightleftharpoons CuI + e^-$	$-0,18$
$Cu + Br^- \rightleftharpoons CuBr + e^-$	$+0,03$
$Cu + Cl^- \rightleftharpoons CuCl + e^-$	$+0,13$
$Ag + Cl^- \rightleftharpoons AgCl + e^-$	$+0,22$

Tabelle 2.24. *Spannungsreihe* (Normalpotentiale E^0)

Nichtmetalle / Halbmetalle (Wasser, 25 °C) (Auswahl)

Saure Lösung		*Alkalische Lösung*
Red $\rightleftharpoons$ Ox + e$^-$	E^0[V]	E^0[V]
$2\,HF \rightleftharpoons F_2 + 2\,H^+ + 2\,e^-$	+3,06	+2,87
$XeO_3 + 3\,H_2O \rightleftharpoons H_4XeO_6 + 2\,H^+ + 2\,e^-$	+3,0	
$2\,SO_4^{2-} \rightleftharpoons S_2O_8^{2-} + 2\,e^-$	+2,18	
$O_2 + H_2O \rightleftharpoons O_3 + 2\,H^+ + 2\,e^-$	+2,07	+1,24
$Cl_2 + 2\,H_2O \rightleftharpoons 2\,HOCl + 2\,H^+ + 2\,e^-$	+1,63	+0,40
$Br_2 + 2\,H_2O \rightleftharpoons 2\,HOBr + 2\,H^+ + 2\,e^-$	+1,60	+0,45
$2\,Cl^- \rightleftharpoons Cl_2 + 2\,e^-$	+1,36	+1,36
$2\,H_2O \rightleftharpoons O_2 + 4\,H^+ + 4\,e^-$	+1,23	−0,40
$2\,Br^- \rightleftharpoons Br_2 + 2\,e^-$	+1,09	+1,06
$NO + 2\,H_2O \rightleftharpoons NO_3^- + 4\,H^+ + 3\,e^-$	+0,96	+0,13
$HNO_2 + H_2O \rightleftharpoons NO_3^- + 3\,H^+ + 2\,e^-$	+0,94	
$H_2O_2 \rightleftharpoons O_2 + 2\,H^+ + 2\,e^-$	+0,68	
$2\,I^- \rightleftharpoons I_2 + 2\,e^-$	+0,53	+0,53
$C + H_2O \rightleftharpoons CO + 2\,H^+ + 2\,e^-$	+0,51	
$S + 2\,H_2O \rightleftharpoons SO_2 + 4\,H^+ + 4\,e^-$	+0,45	−0,61
$H_3PO_3 + H_2O \rightleftharpoons H_3PO_4 + 2\,H^+ + 2\,e^-$	+0,27	−1,12
$SO_2 + 2\,H_2O \rightleftharpoons SO_4^{2-} + 4\,H^+ + 2\,e^-$ (H_2SO_3)	+0,17	−0,93
$H_2S \rightleftharpoons S + 2\,H^+ + 2\,e^-$	+ 0,14	−0,44
$H_2 \rightleftharpoons 2\,H^+ + 2\,e^-$	±0,00	−0,82
$P + 3\,H_2O \rightleftharpoons H_3PO_3 + 3\,H^+ + 3\,e^-$	−0,50	−1,73
$AsH_3 \rightleftharpoons As + 3\,H^+ + 3\,e^-$	−0,60	−1,43
$2\,H^- \rightleftharpoons H_2 + 2\,e^-$	−2,25	

2.3.4 Oxidations- und Reduktionsmittel

2.3.4.1 Klassifizierung

Reduktionsmittel und Oxidationsmittel werden entsprechend der Normalpotentiale der entsprechenden Redoxpaare wie folgt klassifiziert:

Tabelle 2.25. Reduktions- und Oxidationsmittel

Normalpotential	Reduktionswirkung	Oxidationswirkung
$E^0 < -0,5$	überaus stark	praktisch null
$-0,5 < E^0 < 0$	sehr stark	überaus schwach
$0 < E^0 < 0,5$	stark	sehr schwach
$0,5 < E^0 < 1$	schwach	schwach
$1 < E^0 < 1,5$	sehr schwach	stark
$1,5 < E^0 < 2$	überaus schwach	sehr stark
$2 < E^0$	praktisch null	überaus stark

2.3.4.2 Reduktionsmittel (Auswahl)

Saure Lösung

Die Reduktionswirkung nimmt *ab* in der Reihenfolge:

$$Li(-3,04) > K(-2,92) > Ca(-2,86) > Na(-2,71) > Mg(-2,36)$$
$$> \text{Atomarer Wasserstoff}(-2,1) > Al(-1,66) > Zn(-0,76)$$
$$> Fe(-0,44) > H_2S(+0,14) > Sn^{2+}(+0,15) > H_2SO_3(+0,17)$$
$$> H_2O_2(+0,68) > Fe^{2+}(+0,77)$$

Alkalische Lösung

Die Reduktionswirkung nimmt *ab* in der Reihenfolge:

$$Li(-3,04) > Ca(-3,03) > K(-2,92) > Na(-2,71) > Mg(-2,69)$$
$$> Al(-2,35) > Zn(-1,22) > SO_3^{2-}(-0,91) > Sn^{2+}(-0,90)$$
$$> Fe(-0,87) > H_2(-0,83)$$

2.3.4.3 **Oxidationsmittel** (Auswahl)

Saure Lösung

Die Oxidationswirkung nimmt *ab* in der Reihenfolge:

$F (3,06) >$ Atomarer Sauerstoff $(2,42) > H_2S_2O_8 (2,18) > O_3 (2,07)$
$> Ag^{2+} (1,98) > MnO_4^- (1,51) > PbO_2 (1,46) > CrO_4^{2-} (1,36),$
$Cl_2 (1,36) > O_2 (1,23),$
$MnO_2 (1,23) > HNO_3 (0,96) > Fe^{3+} (0,77) > H_2SO_4 (0,17)$

Alkalische Lösung

Die Oxidationswirkung nimmt *ab* in der Reihenfolge:

$F (2,87) > S_2O_8^{2-} (2,01) >$ Atomarer Sauerstoff $(1,59) > Cl_2 (1,36)$
$> O_3 (1,24) > Br_2 (1,07) > MnO_4^- (0,59) > O_2 (0,40) > PbO_2 (0,28)$
$> MnO_2 (-0,05) > CrO_4^{2-} (-0,13)$

Halbwertszeiten (in Stunden) für organische Radikalbildner

Tabelle 2.26. Organische Radikalbildner

	°C	t(h)
4,4'-Azo-bis(4-cyanopentansäure) (Azocarboxy)	80	2
α,α'-Azoisobutyronitril (2,2'-Azo-bis(2-methylpropionitril)	100	0,1
2-Butanonperoxid (Ethylmethyl-ketonperoxid)	80 105	100 10
Benzoylperoxid (Dibenzoylperoxid)	80 90 100	4 2 0,5
tert. Butylhydroperoxid	120	10
tert. Butylperoxid (Di-tert-butyl-peroxid)	110 120 130	50 10 6
Cumolhydroperoxid	110 160	25 10
tert. Butylperbenzoat	110 120 130	7 2 0,7

2.3.5 Flammenphotometrie: Wichtige Emissionslinien im Flammenspektrum einiger Elemente

Tabelle 2.27. Emissionslinien

Element	Wellenlänge λ [nm]		
Ag	328,1	338,3	
Ba	553,6	744 (B)	873 (B)
B	452 (B)	548 (B)	345 (B)
Ca	422,7	554 (B)	622 (B)
Co	346,6 (G)	353,0	387,4
Cr	360,5	427,5 (G)	425,5
Cs	455,5	852,1	894,3
Cu	324,8	327,4	520 (B)
Fe	373,7 (G)	386,0 (G)	385,6 (G)
K	404,7 (D)	766,5 (D)	344,6 (D)
Li	670,8	460,3	323,3
Mg	285,2	371 (B)	383 (B)
Mn	403,3 (G)	543,3	279,5
Na	330,3 (D)	589,3 (D)	818,3 (D)
Ni	341,5 (G)	352,5 (G)	385,8 (G)
Pb	368,4	405,8	261,4 (D)
Rb	420,2 (D)	780,0	794,8
Sr	460,7	821 (B)	407,8
Tl	377,6	535,0	276,8

(B) = Bande des Oxids
(D) = Liniendublett, angegeben ist der Schwerpunkt des Linienpaares
(G) = Liniengruppe in der Umgebung der angeführten Wellenlänge

2.3.6 Komplexe

2.3.6.1 Beispiele für Komplexliganden

Einzähnige Liganden

CO, CN^-, NO_2^-, NH_3, SCN^-, H_2O, F^-, RCO_2^-, OH^-, Cl^-, Br^-, I^-

Mehrzähnige Liganden (Chelat-Liganden)

Zweizähnige Liganden[*]

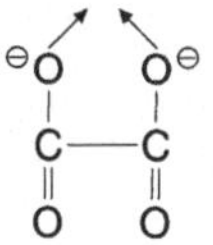

Oxalat-Ion 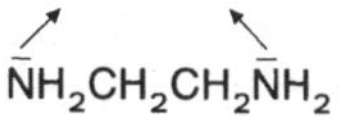   Ethylen-   Diacetyl-   Acetylacetonat-   2,2'-Dipyridyl
                    diamin   dioxim   Ion(acac$^\ominus$)   (dipy)
                    (en)

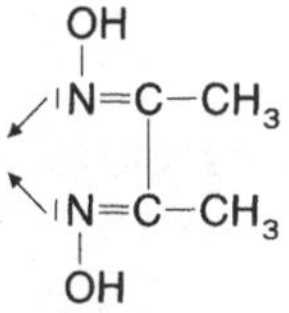

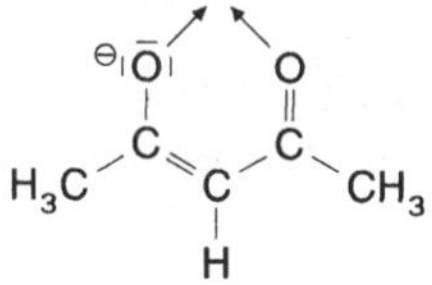

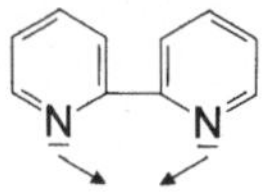

Dreizähniger Ligand

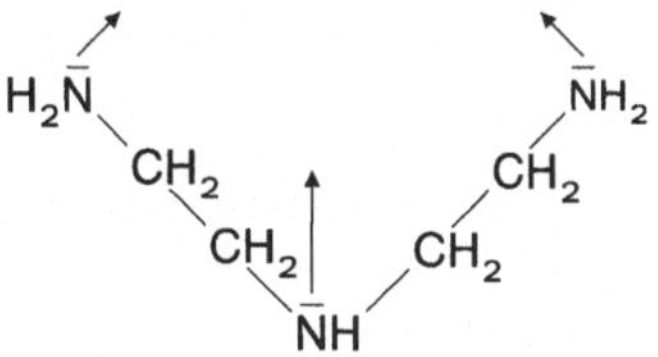

Diethylentriamin (dien)

Besonders wichtige Chelatliganden sind *Aminopolycarbonsäuren*. Sie bilden mit fast allen mehrfach geladenen Kationen stabile Komplexe.

---

[*] Die Pfeile deuten die freien Elektronenpaare an, die die Koordinationsstellen besetzen

*Vier*zähniger Ligand

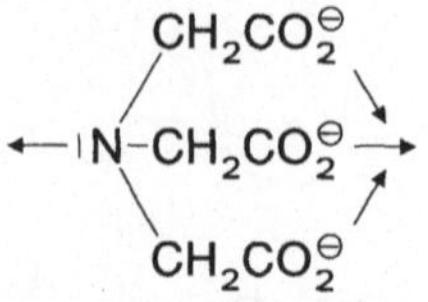

$$CH_2CO_2^{\ominus}$$
$$\leftarrow \text{\textbar} N-CH_2CO_2^{\ominus} \rightarrow$$
$$CH_2CO_2^{\ominus}$$

Anion der
Nitrilotriessigsäure

Nitrilotriessigsäure (Tricarboxymethylamin, Triglycin, NTA)

$C_6H_9NO_6$, $M = 191{,}14 \text{ g} \cdot \text{mol}^{-1}$

Schmp. 230–235 °C (Zers.)
weißes Pulver, schwerlösl. im Wasser, leichtlösl. in Alkalien

*Fünf*zähniger Ligand

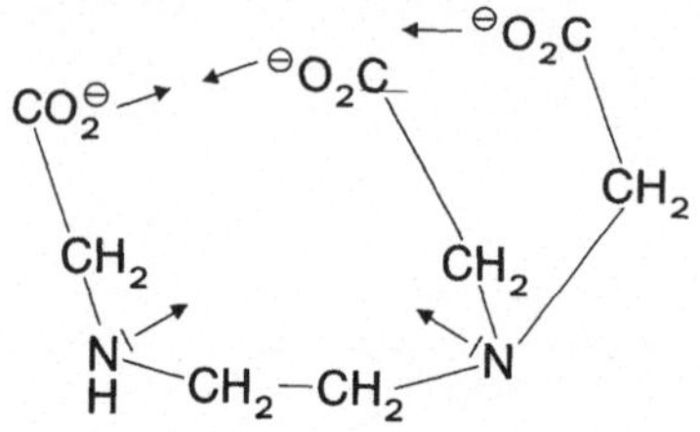

$$\text{Anion der Ethylendiamintriessigsäure (Strukturformel)}$$

Anion der Ethylendiamin-
triessigsäure

*Sechs*zähniger Ligand

$$^{\ominus}O_2C \diagdown \qquad\qquad\qquad CO_2^{\ominus}$$
$$CH_2 \qquad\qquad CH_2$$
$$N-CH_2-CH_2-N$$
$$CH_2 \qquad\qquad CH_2$$
$$^{\ominus}O_2C \qquad\qquad\qquad CO_2^{\ominus}$$

Anion der Ethylendiamin-
tetraessigsäure

Ethylendiamintetraessigsäure, EDTA
(Ethylendinitrilotetraessigsäure)

$C_{10}H_{16}N_2O_8$, $M = 292{,}25$ g $\cdot$ mol^{-1}

Schmp. 220 °C (Zers.)
körniges Pulver, schwerlösl. in Wasser, leichtlösl. in Alkalien

Ethylendiamintetraessigsäure Dinatriumsalz (Ethylendiamindinitrilo-
tetraessigsäure Dinatriumsalz-Dihydrat, Dinatrium EDTA)

$C_{10}H_{14}N_2Na_2O_8 \cdot 2\,H_2O$, $M = 372{,}24$ g $\cdot$ mol^{-1}

körniges, weißes Pulver, leichtlösl. in Wasser. Die wäßr. Lösung reagiert sauer.

Beachte: Die Koordinationszahl in den Ethylendiamintetraacetatkom-
plexen beträgt stets 6. Es werden 1 : 1 Komplexe gebildet. Die Ethylendiamintetraessigsäure (H_4Y) besitzt vier Dissoziationsstufen.
Bei pH $= 4-5$: H_2Y^{2-}; bei pH $= 7-9$: HY^{3-}

$$N \diagup CH_2-COOH$$
$$\diagdown CH_2-COOH$$
$$\diagup CH_2-COOH$$
$$N \diagdown CH_2-COOH$$

1,2-Diaminocyclohexantetraessigsäure   (Cyclohexandiamintetraes-
sigsäure, CDTA, CDTE, CyDTA, usw.)

$C_{14}H_{22}N_2O_8 \cdot H_2O$, $M = 364{,}36$ g $\cdot$ mol^{-1}

Schmp. 210 °C (Zers.)
weißes Pulver, wenig lösl. in Wasser, leichtlösl. in Alkalien

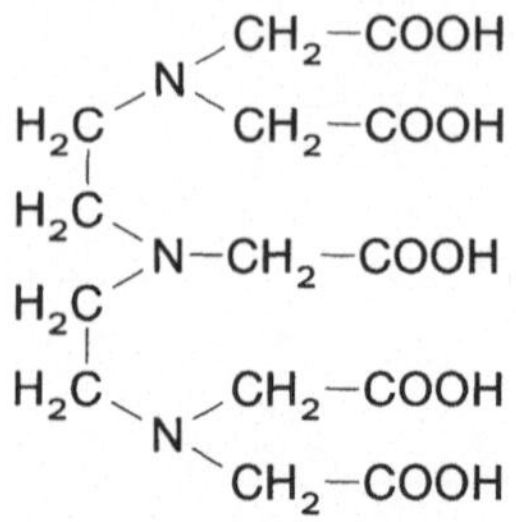

$$H_2C \overset{\displaystyle N}{\underset{\displaystyle}{}} \begin{array}{l} CH_2-COOH \\ CH_2-COOH \end{array}$$

Diethylentriaminpentaessigsäure (3-Aza-3-(carboxymethyl)-penta-methylen-dinitrilotetraessigsäure, DTPA, DTPE, usw.)

$C_{14}H_{23}N_3O_{10}$, $M = 393{,}35 \; g \cdot mol^{-1}$

Schmp. 220–222 °C (Zers.)
weißes Pulver, wenig lösl. in Wasser, leichtlösl. in Alkalien (eignet sich zur komplexometrischen Bestimmung von Lanthanoiden und Aktinoiden)

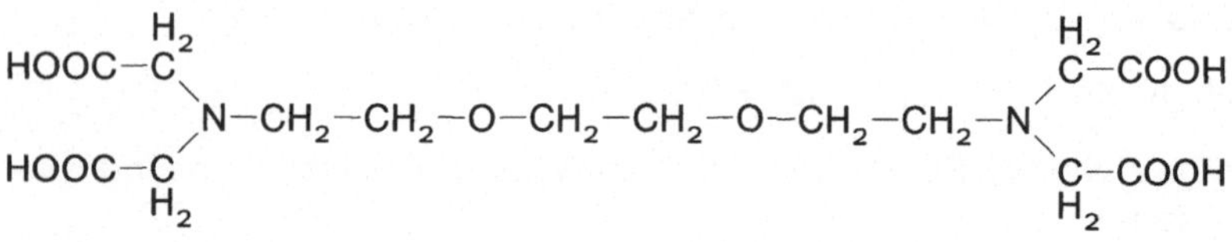

3,6-Dioxaoctamethylendinitriolotetraessigsäure (Ethylenglycol-bis-(2-aminoethylether)-N,N,N′,N′-tetraessigsäure PGTE u. a.)

$C_{14}H_{24}N_2O_{10}$, $M = 380{,}35 \; g \cdot mol^{-1}$

Schmp. 250–253 °C (Zers.)
weißes Pulver, wenig löslich in Wasser, leichtlösl. in Alkalien

Auskunft über die Stärke von Liganden gibt die **Spektrochemische Reihe**.

2.3.6.2 Spektrochemische Reihe

Für die Aufspaltung Δ_0 von d-Orbitalen durch Liganden gilt folgende Reihenfolge:

$$CO, CN^- > NO_2^- > en > NH_3 > SCN^- > H_2O \approx C_2O_4^{2-} > F^- > OH^-$$
$$> Cl^- > Br^- > I^-$$

2.3.6.3 Stabilitätskonstanten von Komplexen in Wasser

Komplexbildungsreaktionen sind Gleichgewichtsreaktionen. Die Massenwirkungskonstante K heißt hier *Komplexbildungskonstante* oder *Stabilitätskonstante.* Ihr reziproker Wert ist die Dissoziationskonstante oder Komplexzerfallskonstante.

$$K = 10^8, \; lgK = 8, \; pK = -lgK = -8$$

Tabelle 2.28. Stabilitätskonstanten einiger Komplexe in Wasser

Komplex	lgK	Komplex	lgK
$[Ag(NH_3)_2]^+$	7,1	$[Ni(CN)_4]^{2-}$	22
$[Ag(CN)_2]^-$	21	$[Ni(NH_3)_6]^{2+}$	9
$[Ag(S_2O_3)_2]^{3-}$	13	$[Ni(EDTA)]^{2-}$	18,6
$[AgCl_2]^-$	5,4	$[HgI_4]^{2-}$	30
$[Al(OH)_4]^-$	30	$[Co(CN)_6]^{4-}$	19
$[AlF_6]^{3-}$	20	$[Co(NH_3)_6]^{3+}$	35
$[Cu(NH_3)_4]^{2+}$	13	$[Fe(CN)_6]^{3-}$	31
$[CuCl_4]^{2-}$	6	$[Fe(CN)_6]^{4-}$	24, 44
$[Cu(CN)_4]^{3-}$	21	$[Cd(CN)_4]^{2-}$	19

2.3.7 Thermodynamische Daten von Elementen und Verbindungen (298 K, 1 bar)

Tabelle 2.29

Auswahl	geordnet nach den PSE		
Stoff	ΔH° $(kJ \cdot mol^{-1})$	S° $(J \cdot mol^{-1} K^{-1})$	ΔG° $(kJ \cdot mol^{-1})$
$\underline{H_2}$	0	130,6	0
H^+ (aq)	0	0	0
H^- (g)	$+139,8$	—	—
H (g)	$+218,0$	114,6	203,4
H_2O (g)	$-241,8$	188,6	
H_2O (fl)	$-286,0$	70,0	
OH^- (aq)	-230	$-11,3$	$-157,3$
H_2O_2 (fl)	$-187,9$	109,6	$-120,5$
H_2O_2 (aq)	$-191,3$	144,0	$-134,2$
D_2O (fl)	$-294,8$	75,9	$-243,6$
$\underline{Li}$ (f)	0	28,0	0
Li^+ (aq)	$-278,7$	19,7	$-294,0$
LiH (f)	$-\ 90,4$	23,4	$-\ 70,0$
LiCl (f)	-409		
Li_2O (f)	$-596,2$		
LiOH (f)	$-487,5$	50,2	$-444,2$
Li_3N (f)	$-197,6$		
$LiAlH_4$ (f)	$-101,3$		
$\underline{Na}$ (f)	0	51,0	0
Na^+ (aq)	$-239,7$	60,2	$-262,0$
NaH (f)	$-\ 57,3$		
NaF (f)	$-569,0$	50,2	$-541,3$
NaCl (f)	$-411,7$	72,4	$-384,2$
NaBr (f)	$-362,8$	83,7	
NaI (f)	$-290,0$	94,1	
Na_2O_2 (f)	$-509,5$		
NaOH (aq)	$-470,45$	48,15	$-419,5$
Na_2CO_3 (f)	-1131	136,0	$-1048,4$
$NaHCO_3$ (f)	$-948,3$	102,1	$-852,4$

Tabelle 2.29 (Fortsetzung)

Auswahl	geordnet nach den PSE		
Stoff	ΔH^0 $(kJ \cdot mol^{-1})$	S^0 $(J \cdot mol^{-1} K^{-1})$	ΔG^0 $(kJ \cdot mol^{-1})$
K (f)	0	63,6	0
K^+ (aq)	$-251,2$	102,5	$-283,4$
KH (f)	$-\ 56,9$		
KF (f)	$-562,9$	66,6	$-533,7$
KCl (f)	$-436,8$	82,8	$-408,4$
KBr (f)	$-393,7$	94,6	$-379,4$
KI (f)	$-405,8$	100,8	$-322,5$
KI_3 (f)	$-320,7$		
KO_2 (f)	$-561,0$		
KOH (aq)	$-482,7$	91,6	$-440,8$
KNO_3 (f)	$-493,0$	133,1	$-393,4$
Be (f)	0	9,54	0
Be^{2+} (saure Lösung)	$-389,3$		
$BeCl_2$ (f)	-512		
$BeCl_2 \cdot 4 H_2O$ (f)	$+1828,8$		
Mg	0	32,6	
Mg^{2+} (aq)	$-462,0$	$-132,1$	$-456,3$
MgO (f)	$-610,0$	26,8	$-569,9$
$Mg(OH)_2$ (f)	$-928,8$	63,2	$-834,3$
$MgCl_2$ (f)	$-642,2$	116,7	$-592,7$
$MnCO_3$ (f)	$-1117,1$	65,7	-1030
Ca (f)	0	41,6	0
Ca^{2+} (aq)	$-543,3$	$-55,2$	$-553,4$
CaF_2 (f)	$-1215,4$	68,9	$-1162,7$
CaO (f)	$-635,1$	39,7	$-604,6$
$CaCl_2 \cdot 6 H_2O$ (f)	$-2609,1$		
$Ca(OH)_2$ (aq)	$-1004,0$	$-76,2$	$-868,2$
$CaCO_3$ (f) (Calcit)	$-1207,7$	92,95	$-1129,5$
$CaCO_3$ (f) (Aragonit)	$-1207,9$	88,76	$-1128,5$
$CaSO_4$ (f) (Anhydrit)	$-1433,7$	98,3	$-1321,2$
$CaSO_2 \cdot 2 H_2O$ (f)	$-2022,5$	46,3	$-1797,0$
$CaSiO_3$ (f) (α-Wollastonit)	$-1580,1$	87,5	$-1496,4$
$Ca(PO_4)_2$	$-4129,2$	241,1	$-3892,6$

Tabelle 2.29 (Fortsetzung)

Auswahl	geordnet nach den PSE		
Stoff	ΔH^0 (kJ·mol^{-1})	S^0 (J·mol^{-1}K^{-1})	ΔG^0 (kJ·mol^{-1})
Sr (f)	0	54,4	0
Sr^{2+} (aq)	−545,9	−39,3	−557,7
$SrSO_4$ (f)	−1445,7	121,8	−1335,2
$Sr(NO_3)_2$ (f)	−976,6		
$SrCO_3$ (f)	−1219,2	97,1	−1138,4
Ba (f)	0	63,2	0
Ba^{2+} (aq)	−538,7	12,5	−561
BaO_2 (f)	−630,1		
$Ba(OH)_2$ (aq)	−998,9	8,3	−875,9
$BaSO_4$ (f)	−1466,2	132,3	−1354
$BaCO_3$ (f) (Witherit)	−1219,6	112,2	−1139,7
$BaCrO_4$ (f)	−1429		
B (f)	0	5,86	0
B_2H_6 (g)	+ 35,5	+232,1	+ 86,6
BH_4^- (aq)	+ 48,2	+110,5	+114,3
BF_3 (g)	−1137,8	254,1	−1121,1
BCl_3 (g)	−404	290,2	−389
BBr_3 (g)	−205,7	324,3	−232,6
BI_3 (g)	+ 71,1	349,3	+ 20,7
B_2O_3 (f)	−1273,6	54	−1194,5
$B_4O_7^{2-}$ (aq)	−	−	−2606,8
$B_3N_3H_6$ (f)	−541,3	199,7	−393,0
$B(OCH_3)_3$ (fl)	−934,5	283,8	−745,2
Al^{3+} (aq)	−531,7	−321,9	−485,6
AlF_3 (f)	−1505,2	278,3	−1426
AlF_6^- (aq)	−2524,3	−	−
$AlCl_3$ (f)	−704,6	120,6	−629,3
$AlCl_3$ (aq)	−1034,1	−152,4	−879,2
Al_2Cl_6 (g)	−1291,6	489,8	−1221,3
$\alpha\text{-}Al_2O_3$ (f) (Korund)	−1676,8	50,9	−1583,5
$Al_2(CH_3)_6$ (g)	−231	525	− 9,8

Tabelle 2.29 (Fortsetzung)

Auswahl Stoff	geordnet nach den PSE ΔH^0 $(kJ \cdot mol^{-1})$	S^0 $(J \cdot mol^{-1} K^{-1})$	ΔG^0 $(kJ \cdot mol^{-1})$
C (Graphit) (f)	0	5,74	0
C (f) (Diamant)	+ 1,89	2,37	+ 2,90
CH_4 (g)	− 74,8	186,2	− 50,7
C_2H_2 (g)	+226,8	200,9	+209,3
C_2H_4 (g)	+ 52,3	219,6	+ 68,16
C_2H_6 (g)	− 84,7	229,6	− 32,9
CF_4 (g)	−925,3	261,6	−879,2
CCl_4 (fl)	−135,5	216,5	− 65,3
CO (g)	−110,5	197,6	−137,2
CO_2 (g)	−393,5	213,7	−394,64
$HCOO^-$ (aq)	−425,8	92,1	−351,2
HCHO (g)	−117,2	218,8	−113
CH_3OH (fl)	−238,8	126,8	−166,4
$COCl_2$ (g)	−218,9	283,6	−204,7
CS_2 (fl)	+ 89,7	151,4	+ 65,3
CH_3NH_2 (fl)	− 47,3	150,3	+ 35,5
$CO(NH_2)_2$ (f)	−333,1	104,6	−196,9
C_2H_5OH (fl)	−277,8	160,7	−175
C_6H_6 (fl)	+ 46,9	520,9	−
Si (f)	0	18,8	0
SiH_4 (g)	+ 34,3	204,6	+ 56,9
SiF_4 (g)	−1616	282,6	−1573,8
SiF_6^{2-} (aq)	−2390	122,2	−2201
$SiCl_4$ (fl)	−687,5	240	−620,3
SiO_2 (f) (Quarz)	−911,5	41,87	−857,2
H_2SiO_3 (f)	−1189,5	133,9	−1093,2
H_4SiO_4 (f)	−1482,1	192,6	−1334
SiC (f) (kubisch)	− 65,3	16,6	− 62,8
Sn (β, weiß) (f)	0	51,5	0
Sn^{2+} (aq) (HCl-Lösung)	− 8,8	16,7	− 27,2
Sn^{4+} (aq) (HCl-Lösung)	+30,5	−117,2	+ 2,5
$SnCl_2$ (aq)	−330	171,6	−299,7
$SnCl_4$ (fl)	−511,6	258,7	−440,4
SnO (f)	−286	56,5	−257
SnO_2 (f)	−581,1	52,3	−520

Auswahl	geordnet nach den PSE		
Stoff	ΔH^0 (kJ $\cdot$ mol^{-1})	S^0 (J $\cdot$ mol^{-1} K^{-1})	ΔG^0 (kJ $\cdot$ mol^{-1})
Pb (f)	0	64,8	0
Pb^{2+} (aq)	$-$ 1,67	10,4	$-$ 24,4
$PbCl_2$ (f)	-360	136	-314
PbO (f)	-217	68,6	-188
PbO_2 (f)	$-277,5$	68,6	$-217,5$
Pb_3O_4 (f)	-719	211,4	$-601,6$
PbS (f)	$-100,4$	91,2	$-$ 98,8
$PbSO_4$ (f)	$-921,1$	148,6	$-813,5$
$Pb(CH_3)_4$ (fl)	$+$ 98		
N_2 (g)	0	191,6	0
N (g)	$+472,7$	153,2	$+455,5$
NH_3 (g)	$-$ 46,14	192,6	$-$ 16,5
NH_4^+ (aq)	$-132,6$	113,4	$-$ 79,4
N_2H_4 (fl)	$+$ 50,6	121	$+149$
N_3H (fl)	$+264,2$	140,6	$+327,4$
NF_3 (g)	$-124,7$	260,8	$-$ 83,3
N_2F_2 (g) (cis)	$+$ 65,5		
N_2F_2 (g) (trans)	$+$ 82,0		
N_2F_4 (g)	$-$ 7,1	301,2	$+$ 81,2
NCl_3 (fl)	$+230,2$		
$NOCl$ (g)	$+$ 51,7	261,6	66,1
N_2O (g)	$+$ 82,1	219,9	$+104,2$
NO (g)	$+$ 90,3	210,6	$+$ 86,6
NO_2 (g)	$+$ 33,2	240,1	$+$ 51,3
N_2O_4 (fl)	$-$ 19,5	209,3	$+$ 97,5
N_2O_5 (f)	$-$ 43,1	178,2	$+113,8$
N_2O_5 (g)	$+$ 11,3	355,8	$+115,1$
NH_2OH (f)	$-114,3$	–	–
NO_2^- (aq)	$-104,6$	140,2	$-$ 37,2
NO_3^- (aq)	$-207,5$	146,5	$-111,3$
N_4S_4 (f)	$+535,9$		
NSF_3 (g)	$-397,7$		

Tabelle 2.29 (Fortsetzung)

Auswahl	geordnet nach den PSE		
Stoff	ΔH^0 $(kJ \cdot mol^{-1})$	S^0 $(J \cdot mol^{-1} K^{-1})$	ΔG^0 $(kJ \cdot mol^{-1})$
P (f) (weiß)	0	41,1	0
P (f) (rot)	− 17,5	28,8	− 12,1
P (f) (schwarz)	− 39,3	−	−
P_2 (g)	+144,4	218,1	+103,8
PH_3 (g)	+ 5,4	210,2	+ 13,3
PF_3 (g)	−919,4	273,3	−898,1
PF_5 (g)	−1596,9		
PCl_3 (fl)	−319,8	217,7	−272,5
PCl_5 (f)	−443,8		
PCl_5 (g)	−375,1	364,6	−305,2
$POCl_3$ (fl)	−597,4	222,6	−521,2
PBr_3 (fl)	− 184,6	240,3	−175,8
P_4O_{10} (f)	−2986,1	229	−2699,7
H_3PO_4 (f)	−1278		
PO_4^{3-} (aq)	−1278,2		
$P_2O_7^{4-}$ (aq)	−2272,7		
As (f) (grau, metallisch)	0	35,1	0
As (f) (gelb)	+ 14,6		
AsH_3 (g)	+ 66,4	222,8	+ 68,9
AsF_3 (fl)	−956	181,2	−909,8
$AsCl_3$ (fl)	−305,6	216,4	−259,5
$(As_2O_3)_2$ (f) (oktaedrisch)	−1314,7	−	−
As_2O_5 (f)	−925,3	−	−
As_2S_3 (f)	− 169,1	163,7	− 168,7
Sb (f)	0	45,7	0
SbH_3 (g)	+145,2	232,8	+147,8
SbF_3 (f)	−916,1	−	−
$SbCl_3$ (f)	−382,4	184,2	−323,9
$SbCl_5$ (fl)	−440,4	301,4	−350,4
$SbCl_5$ (g)	−394,6	401,9	−334,5
Sb_2S_3 (f) (orange)	−147,3		

Auswahl	geordnet nach den PSE		
Stoff	ΔH^0 $(\text{kJ} \cdot \text{mol}^{-1})$	S^0 $(\text{J} \cdot \text{mol}^{-1}\,\text{K}^{-1})$	ΔG^0 $(\text{kJ} \cdot \text{mol}^{-1})$
Bi (f)	0	56,7	0
$BiCl_3$ (f)	−379,3	177,1	−315,2
BiOCl (f)	−367,2		−322,3
Bi_2O_3 (f)	−574,2		
Bi_2S_3 (f)	−143,1		
O_2 (g)	0	205,1	0
O (g)	+249,3	161	231,8
O_3 (g)	+142,7	238,6	+163,2
OH^- (aq)	−230	−11,3	−157,3
H_2O (fl)	−286	70	
H_2O_2 (fl)	−187,9	109,6	−120,5
S (f) (rhombisch)	0	31,8	0
S_2 (g)	+128,4	228,1	+79,3
H_2S (g)	− 20,6	205,8	−33,5
S^2 (aq)	+ 33,0	−14,6	85,8
SF_4 (g)	−775,4	292,1	−731,8
SF_6 (g)	−1210	292	−1106,2
SCl_2 (fl)	− 50,2		
S_2Cl_2 (fl)	− 59,4		
$SOCl_2$ (fl)	−233,2		
SO_2Cl_2 (fl)	−394,4		
SO_2 (g)	−297	248,2	−300,3
SO_3 (β) (f)	−454,8	52,3	−369,2
SO_3 (β) (g)	−396	256,8	−371,3
SO_3^{2-} (aq)	−636	−	−486,9
SO_4^{2-} (aq)	−910	−	−745,1
F_2 (g)	0	202,8	0
F (g)	+ 79	158,6	+61,9
F^- (aq)	−332		
HF (fl)	−300		
HF (g)	−271		

Auswahl	geordnet nach den PSE		
Stoff	ΔH^0 $(kJ \cdot mol^{-1})$	S^0 $(J \cdot mol^{-1} K^{-1})$	ΔG^0 $(kJ \cdot mol^{-1})$
Cl_2 (g)	0	223	0
Cl (g)	$+121,4$	165,1	$+105,7$
Cl^- (aq)	$-167,2$		
HCl (g)	$-\ 92,3$	186,9	$-\ 95,3$
ClF (g)	$-\ 54,5$	217,9	$-\ 55,9$
ClF_3 (g)	$-163,2$	281,7	$-123,0$
Cl_2O (g)	$+\ 80,4$		
ClO_2 (g)	$+102,6$		
Cl_2O_7 (fl)	$+238,2$		
ClO_2^- (aq)	$-\ 66,5$		
ClO_3^- (aq)	$-\ 99,2$		
ClO_4^- (aq)	$-129,3$		
Br_2 (fl)	0	152,3	0
Br (g)	$+111,9$	175	$+82,4$
Br^- (aq)	$-121,6$		
HBr (g)	$-\ 36,4$		
BrF (g)	$-\ 93,9$		
BrF_3 (fl)	-301		
BrF_5 (fl)	$-458,8$		
BrO_3^- (aq)	$-\ 83,7$		
I_2 (f)	0	116,1	0
I_2 (g)	$+\ 62,4$		
I (g)	$+106,8$		
I^- (aq)	$-\ 55,2$		
I_3^- (aq)	$-\ 51,5$		
HI (g)	$+\ 26,5$	206,6	1,71
IF (g)	$-\ 95,7$		
IF_5 (fl)	$-865,4$		
IF_7 (g)	$-944,5$		
I_2O_5 (f)	$-158,1$		
IO_3^- (aq)	$-221,4$		

Tabelle 2.29 (Fortsetzung)

Auswahl	geordnet nach den PSE		
Stoff	ΔH^0 ($kJ \cdot mol^{-1}$)	S^0 ($J \cdot mol^{-1} K^{-1}$)	ΔG^0 ($kJ \cdot mol^{-1}$)
He (g)	0	126,1	0
He$^+$ (g)	$+2380$		
Ne (g)	0	146,2	0
Ne$^+$ (g)	2088,3		
Ar (g)	0	154,8	0
Ar$^+$ (g)	1527,8		
Kr (g)	0	164	0
Kr$^+$ (g)	1351,7		
Xe (g)	0	169,6	0
Xe$^+$ (g)	1177,3		

Metall	ΔH^0 [$kJ \cdot mol^{-1}$]
$Cu + \frac{1}{2} O_2 \rightarrow CuO$	$-165,3$
$2\,Cu + \frac{1}{2} O_2 \rightarrow Cu_2O$	$-163,7$
$Fe + \frac{1}{2} O_2 \rightarrow FeO$	-267
$2\,Fe + 2\,O_2 \rightarrow Fe_2O_3$	$-822,5$
$3\,Fe + 2\,O_2 \rightarrow Fe_3O_4$	-1117
$Fe + S \rightarrow FeS$	$+\ 97,1$
$2\,Cr + \frac{3}{2} O_2 \rightarrow Cr_2O_3$	-1141
$Hg + \frac{1}{2} O_2 \rightarrow HgO$ (gelb)	$-\ 90,2$

Aus den Daten in dieser Tabelle können weitere Größen berechnet werden, z. B.

Reaktionsenthalpie $\Delta H^0 = \sum \Delta H^0 \text{ (Produkte)} - \sum \Delta H^0 \text{ (Reaktanden)}$

Reaktionsentropie $\Delta S^0 = \sum S^0 \text{ (Produkte)} - \sum S^0 \text{ (Reaktanden)}$

Freie Reaktionsenthalpie $\Delta G^0 = \sum \Delta G^0 \text{ (Produkte)} - \sum \Delta G^0 \text{ (Reaktande}$

Gleichgewichtskonstante K: $\quad \Delta G^0 = - RT \ln K$

Freie Reaktionsenthalpie bei der Temperatur T:
$$\Delta G_T \approx \Delta H_{298} - T \Delta S_{298}$$

Lösungswärme eines Salzes in der Reaktion $M_a X_b \rightarrow a M^{b+} + b X^{a-}$

$$\Delta H_{Sol} = a \Delta H^0 (M^{b+}, \text{aq}) + b \Delta H^0 (X^{a-}, \text{aq}) - \Delta H^0 (M_a X_b, \text{s})$$

Kapitel III

Anorganische Chemie

3.1 Hauptgruppenelemente

3.1.1 I. Hauptgruppe

Alkalimetalle (Li, Na, K, Rb, Cs, Fr)

Tabelle 3.1. Wichtige Eigenschaften der Alkalimetalle

Name	Lithium	Natrium	Kalium	Rubidium	Cäsium	Francium
Elektronen-konfiguration	$[He]\,2s^1$	$[Ne]\,3s^1$	$[Ar]\,4s^1$	$[Kr]\,5s^1$	$[Xe]\,6s^1$	$[Rn]\,7s^1$
Schmp. [°C]	180	98	64	39	29	(27)
Sdp. [°C]	1330	892	760	688	690	(680)
Ionisierungsenergie [kJ/mol]	520	500	420	400	380	
Atomradius [pm] im Metall	152	186	227	248	263	
Ionenradius [pm]	68	98	133	148	167	180
Hydratationsenthalpie [kJ $\cdot$ mol^{-1}]	$-499{,}5$	$-390{,}2$	$-305{,}6$	$-280{,}9$	$-247{,}8$	
Hydratations-radius [pm]	340	276	232	228	228	

Die Alkalimetalle sind sehr reaktionsfähig. Sie bilden schon an der Luft Hydroxide. Wasser zersetzen sie unter Bildung von H_2 und Metallhydroxid.

Es sind sehr weiche Metalle, stark elektropositiv, in ihren Verbindungen *ein*wertig.

Verbindungstypen

MH (salzartig)	Hydride
M_2O	Oxide
M_2O_2	Peroxide
MO_2	Hyperoxide
MOH	Hydroxide
M_3N	Nitride
M_2C_2 (salzartig)	Carbide
MCl	Chloride
MBr	Bromide
MI	Iodide
$MClO_3$	Chlorate
$MClO_4$	Perchlorate
MNO_3	Nitrate
MNO_2	Nitrite
M_2SO_4, $MHSO_4$	Sulfate, Hydrogensulfate
M_2SO_3, $MHSO_3$	Sulfite, Hydrogensulfite
M_3PO_4, M_2HPO_4, MH_2PO_4	Phosphate, Hydrogenphosphate, Dihydrogenphosphate
M_2CO_3, $MHCO_3$	Carbonate, Hydrogencarbonate

Herstellung: *Schmelzflußelektrolyse:* Lithium aus LiCl + KCl; Natrium aus NaCl oder NaOH; Kalium aus KCl oder KOH; Rubidium aus RbOH.
Reduktion: Cäsium aus CsCl mit Magnesium.
Nachweis: Spektralanalyse

3.1.2 II. Hauptgruppe

Erdalkalimetalle (Be, Mg, Ca, Sr, Ba, Ra)

Tabelle 3.2. Wichtige Eigenschaften der Erdalkalimetalle

Name	Beryllium	Magnesium	Calcium	Stronium	Barium	Radium
Elektronen-konfiguration	$[He]\,2s^2$	$[Ne]\,3s^2$	$[Ar]\,4s^2$	$[Kr]\,5s^2$	$[Xe]\,6s^2$	$[Rn]\,7s^2$
Schmp. [°C]	1280	650	838	770	714	700
Sdp. [°C]	2480	1110	1490	1380	1640	1530
Ionisierungs-energie [kJ/mol]	900	740	590	550	502	–
Atomradius [pm] im Metall	112	160	197	215	221	–
Ionenradius [pm]	30	65	94	110	134	143
Hydratations-enthalpie $[kJ \cdot mol^{-1}]$	$-2457{,}8$	$-1892{,}5$	$-1562{,}6$	$-1414{,}8$	$-1273{,}7$	-1231

Basenstärke der Hydroxide	⟶	zunehmend
Löslichkeit der Hydroxide	⟶	zunehmend
Löslichkeit der Sulfate	⟶	abnehmend
Löslichkeit der Carbonate	⟶	abnehmend

Die Elemente haben im Vergleich zur I. Hauptgruppe höhere Schmelz- und Siedepunkte, größere Dichten. Sie sind etwas härter. Sie sind sehr reaktionsfähig, elektropositiv, in ihren Verbindungen zweiwertig. Sie eignen sich als Reduktionsmittel.
Mit Wasser reagieren sie mit Ausnahme von Be:

$$M + 2\,H_2O \rightarrow M\,(OH)_2 + H_2 \uparrow.$$

Beryllium bildet häufig kovalente Bindungen.

Verbindungstypen

MH_2, $(BeH_2)_x$	Hydride
MO	Oxide
MO_2 und M_2O_4	Peroxide
$M(OH)_2$	Hydroxide
M_3N_2	Nitride
MC_2	Carbide
MX_2, $(BeX_2)_x$	Halogenide
MSO_4	Sulfate
MCO_3	Carbonate
$M(NO_3)_2$	Nitrate

Herstellung: *Schmelzelektrolyse:* Beryllium aus Fluoroberyllaten wie $Na[BeF_3]$; Magnesium aus $MgCl_2$ ($+ NaCl + CaCl_2$); Calcium aus $CaCl_2 + CaF_2$; Strontium aus $SrCl_2$ ($+ KCl$).
Reduktion: Barium aus BaO mit z. B. Al.
Nachweis: Spektralanalyse für Ca, Sr, Ba
Farblacke für Mg, Be.

3.1.3 III. Hauptgruppe

Erdmetalle (B, Al, Ga, In, Tl)

Tabelle 3.3. Wichtige Eigenschaften der Elemente der Borgruppe

Name	Bor	Aluminium	Gallium	Indium	Thallium
Elektronenkonfiguration	$[He]\,2s^2 2p^1$	$[Ne]\,3s^2 3p^1$	$[Ar]\,3d^{10} 4s^2 4p^1$	$[Kr]\,4d^{10} 5s^2 5p^1$	$[Xe]\,4f^{14} 5d^{10} 6s^2 6p^1$
Schmp. [°C]	(2300)	660	30	156	303
Sdp. [°C]	3900	2450	2400	2000	1440
Normalpotential [V]	–	−1,706	−0,560	0,338	0,336 (für $Tl^{\oplus}$)
Ionisierungsenergie [kJ/mol]	800	580	580	560	590
Atomradius [pm]	79	143	122	136	170
Ionenradius [pm] (+ III)	16	45	62	81	95
Elektronegativität (Pauling)	2,0	1,5	1,6	1,7	1,8

Metallcharakter	→	zunehmend
Beständigkeit der E (I)-Verbindungen	→	zunehmend
Beständigkeit der E (III)-Verbindungen	→	abnehmend
Basischer Charakter der Oxide	→	zunehmend
Salzcharakter der Chloride	→	zunehmend

Ga, In und Tl sind leicht schmelzende, unedle Metalle. In und Tl sind
sehr weich. Ga und In sind in Verbindungen *drei*wertig, Tl auch einwertig. Bor nimmt eine Sonderstellung ein. Es ist ein Nichtmetall und
bildet kovalente Bindungen. Tetragonal kristallisiertes Bor zeigt Halb-
metall-Eigenschaften. Es gibt keine B^{3+}-Ionen.
MX_3-Verbindungen sind Lewis-Säuren, deren Stabilität von BX_3 nach
TlX_3 abnimmt.

Herstellung: *Schmelzflußelektrolyse*, Bor aus $B_2O_3 + KBF_4 (+ KCl)$;
Aluminium aus $Al_2O_3 + Na_3AlF_6 (+ CaF_2)$.
Nachweis: Bor: Flammenfärbung des Borsäuremethylesters; Alumi-
nium: Farblacke; Ga, In, Tl: Spektralanalyse.

3.1.4 IV. Hauptgruppe

Kohlenstoffgruppe (C, Si, Ge, Sn, Pb)

Tabelle 3.4. Wichtige Eigenschaften der Elemente der Kohlenstoffgruppe

Element	Kohlenstoff	Silicium	Germanium	Zinn	Blei
Elektronenkonfiguration	$[He]\,2s^2 2p^2$	$[Ne]\,3s^2 2p^2$	$[Ar]\,3d^{10} 4s^2 4p^2$	$[Kr]\,4d^{10} 5s^2 5p^2$	$[Xe]\,4f^{14} 5d^{10} 6s^2 6p^2$
Schmp. [°C]	3730 (Graphit)	1410	937	232	327
Sdp. [°C]	4830	2680	2830	2270	1740
Normalpotential [V] (+ II)	–	–	–	−0,14	−0,13
Ionisierungsenergie [kJ/mol]	1090	790	760	710	720
Atomradius [pm]	77 (Kovalenzradius)	118	122	162	175
Ionenradius [pm] (bei Oxidationszahl + IV)	16	38	53	71	84
Elektronegativität (Pauling)	2,5	1,8	1,8	1,8	1,8

Metallcharakter	⟶	zunehmend
Affinität zu elektropositiven Elementen	⟶	zunehmend
Affinität zu elektronegativen Elementen	⟶	zunehmend
Beständigkeit der E(II)-Verbindungen	⟶	zunehmend
Beständigkeit der E(IV)-Verbindungen	⟶	abnehmend
Saurer Charakter der Oxide	⟶	abnehmend
Salzcharakter der Chloride	⟶	zunehmend

Kohlenstoff ist ein typisches Nichtmetall, Blei ein typisches Metall. Kohlenstoff und Zinn zeigen Allotropie: Diamant/Graphit; α-Zinn (nichtmetallisch) β-Zinn (metallisch).
Kohlenstoff bildet $p_\pi - p_\pi$-Mehrfachbindungen. Si kann dies nur bei besonderen sterischen Voraussetzungen.

Herstellung: *Silicium:* Reduktion von SiO_2 mit Al oder Mg oder CaC_2. In sehr reiner Form erhält man es bei der thermischen Zersetzung von SiI_4 oder $HSiCl_3$ mit H_2 und anschließendem Zonenschmelzen. *Germanium:* Reduktion von GeO_2 mit H_2. *Zinn:* Reduktion von SnO_2 mit Koks, abtrennen als flüssiges Zinn von einer schwerer schmelzenden Fe-Sn-Legierung („Seigern"). *Blei:* aus PbS entweder nach dem *Röstreduktionsverfahren:*

$$PbS + \tfrac{3}{2}O_2 \rightarrow PbO + SO_2; \quad PbO + CO \rightarrow Pb + CO_2$$

oder nach dem *Röstreaktionsverfahren:*

$$PbS + 2\,PbO \rightarrow 3\,Pb + SO_2$$

Nachweis: Kohlenstoff als CO_2; Silicium als SiO_2; Germanium als GeS_2; Zinn: Leuchtprobe (SnH_4); Blei als $PbCrO_4$:

3.1.5 V. Hauptgruppe

Stickstoffgruppe (N, P, As, Sb, Bi)

Tabelle 3.5. Wichtige Eigenschaften der Elemente der Stickstoffgruppe

Element	Stickstoff	Phosphor	Arsen	Antimon	Bismut
Elektronenkonfiguration	[He] $2s^2 2p^3$	[Ne] $3s^2 3p^3$	[Ar] $3d^{10} 4s^2 4p^3$	[Kr] $4d^{10} 5s^2 5p^3$	[Xe] $4f^{14} 5d^{10} 6s^2 6p^3$
Schmp. [°C]	−210	44 [a]	817 (28, 36 bar) [b]	631	271
Sdp. [°C]	−196	280	subl. bei 613 °C [b]	1380	1560
Ionisierungsenergie [kJ/mol]	1400	1010	950	830	700
Atomradius [pm] (kovalent)	70	110	118	136	152
Ionenradius [pm] $E^{5\oplus}$	13	35	46	62	74
Elektronegativität (Pauling)	3,0	2,1	2,0	1,9	1,9

Metallischer Charakter	⟶	zunehmend
Affinität zu elektropositiven Elementen	⟶	abnehmend
Affinität zu elektronegativen Elementen	⟶	zunehmend
Basencharakter der Oxide	⟶	zunehmend
Salzcharakter der Halogenide	⟶	zunehmend

[a] weiße Modifikation
[b] graues As

Die Elemente dieser Gruppe haben die Elektronenkonfiguration (Valenzschale): $s^2 p^3$. Ihre Oxidationszahlen können Werte von -3 bis $+5$ annehmen.

Stickstoff ist ein typisches Nichtmetall, Bismut ein typisches Metall. Die Elemente Phosphor, Arsen und Antimon kommen in nichtmetallischen und metallischen Modifikationen vor.

Stickstoff kann in seinen Verbindungen maximal *vier*bindig sein.

Stickstoff. *Vorkommen:* zu 78 Vol-% in der Luft. Gebunden u. a. in Salpeter KNO_3, Chilesalpeter $NaNO_3$, Eiweiß.

Gewinnung: Technisch durch fraktionierte Destillation von flüssiger Luft. Im Labor:

$$NH_4NO_2 \xrightarrow{\Delta} N_2 + 2\,H_2O$$

Eigenschaften: farb-, geruch- und geschmackloses Gas, nicht brennbar, sehr reaktionsträge (N_2: $IN\equiv NI$, Dreifachbindung).

Verwendung: billiges Inertgas, Ausgangsstoff für NH_3-Synthese.

Phosphor. *Vorkommen:* $Ca_3(PO_4)_2$, $3\,Ca_3(PO_4)_2 \cdot CaF_2$ (Apatit), $3\,Ca_3(PO_4)_2 \cdot Ca\,(OH,\,F,\,Cl)_2$ (Phosphorit), im Zahnschmelz, als Ester im Organismus.

Gewinnung: $2\,Ca_3(PO_4)_2 + 10\,C + 6\,SiO_2 \rightarrow 6\,CaSiO_3 + 10\,CO + 4\,P$

  (im elektrischen Ofen)

Eigenschaften: weißer (gelber) Phosphor ist wachsweich, wasserunlöslich, löslich in Schwefelkohlenstoff. Schmp. 44 °C. Selbstentzündlich!, muß deshalb unter Wasser aufbewahrt werden.

Roter Phosphor: unlöslich in org. Lösemitteln, ungiftig, schwer entzündlich. Verwendung für Zündholzschachteln.

Schwarzer Phosphor: halbmetallische Modifikation.

Arsen. *Vorkommen:* gediegen (Scherbenkobalt), As_4S_4 (Realgar), As_2S_3 (Auripigment), $NiAs$ (Rotnickelkies), $FeAsS$ (Arsenkies).

Darstellung. Erhitzen von $FeAsS$, Reduktion von As_2O_3 mit Kohlenstoff: $As_2O_3 + 3\,C \rightarrow 2\,As + 3\,CO$

Eigenschaften: „graues" (metallisches) Arsen ist die stabilste Modifikation, stahlgrau, glänzend, spröde, leitet den elektr. Strom.

Antimon. *Vorkommen:* Sb_2S_3 (Grauspießglanz), Sb_2O_3 (Weißspieß-glanz).
Darstellung: Durch Röstreduktionsarbeit:

$$Sb_2S_3 + 5\,O_2 \rightarrow Sb_2O_4 + 3\,SO_2$$

Das Oxid wird mit Kohlenstoff reduziert. Durch Niederschlagsarbeit enthält man Antimon:

$$Sb_2S_3 + 3\,Fe \rightarrow 3\,FeS + 2\,Sb$$

Eigenschaften: Das „graue" metall. Antimon ist ein grauweißes, glänzendes, sprödes Metall. Das „schwarze" Antimon ist eine nicht-metallische Modifikation.
Verwendung: Legierungsbestandteil

Bismut. *Vorkommen:* gediegen, Bi_2S_3, Bi_2O_3
Darstellung: Rösten von Bi_2S_3: $Bi_2S_3 + \frac{9}{2}O_2 \rightarrow Bi_2O_3 + 3\,SO_2$ und Re-duktion von Bi_2O_3 mit Kohlenstoff: $2\,Bi_2O_3 + 3\,C \rightarrow 4\,Bi + 3\,CO_2$
Eigenschaften: Metall dehnt sich beim Erkalten aus.
Verwendung: Legierungsbestandteil.

Säuren des Phosphors

Tabelle 3.6. Sauerstoffsäuren des Phosphors

Säuretyp	*OxZ*	Summen-formel	Name	Salz
H_3PO_n Orthosäuren	+1	HPH_2O_2	Phosphinsäure (hypophosphorige Säure)	Phosphinate (Hypophosphite)
	+3	H_2PHO_3	Phosphonsäure (phosphorige Säure)	Phosphonate (Phosphite)
	+5	H_3PO_4	Phosphorsäure	Phosphate
	(+5)	H_3PO_5	Peroxomonophosphor-säure	Peroxomono-phosphate
Metasäuren HPO_{n-1}	+3	HPO_2	Dioxophosphor(III)-säure	Dioxophosphate(III)
	+5	HPO_3	Metaphosphorsäure	Metaphosphate
$H_4P_2O_n$ Disäuren	+3	$H_2P_2H_2O_5$	Diphosphonsäure (diphosphorige Säure)	Diphosphonate (Diphosphite)
	+4	$H_4P_2O_6$	Hypophosphorsäure	Hypophosphate
	+5	$H_4P_2O_7$	Diphosphorsäure	Diphosphate
	+5	$H_4P_2O_8$	Peroxodiphosphorsäure	Peroxodiphosphate

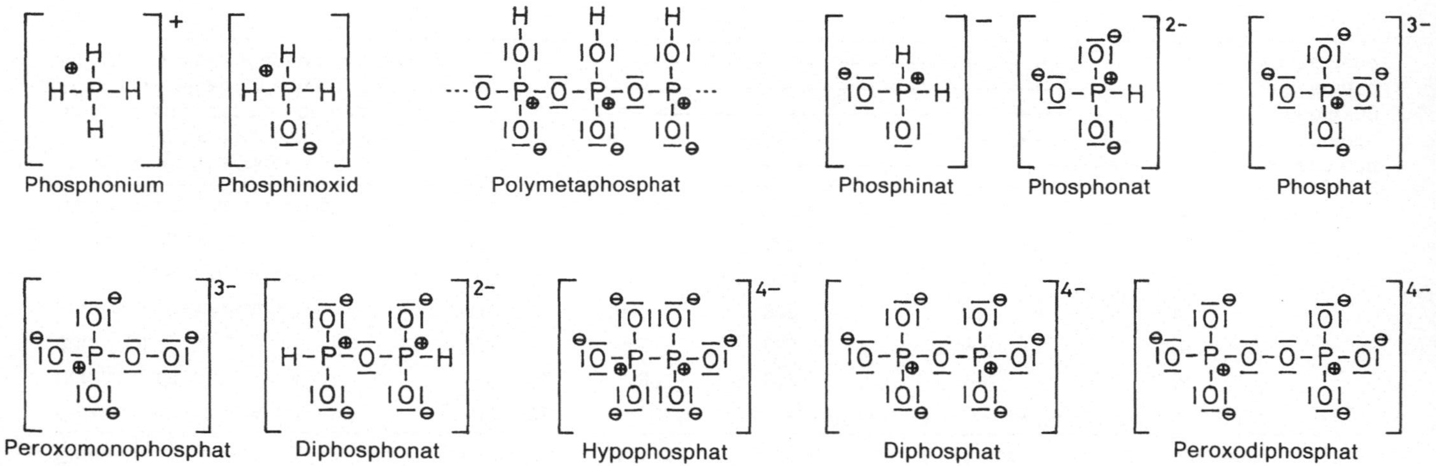

Phosphonium
Phosphinoxid
Polymetaphosphat
Phosphinat
Phosphonat
Phosphat
Peroxomonophosphat
Diphosphonat
Hypophosphat
Diphosphat
Peroxodiphosphat

Abb. 3.1

3.1.6 VI. Hauptgruppe

Chalkogene (O, S, Se, Te, Po)

Tabelle 3.7. Wichtige Eigenschaften der Chalkogene

Element	Sauerstoff	Schwefel	Selen	Tellur	Polonium
Elektronenkonfiguration	$[He]\,2s^2\,2p^4$	$[Ne]\,3s^2\,3p^4$	$[Ar]\,3d^{10}\,4s^2\,4p^4$	$[Kr]\,4d^{10}\,5s^2\,5p^4$	$[Xe]\,4f^{14}\,5d^{10}\,6s^2\,6p^4$
Schmp. [°C]	−219	113[a]	217[b]	450	254
Sdp. [°C]	−183	445	685[b]	990	962
Ionisierungsenergie [kJ/mol]	1310	1000	940	870	810
Atomradius [pm] (kovalent)	66	104	114	132	
Ionenradius [pm] ($E^{2\ominus}$)	146	190	202	222	
Elektronegativität (Pauling)	3,5	2,5	2,4	2,1	2,0

Metallischer Charakter	⟶	zunehmend
Allgemeine Reaktionsfähigkeit	⟶	abnehmend
Salzcharakter der Halogenide	⟶	zunehmend
Affinität zu elektropositiven Elementen	⟶	abnehmend
Affinität zu elektronegativen Elementen	⟶	zunehmend

[a] α-S
[b] graues Se

Die Chalkogene (Erzbildner) haben in ihrer Valenzschale die Elektronenkonfiguration s^2p^4

Sauerstoff ist nach Fluor das elektronegativste Element. In seinen Verbindungen hat Sauerstoff mit zwei Ausnahmen die Oxidationszahl -2. Ausnahmen: -1 in Peroxiden, $O_2^{\oplus}[PtF_6]^{\ominus}$. Für Sauerstoff gilt die Oktettregel streng. Die anderen Chalkogene kommen in den Oxidationsstufen -2 bis $+6$ vor. Sauerstoff und Schwefel sind typische Nichtmetalle. Von Se und Te kennt man nichtmetallische und metallische Modifikationen. Das radioaktive Polonium ist ein Metall.

Sauerstoff. farbloses, geruchloses, geschmackloses Gas; wichtiges Oxidationsmittel. O_2 ist ein Diradikal.

Vorkommen: Erdrinde ca. 50 %, Luft: 20,9 Vol. %

Herstellung: Technisch durch fraktionierte Destillation von flüssiger Luft (Linde-Verfahren); durch Elektrolyse von (leitend gemachtem Wasser; durch Erhitzen von BaO_2 auf ca. 800 °C.

O_3, Ozon bildet sich in der Atmosphäre z. B. bei der Entladung von Blitzen, durch Einwirkung von UV-Strahlen auf O_2-Moleküle. Technische Darstellung: $1\frac{1}{2}O_2 \xrightarrow{h\nu} O_3$ durch „stille elektrische Entladungen".

Eigenschaften und Verwendung. Starkes Oxidationsmittel ($E^0_{O_2/O_3} = 1,9$ V). Es zerstört Farbstoffe (Bleichwirkung) und dient zur Abtötung von Mikroorganismen.

Schwefel. *Vorkommen:* frei in Lagerstätten; gebunden als Metallsulfid z. B. FeS_2, ZnS, PbS, als $CaSO_4 \cdot 2H_2O$, in Kohle, Eiweiß, im Erdgas als H_2S, in Vulkangasen als H_2S, SO_2.

Gewinnung. Ausschmelzen aus vulkanischem Gestein. Verbrennen von H_2S:

$$H_2S + \tfrac{1}{2}O_2 \rightarrow S + H_2O \text{ (Claus-Prozeß)}; \quad 2H_2S + SO_2 \rightarrow 3S + 2H_2O.$$

Beim Entschwefeln von Kohle.

Eigenschaften und Verwendung. Schwefel kommt in vielen Modifikationen vor: Ketten, Ringe. Bei Zimmertemperatur: kronenförmig gebauter *Cyclo-Octaschwefel* S_8. Er ist wasserunlöslich, jedoch löslich in Schwefelkohlenstoff.

Verwendung: Zum Vulkanisieren von Kautschuk, zur Herstellung von Zündhölzern, Schießpulver, zur Schädlingsbekämpfung, zur Herstellung von Verbindungen: SO_2, SO_3, H_2SO_4 u. dgl.

Sauerstoffsäuren des Schwefels

Tabelle 3.8. Sauerstoffsäuren des Schwefels

Säuretyp	Oxidationszahl	Formel	Name	Salze
H_2SO_n	$+2$	H_2SO_2	Sulfoxylsäure	Sulfoxylate
Monoschwe-	$+4$	H_2SO_3	schweflige Säure	Sulfite
felsäuren	$+6$	H_2SO_4	Schwefelsäure	Sulfate
	$+6$[a]	H_2SO_5	Peroxomonoschwefelsäure	Peroxomonosulfat
$H_2S_2O_n$	$+1$	$H_2S_2O_2$	thioschweflige Säure	Thiosulfite
Dischwefel-	$+2$	$H_2S_2O_3$	Thioschwefelsäure	Thiosulfate
und	$+3$	$H_2S_2O_4$	dithionige Säure	Dithionite
Thioschwe-	$+4$	$H_2S_2O_5$	dischweflige Säure	Disulfate
felsäuren	$+5$	$H_2S_2O_6$	Dithionsäure	Dithionate
	$+6$	$H_2S_2O_7$	Dischwefelsäure	Disulfate
	$+6$[a]	$H_2S_2O_8$	Peroxodischwefelsäure	Peroxodisulfate
Polythion-	$< +4$	$H_2S_3O_6$	Trithionsäure	Trithionate
säuren	$< +4$	$H_2S_4O_6$	Tetrathionsäure	Tetrathionate
$H_2S_{2+n}O_6$	$< +4$	$H_2S_5O_6$	Pentathionsäure	Pentathionate
	$< +4$	$H_2S_6O_6$	Hexathionsäure	Hexathionate
		$H_2S_7O_6$	Heptathionsäure	Heptathionate
		$H_2S_8O_6$	Octathionsäure	Octathionate

[a] Sauerstoff z.T. einwertig (-1)

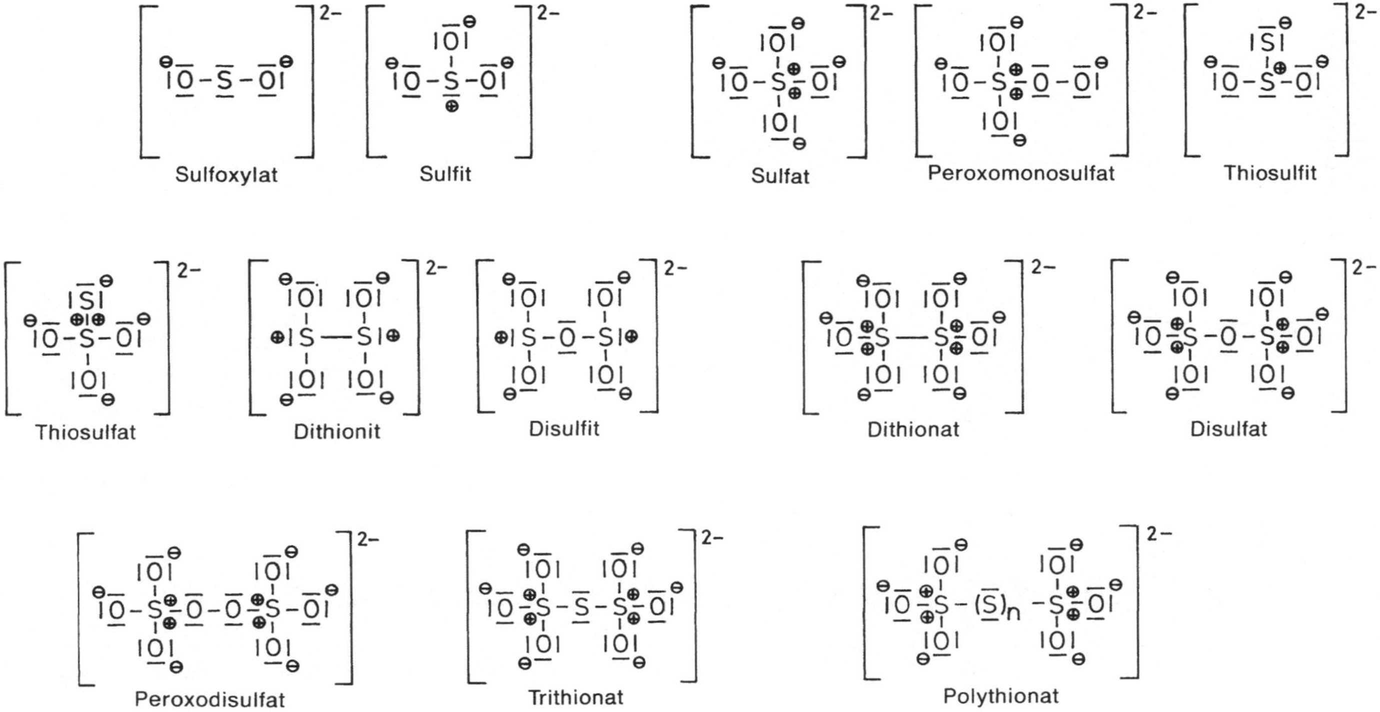

Sulfoxylat Sulfit Sulfat Peroxomonosulfat Thiosulfit

Thiosulfat Dithionit Disulfit Dithionat Disulfat

Peroxodisulfat Trithionat Polythionat

Abb. 3.2. Mono-, Thio- und Dischwefelsäuren sowie Polythionsäuren

Polythionsäuren haben Kettenstrukturen

$n = 2$ Tetrathionat; $n = 3$ Pentathionat; $n = 4$ Hexathionat; $n = 5$ Heptathionat; $n = 6$ Octathionat

3.1.7 VII. Hauptgruppen

Halogene (F, Cl, Br, I, At)

Tabelle 3.9. Wichtige Eigenschaften der Halogene

Element	Fluor	Chlor	Brom	Iod	Astat
Elektronenkonfiguration	$1s^2 2s^2 2p^5$	$[Ne]\,3s^2 3p^5$	$[Ar]\,3d^{10}4s^2 4p^5$	$[Kr]\,4d^{10}5s^2 5p^5$	$[Xe]\,4f^{14}5d^{10}6s^2 6p^5$
Schmp. [°C]	−219,62	−100,98	−7,2	113,5	302
Sdp. [°C]	−188,14	−34,6	58,78	184,35	335
Ionisierungsenergie [kJ/mol]	1680	1260	1140	1010	
Kovalenter Atomradius [pm]	64	99	111	128	
Ionenradius [pm]	133	181	196	219	
Elektronegativität (Pauling)	4,0	3,0	2,8	2,5	
Dissoziationsenergie des X_2-Moleküls [kJ/mol]	157,8	238,2	189,2	148,2	
Normalpotential [V] $X^{\ominus}/X_2$ (in saurem Milieu)	$+3,06$ [a]	$+1,36$	$+1,06$	$+0,53$	
Allgemeine Reaktionsfähigkeit					nimmt ab
Affinität zu elektropositiven Elementen					nimmt ab
Affinität zu elektronegativen Elementen					nimmt zu

[a] $HF \cdot aq \rightleftharpoons \frac{1}{2}F_2 + H^{\oplus} + e^{\ominus}$

Die Halogene haben ein Elektron weniger als das jeweils folgende Edelgas. Sie bilden daher zweiatomige Moleküle (F_2, Cl_2, Br_2, I_2), sind sehr reaktionsfähig und kommen in der Natur nicht elementar vor.
Der Nichtmetallcharakter nimmt vom Fluor zum Astat hin ab. At ist radioaktiv.
Fluor ist das elektronegativste aller Elemente (EN $= 4$). Die Halogene sind Oxidationsmittel. Die Oxidationskraft nimmt vom Fluor zum Iod hin stark ab.

Fluor hat in allen Verbindungen die Oxidationszahl -1. Bei den anderen Elementen sind Oxidationszahlen von -1 bis $+7$ möglich.

Herstellung. Fluor: Anodische Oxidation von $F^{\ominus}$-Ionen, z. B. in wasserfreiem HF oder KF in wasserfreiem HF.
Chlor: Elektrolyse von Kochsalzlösung (Chloralkali-Elektrolyse), Oxidation von Chlorwasserstoff mit Luft oder MnO_2.
Brom: Einwirkung von Cl_2 auf Bromide; Oxidation von HBr mit MnO_2.
Iod: Oxidation von HI mit MnO_2; Oxidation von NaI mit Cl_2; Reduktion von $NaIO_3$ mit SO_2.

3.1.8 VIII. Hauptgruppe

Edelgase (He, Ne, Ar, Kr, Xe, Rn)

Tabelle 3.10. Wichtige Eigenschaften der Edelgase

Element	Helium	Neon	Argon	Krypton	Xenon	Radon
Elektronenkonfiguration	$1s^2$	$1s^2\,2s^2\,2p^6$	$[Ne]\,3s^2\,3p^6$	$[Ar]\,3d^{10}\,4s^2\,4p^6$	$[Kr]\,4d^{10}\,5s^2\,5p^6$	$[Xe]\,4f^{14}\,5d^{10}\,6s^2\,6p^6$
Schmp. [°C]	-269[a] (104 bar)	-249	-189	-157	-112	-71
Sdp. [°C]	-269	-246	-186	-152	-108	-62
Ionisierungsenergie [kJ/mol]	2370	2080	1520	1350	1170	1040
Atomradius [pm] (kovalent)	99	160	192	197	217	

[a] Helium ist bei 1 bar am absoluten Nullpunkt flüssig (He I). Ab 2,18 K und 1,013 bar zeigt He ungewöhnliche Eigenschaften (He II): supraflüssiger Zustand. Seine Viskosität ist um 3 Zehnerpotenzen kleiner als die von gasförmigem H_2; seine Wärmeleitfähigkeit ist um 3 Zehnerpotenzen höher als die von Kupfer bei Raumtemperatur

Die Edelgase bilden die VIII. bzw. 0. Hauptgruppe des Periodensystems.

Sie haben eine abgeschlossene Elektronenschale ($=$ Edelgaskonfiguration): Helium hat s^2-Konfiguration, alle anderen haben eine s^2p^6-Konfiguration.

Sie liegen als einatomige Gase vor und sind sehr reaktionsträge. Zwischen den Atomen wirken nur van der Waals-Kräfte. Sie sind geruchlos, farblos, ungiftig, nicht brennbar.

Vorkommen: In trockener Luft sind enthalten (in Vol.-%):

He: $5,24 \cdot 10^{-4}$;   Ne: $1,82 \cdot 10^{-3}$;   Ar: $0,934$;   Kr: $1,14 \cdot 10^{-4}$;

Xe: $1 \cdot 10^{-5}$;   Rn: Spuren

Gewinnung: He aus Ergasvorkommen, die anderen außer Rn aus verflüssigter Luft durch Adsorption an Aktivkohle und anschließende Desorption und fraktionierte Destillation.

Verwendung: **He**: als Schutz- und Trägergas, Kryotechnik, Reaktortechnik, Gerätetauchen. **Ar**: Schutzgas. Füllgase für Glühlampen, in Gasentladungslampen, in Lasern.

Verbindungen: Fluoride, Oxide, Oxidfluoride von Xenon:

XeF_2, XeF_4, XeF_6, $[XeF_7]^{\ominus}$, $[XeF_8]^{2\ominus}$, $[XeF_5]^{\oplus}$; XeO_3, XeO_4;

$XeOF_4$, XeO_2F_2, $XeOF_2$;   ($XeCl_2$, $XeCl_4$); KrF_2; RnF_x

3.2 Nebengruppenelemente

Im Langperiodensystem sind zwischen die Elemente der Hauptgruppen II a und III a die sog. *Übergangselemente* eingeschoben. Jeweils untereinander stehende Übergangselemente kann man zu sog. Nebengruppen zusammenfassen. Kennzeichnet man die Hauptgruppe mit dem nachgestellten Buchstaben a, benutzt man b für die entsprechende Nebengruppe (I a bzw. I b).
Die Elemente der Nebengruppe II b (Zn, Cd, Hg) haben bereits vollbesetzte d-Niveaus: $d^{10}s^2$ und bilden den Abschluß der einzelnen Übergangsreihen.
Alle Nebengruppenelemente sind *Metalle*. Sie bilden häufig stabile *Komplexe* und können meist in *verschiedenen Oxidationsstufen* auftreten.

Anmerkung: Nach einer neuen IUPAC-Empfehlung sollen die Haupt- *und* Nebengruppen von 1 bis 18 durchnumeriert werden. Die dreispaltige achte Nebengruppe (Fe, Ru, Os), (Co, Rh, Ir), (Ni, Pd, Pt) erhält dann die Nummern *8*, *9* und *10*.

Tabelle 3.11. Eigenschaften der Elemente Sc—Zn

	III Sc	IV Ti	V V	VI Cr	VII Mn	VIII Fe	Co	Ni	I Cu	II Zn
Elektronenkonfiguration	$3d^1 4s^2$	$3d^2 4s^2$	$3d^3 4s^2$	$3d^5 4s^1$	$3d^5 4s^2$	$3d^6 4s^2$	$3d^7 4s^2$	$3d^8 4s^2$	$3d^{10} 4s^1$	$3d^{10} 4s^2$
Atomradius [pm][a]	161	145	132	137	137	124	125	125	128	133
Schmp. [°C]	1540	1670	1900	1900	1250	1540	1490	1450	1083	419
Sdp. [°C]	2730	3260	3450	2640	2100	3000	2900	2730	2600	906
Dichte [g/cm³]	3,0	4,5	5,8	7,2	7,4	7,9	8,9	8,9	8,9	7,3
Ionenradius [pm][b]										
$Me^{2\oplus}$	–	90	88	88	80	76	74	72	69	74
$Me^{3\oplus}$	81	87	74	63	66	64	63	62	–	–
$E^0_{Me/Me^{2\oplus}}$ (Volt)	–	−1,63	−1,2	−0,91	−1,18	−0,44	−0,28	−0,25	−0,35	−0,76
$E^0_{Me/Me^{3\oplus}}$ (Volt)	−2,1	−1,2	−0,85	−0,74	−0,28	−0,04	−0,4			

[a] im Metall
[b] im chemisch stabilen Gaszustand

Die E⁰-Werte sind in saurer Lösung gemessen

Tabelle 3.12. Eigenschaften der Elemente Mo, Ru–Cd und W, Os–Hg

	Mo	Ru	Rh	Pd	Ag	Cd
Elektronen-konfiguration	$4d^5 5s^1$	$4d^7 5s^1$	$4d^8 5s^1$	$4d^{10}$	$4d^{10} s^1$	$4d^{10} s^2$
Atomradius [pm][a]	136	133	134	138	144	149
Schmp. [°C]	2610	2300	1970	1550	961	321
Sdp. [°C]	5560	3900	3730	3125	2210	765
Dichte [g/cm³]	10,2	12,2	12,4	12,0	10,5	8,64
$E^0_{Me/Me^\oplus}$					+0,79	
$E^0_{Me/Me^{2\oplus}}$		+0,45	+0,6	+1,0		−0,4
$E^0_{Me/Me^{3\oplus}}$	−0,2					

	W	Os	Ir	Pt	Au	Hg
Elektronen-konfiguration	$5d^4 6s^2$	$5d^6 6s^2$	$5d^7 6s^2$	$5d^9 6s^1$	$5d^{10} s^1$	$5d^{10} s^2$
Atomradius [pm][a]	137	134	136	139	144	152
Schmp. [°C]	3410	3000	2450	1770	1063	−39
Sdp. [°C]	5930	5500	4500	3825	2970	357
Dichte [g/cm³]	19,3	22,4	22,5	21,4	19,3	13,54
$E^0_{Me/Me^\oplus}$					+1,68	
$E^0_{Me/Me^{2\oplus}}$		+0,85	+1,1	+1,0		+0,85
$E^0_{Me/Me^{4\oplus}}$	+0,05					

[a] im Metall

Die E^0-Werte sind in saurer Lösung gemessen

Tabelle 3.13. Wichtige Oxidationsstufen und die zugehörigen Koordinationszahlen der Elemente Sc—Zn, Mo, Ru—Cd, W, Os—Hg und Ce

Sc	Ti		V		Cr		Mn		Fe		Co	Ni		Cu		Zn	
+III	+III	6	+II	6	+II	6	+II	4, 6	+II	6	+II	+II	4, 6	+I	4, 6	+II	
	+IV	4, 6	+III	4, 5, 6	+III	4, 6	(+III)	5	+III	6	+III	(+III)		+II	4, 6	4, 6	
		(7, 8)	+IV	4, 5, 6	+VI	4	(+IV)	6	(+IV)	4							
			+V	4, 5, 6			(+VI)	4	(+VI)	4							
							+VII	3, 4									

			Mo		Ru		Rh		Pd		Ag		Cd	
Ce	III		+III	6	+II	5, 6	+III	5	+II	4	+I	2, 4	+II	
	IV	4	+IV	6, 8	+III	6	+IV	6	+IV	6	(+II)	4	4,6	
			+V	5, 6, 8	+IV	6								
			+VI	4, 6, 8	+VI	4, 5, 6								

	W		Os		Ir		Pt		Au		Hg
	+IV	6, 8	+IV	6	+III	5	+II	4	+I	2, 4	+I
	+V	5, 6, 8	+VI	4, 5, 6	+IV	6	+IV	6	+III	4, (5) 6	+II
	+VI	4, 6, 8	+VIII	4, 5, 6	(+VI)	6					2, 4, 6

Die Oxidationszahlen sind durch römische Zahlen gekennzeichnet. Die arabischen Zahlen geben die zugehörigen Koordinationszahlen an.

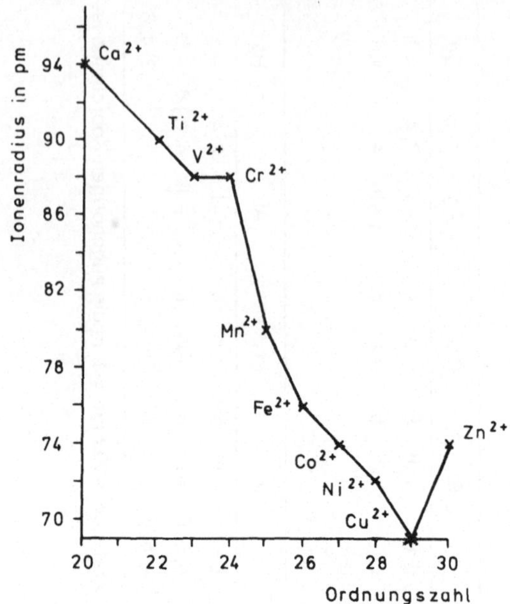

Abb. 3.3. Ionenradien für Me$^{2\oplus}$-Ionen der 3d-Elemente in oktaedrischer Umgebung

3.2.1 I. Nebengruppe (Cu, Ag, Au)

Tabelle 3.14. Eigenschaften der Elemente

	Cu	Ag	Au
Ordnungszahl	29	47	79
Elektronenkonfiguration	$3d^{10}4s^1$	$4d^{10}5s^1$	$5d^{10}6s^1$
Schmp. [°C]	1083	961	1063
Ionenradius [pm]			
$Me^\oplus$	96	126	137
$Me^{2\oplus}$	69	89	–
$Me^{3\oplus}$	–	–	85
Spez. elektr. Leitfähigkeit [$\Omega^{-1} \cdot cm^{-1}$]	$5{,}72 \cdot 10^5$	$6{,}14 \cdot 10^5$	$4{,}13 \cdot 10^5$

Die Elemente dieser Gruppe sind *edle* Metalle und werden vielfach als **Münzmetalle** bezeichnet. Edel bedeutet: Sie sind wenig reaktionsfreudig, denn die Valenzelektronen sind fest an den Atomrumpf gebunden. Der edle Charakter nimmt vom Kupfer zum Gold hin zu. In nicht oxidierenden Säuren sind sie unlöslich. Kupfer löst sich in HNO_3 und H_2SO_4, Silber in HNO_3, Gold in Königswasser ($HCl : HNO_3 = 3 : 1$).
Die Elemente unterscheiden sich in der Stabilität ihrer Oxidationsstufen: Stabil sind im allgemeinen Cu(II)-, Ag(I)- und Au(III)-Verbindungen.

3.2.2 II. Nebengruppe (Zn, Cd, Hg)

Tabelle 3.15. Eigenschaften der Elemente

	Zn	Cd	Hg
Ordnungszahl	30	48	80
Elektronenkonfiguration	$3d^{10}4s^2$	$4d^{10}5s^2$	$5d^{10}6s^2$
Schmp. [$^\circ$C]	419	321	-39
Sdp. [$^\circ$C]	906	765	357
Ionenradius $Me^{2\oplus}$ [pm]	74	97	110
$E^0_{Me/Me^{2\oplus}}$ [V]	$-0,76$	$-0,40$	$+\ 0,85$

Zn und **Cd** haben in ihren Verbindungen – unter normalen Bedingungen – die Oxidationszahl $+2$. **Hg** kann positiv ein- und zweiwertig sein. Im Unterschied zu den Erdalkalimetallen sind die s-Elektronen fester an den Kern gebunden. Die Metalle der II. Nebengruppe sind daher **edler** als die Metalle der II. Hauptgruppe. Die Elemente bilden Verbindungen mit z.T. sehr starkem kovalenten Bindungscharakter, z.B. Alkylverbindungen wie $Zn(CH_3)_2$. Sie zeigen eine große Neigung zur Komplexbildung: $Hg^{2\oplus} \gg Cd^{2\oplus} > Zn^{2\oplus}$. An feuchter Luft überziehen sich die Metalle mit einer dünnen Oxid- bzw. Hydroxidschicht, die vor weiterem Angriff schützt (Passivierung). Hg hat ein positives Normalpotential, es läßt sich daher schwerer oxidieren und löst sich – im Gegensatz zu Zn und Cd – nur in oxidierenden Säuren. Hg bildet mit den meisten Metallen Legierungen, die sog. **Amalgame**.

Vorkommen der Elemente: Zn und Cd kommen meist gemeinsam vor als Sulfide, z.B. ZnS (Zinkblende), Carbonate, Oxide oder Silicate. Die Cd-Konzentration ist daher sehr gering. Hg kommt elementar vor und als HgS (Zinnober).

Darstellung: Rösten der Sulfide bzw. Erhitzen der Carbonate und anschließende Reduktion der entstandenen Oxide mit Kohlenstoff:

$$ZnS + \tfrac{3}{2}O_2 \rightarrow ZnO + SO_2 \quad \text{bzw.} \quad ZnCO_3 \rightarrow ZnO + CO_2,$$
$$ZnO + C \rightarrow Zn + CO$$

Elektrolyse von $ZnSO_4$ (aus ZnO und H_2SO_4) mit Pb-Anode und Al-Kathode.

3.2.3 III. Nebengruppe (Sc, Y, La, Ac)

Tabelle 3.16. Eigenschaften der Elemente

	Sc	Y	La	Ac
Ordnungszahl	21	39	57	89
Elektronenkonfiguration	$3d^1 4s^2$	$4d^1 5s^2$	$5d^1 6s^2$	$6d^1 7s^2$
Schmp. [°C]	1540	1500	920	1050
Ionenradius $Me^{3\oplus}$ [pm]	81	92	114	118
Dichte [$g \cdot cm^{-3}$]	2,99	4,472	6,162	

Die d^1-Elemente sind typische Metalle, ziemlich weich, silbrig-glänzend und sehr reaktionsfähig. Sie haben in allen Verbindungen die Oxidationsstufe $+3$. Ihre Verbindungen zeigen große Ähnlichkeit mit denen der Lanthaniden. Sc, Y und La werden daher häufig zusammen mit den Lanthaniden als Metalle der „Seltenen Erden" bezeichnet. Die Abtrennung von Sc und Y von Lanthan und dèn Lanthaniden gelingt mit Ionenaustauschern. Y, La finden Verwendung z. B. in der Elektronik und Reaktortechnik.

3.2.4 IV. Nebengruppe (Ti, Zr, Hf)

Tabelle 3.17. Eigenschaften der Elemente

	Ti	Zr	Hf
Ordnungszahl	22	40	72
Elektronenkonfiguration	$3d^2 4s^2$	$4d^2 5s^2$	$5d^2 6s^2$
Schmp. [°C]	1670	1850	2000
Sdp. [°C]	3260	3580	5400
Ionenradius $Me^{4\oplus}$ [pm]	68	79	78

Titan ist mit etwa 0,5 Gew.-% an der Lithosphäre beteiligt. Die Elemente überziehen sich an der Luft mit einer schützenden Oxidschicht. Die **Lanthanidenkontraktion** ist dafür verantwortlich, daß Zirkon und Hafnium praktisch gleiche Atom- und Ionenradien haben und sich somit in ihren chemischen Eigenschaften kaum unterscheiden. Hf kommt immer zusammen mit Zr vor. Bei allen Elementen ist die Oxidationsstufe $+4$ die beständigste.

3.2.5 V. Nebengruppe (V, Nb, Ta)

Tabelle 3.18. Eigenschaften der Elemente

	V	Nb	Ta
Ordnungszahl	23	41	73
Elektronenkonfiguration	$3d^3 4s^2$	$4d^4 5s^1$	$5d^3 6s^2$
Schmp. [°C]	1900	2420	3000
Ionenradius $Me^{5\oplus}$ [pm]	59	69	68

Die Elemente sind typische Metalle. V_2O_5 ist amphoter, Ta_2O_5 sauer. Die Tendenz, in niederen Oxidationsstufen aufzutreten, nimmt mit steigender Ordnungszahl ab. So sind Vanadin(V)-Verbindungen im Gegensatz zu Tantal(V)-Verbindungen leicht zu V(III)- und V(II)-Verbindungen reduzierbar.

Niedere Halogenide von Niob und Tantal werden durch Metall-Metall-Bindungen stabilisiert. Nb_6Cl_{14} und Ta_6Cl_{14} enthalten $[M_6Cl_{12}]^{2\oplus}$-Einheiten.

Auf Grund der Lanthanidenkontraktion sind sich Niob und Tantal sehr ähnlich und unterscheiden sich merklich vom Vanadin.

3.2.6 VI. Nebengruppe (Cr, Mo, W)

Tabelle 3.19. Eigenschaften der Elemente

	Cr	Mo	W
Ordnungszahl	24	42	74
Elektronenkonfiguration	$2d^5 4s^1$	$4d^5 5s^1$	$5d^4 6s^2$
Schmp. [°C]	1900	2610	3410
Ionenradius [pm]			
$Me^{6\oplus}$	52	62	62
$Me^{3\oplus}$	63	–	–

Die Elemente dieser Gruppe sind hochschmelzende Schwermetalle. Chrom weicht etwas stärker von den beiden anderen Elementen ab. Die Stabilität der höchsten Oxidationsstufe nimmt innerhalb der Gruppe von oben nach unten zu. Die bevorzugte Oxidationsstufe ist bei Chrom + 3, bei Molybdän und Wolfram + 6; Cr(VI)-Verbindungen sind starke Oxidationsmittel.

3.2.7 VII. Nebengruppe (Mn, Tc, Re)

Tabelle 3.20. Eigenschaften

	Mn	Tc	Re
Ordnungszahl	25	43	75
Elektronenkonfiguration	$3d^5 4s^2$	$4d^5 5s^2$	$5d^5 6s^2$
Schmp. [°C]	1250	2140	3180
Ionenradius [pm]			
$Me^{2\oplus}$	80		
$Me^{7\oplus}$	46		56

Von den Elementen der VII. Nebengruppe besitzt nur Mangan Bedeutung. Rhenium ist sehr selten und Technetium wird künstlich hergestellt. Die Elemente können in ihren Verbindungen verschiedene Oxidationszahlen annehmen. Während Mn in der Oxidationsstufe $+2$ am stabilsten ist, sind $Re^{2\oplus}$- und $Tc^{2\oplus}$-Ionen nahezu unbekannt. Mn(VII)-Verbindungen sind starke Oxidationsmittel. Re(VII)- und Tc(VII)-Verbindungen sind dagegen sehr stabil.

3.2.8 VIII. Nebengruppe (Fe, Co, Ni, Ru, Rh, Pd, Os, Ir, Pt)

Diese Nebengruppe enthält <u>neun</u> Elemente mit unterschiedlicher Elektronenzahl im d-Niveau. Die sog. **Eisenmetalle** Fe, Co, Ni sind untereinander chemisch sehr ähnlich. Sie unterscheiden sich in ihren Eigenschaften recht erheblich von den sog. **Platinmetallen**, welche ihrerseits wieder in Paare aufgetrennt werden können.

Tabelle 3.21. Eigenschaften

Element	Ordnungs-zahl	Elektronen-konfiguration	Schmp. [°C]	Ionenradius [pm] $Me^{2\oplus}$	$Me^{3\oplus}$	$Me^{4\oplus}$	Dichte [$g \cdot cm^{-3}$]
Fe	26	$3d^6 4s^2$	1540	76	64		7,9
Co	27	$3d^7 4s^2$	1490	74	63		8,9
Ni	28	$3d^8 4s^2$	1450	72	62		8,9
Ru	44	$4d^7 5s^1$	2300			67	12,2
Rh	45	$4d^8 5s^1$	1970	86	68		12,4
Pd	46	$4d^{10}$	1550	80		65	12,0
Os	76	$4f^{14} 5d^6 6s^2$	3000			69	22,4
Ir	77	$4f^{14} 5d^7 6s^2$	2450			68	22,5
Pt	78	$4f^{14} 5d^9 6s^1$	1770	80		65	21,4

3.3 Die Lanthaniden (Lanthanoide, Ln)

Tabelle 3.22. Eigenschaften

Element	Ordnungszahl	Elektronenkonfiguration	Schmp. [°C]	Ionenradius [pm] der $Me^{3\oplus}$-Ionen	Farben
Ce	58	$4f^2\,5s^2\,5p^6\,5d^0\,6s^2$	795	107	↓ fast farblos
Pr	59	$4f^3\,5s^2\,5p^6\,5d^0\,6s^2$	935	106	gelbgrün
Nd	60	$4f^4\,5s^2\,5p^6\,5d^0\,6s^2$	1020	104	violett
Pm	61	$4f^5\,5s^2\,5p^6\,5d^0\,6s^2$	1030	106	violettrosa
Sm	62	$4f^6\,5s^2\,5p^6\,5d^0\,6s^2$	1070	100	tiefgelb
Eu	63	$4f^7\,5s^2\,5p^6\,5d^0\,6s^2$	826	98	↑ fast farblos
Gd	64	$4f^7\,5s^2\,5p^6\,5d^1\,6s^2$	1310	97	farblos
Tb	65	$4f^9\,5s^2\,5p^6\,5d^0\,6s^2$	1360	93	↓ fast farblos
Dy	66	$4f^{10}\,5s^2\,5p^6\,5d^0\,6s^2$	1410	92	gelbgrün
Ho	67	$4f^{11}\,5s^2\,5p^6\,5d^0\,6s^2$	1460	91	gelb
Er	68	$4f^{12}\,5s^2\,5p^6\,5d^0\,6s^2$	1500	89	tiefrosa
Tm	69	$4f^{13}\,5s^2\,5p^6\,5d^0\,6s^2$	1550	87	blaßgrün
Yb	70	$4f^{14}\,5s^2\,5p^6\,5d^0\,6s^2$	824	86	↑ fast farblos
Lu	71	$4f^{14}\,5s^2\,5p^6\,5d^1\,6s^2$	1650	85	farblos

Die Chemie der 14 auf das La folgenden Elemente ist der des La sehr ähnlich, daher auch die Bezeichnung Lanthanide. Der ältere Name „Seltene Erden" ist irreführend, da die Elemente weit verbreitet sind. Sie kommen meist jedoch nur in geringer Konzentration vor. Alle Lanthaniden bilden stabile Me(III)-Verbindungen, deren Me-Ionenradien mit zunehmender Ordnungszahl infolge der Lanthanidenkontraktion abnehmen.

Vorkommen und Darstellung: Meist als *Phosphate* oder *Silicate* im Monazitsand $CePO_4$, Thorit $ThSiO_4$, Orthit (Cer-Silicat), Gadolinit $Y_2Fe(SiO_4)_2O_2$, Xenotim YPO_4 u. a. Die Mineralien werden z. B. mit konz. H_2SO_4 aufgeschlossen und die Salze aus ihren Lösungen über Ionenaustauscher abgetrennt. Die Metalle gewinnt man durch Reduktion der Chloride von Ce–Eu mit Natrium oder der Fluoride von Gd–Lu mit Magnesium. Die Isotope des kurzlebigen, radioaktiven Pm werden durch Kernreaktionen hergestellt.

Eigenschaften und Verwendung: Die freien Metalle reagieren mit Wasser unter H_2-Entwicklung und relativ leicht mit H_2, O_2 oder N_2 zu *Hydriden, Oxiden* oder *Nitriden.* Auch die Carbide besitzen Ionencharakter. Bei den Salzen ist die Schwerlöslichkeit der Fluoride (LnF_3) und Oxalate in Wasser erwähnenswert. Ce(IV) dient als Oxidationsmittel bei der Maßanalyse (Cerimetric): $Ce^{3\oplus} \rightleftharpoons Ce^{4\oplus} + e^{\ominus}$

Tabelle 3.23. Periodizität der Oxydationsstufen der Cerit- und Yttererden

Ceriterden $= La^{3\oplus}$	$Ce^{4\oplus}$ $Ce^{3\oplus}$	$Pr^{3\oplus}$	$Nd^{3\oplus}$	$Pm^{3\oplus}$	$Sm^{3\oplus}$	$Eu^{3\oplus}$ $Eu^{2\oplus}$	$Gd^{3\oplus}$
Yttererden $= Gd^{3\oplus}$	$Tb^{4\oplus}$ $Tb^{3\oplus}$	$Dy^{3\oplus}$	$Ho^{3\oplus}$	$Er^{3\oplus}$	$Tm^{3\oplus}$	$Yb^{3\oplus}$ $Yb^{2\oplus}$	$Lu^{3\oplus}$

Tabelle 3.24. Farbe der $Me^{3\oplus}$-Ionen

Ce	farblos
Pr	grün
Nd	rotviolett
Pm	rosa
Sm	gelb
Eu	fast farblos
Gd	farblos
Tb	fast farblos
Dy	gelbgrün
Ho	braungelb
Er	rosa
Tm	schwach grün
Yb	farblos
Lu	farblos

3.4 Die Actiniden (Actinoide, An)

Tabelle 3.25. Eigenschaften

Element	Ordnungszahl	vermutliche Elektronenkonfiguration	Schmp. [°C]	Ionenradius [pm] Me$^{3\oplus}$	Me$^{4\oplus}$
Th	90	$5f^0 6s^2 6p^6 6d^2 7s^2$	1700	–	102
Pa	91	$5f^2 6s^2 6p^6 6d^1 7s^2$	1230	113	98
U	92	$5f^3 6s^2 6p^6 6d^1 7s^2$	1130		97
Np	93	$5f^5 6s^2 6p^6 6d^0 7s^2$	640	110	95
Pu	94	$5f^6 6s^2 6p^6 6d^0 7s^2$	640	108	93
Am	95	$5f^7 6s^2 6p^6 6d^0 7s^2$	940	107	92
Cm	96	$5f^7 6s^2 6p^6 6d^1 7s^2$	1350	98	89
Bk	97	$5f^8 6s^2 6p^6 6d^1 7s^2$	980	94	87
Cf	98	$5f^{10} 6s^2 6p^6 6d^0 7s^2$	900	98	86
Es	99	$5f^{11} 6s^2 6p^6 6d^0 7s^2$		93	
Fm	100	$5f^{12} 6s^2 6p^6 6d^0 7s^2$			
Md	101	$5f^{13} 6s^2 6p^6 6d^0 7s^2$			
No	102	$5f^{14} 6s^2 6p^6 6d^0 7s^2$			
Lr	103	$5f^{14} 6s^2 6p^6 6d^1 7s^2$			

Th, Pa und U kommen natürlich vor, alle anderen Elemente werden durch Kernreaktionen gewonnen. Im Gegensatz zu den Lanthaniden treten sie in mehreren Oxidationsstufen auf und bilden zahlreiche Komplexverbindungen, zum Teil mit KoZ 8.

Kapitel IV

Organische Chemie

4.1 Organische Chemie – ein Überblick

Hinweise zu wichtigen Verbindungsklassen, ihre Darstellung und Reaktionen sowie die spektroskopischen Eigenschaften. (Die angegebenen Kapitel beziehen sich auf Latscha-Klein, Organische Chemie (Chemie-Basiswissen II)).

4.1.1 Alkane (Kap. 3.1)

Darstellung

1. $\quad$ R-Hal $\xrightarrow{\text{Na}}$ R$-$R $\quad$ (Wurtz-Reaktion)

2. $\quad$ R-Hal $\xrightarrow{\substack{1.\,\text{Mg} \\ 2.\,\text{H}_2\text{O}}}$ R$-$H $\quad$ (über Grignard)

3. $\quad$ R$-$COO$^{\ominus}$ $\xrightarrow{-e^{\ominus}}$ R$-$R $\quad$ (Kolbe-Elektrolyse)

4. $\quad$ R-Hal $\xrightarrow{\text{Pd/H}_2}$ R$-$H $\quad$ (Reduktion)

5. R$-$C$\equiv$C$-$R$'$ $\xrightarrow{\text{H}_2}$ R$-$CH$=$CH$-$R$'$ $\xrightarrow{\text{H}_2}$ RCH$_2$CH$_2$R$'$
$\qquad\qquad\qquad\qquad\qquad\qquad\qquad\qquad\qquad$ (Hydrierung)

Spektren

IR: CH-Streckschwingung: $3000-2850\ cm^{-1}$
         CH_3-, CH_2-Gruppen: $1470-1400\ cm^{-1}$

UV: C$-$C- und C$-$H-Bindung zwischen 125 und 140 nm

NMR: CH_3: $\delta = 0,9$; CH_2: $\delta = 1,25$

MS: Bruchstücke mit einer Differenz von 14 Masseneinheiten
         (d. i. $-CH_2-$)

Reaktionen (Kap. 4)

$$R-M + X\cdot \longrightarrow R\cdot + HX$$
$$R\cdot + X_2 \longrightarrow R-X + X\cdot$$

radikalische Substitution

4.1.2 Cycloalkane (Kap. 3.2)

Es gelten die Angaben für die Alkane, zusätzlich: Stereochemie durch Ringstruktur.

4.1.3 Alkene (Kap. 5 und 6)

Darstellung

1. $RCH_2-CH_2X \xrightarrow{\;(H^\oplus)\;} RCH=CH_2$,   Eliminierung

    $X = OH,\ Hal,\ SO_3H,\ \overset{\oplus}{N}R_3$ (z. B. Dehydratisierung)

2. $R_2C=O + R_3^1P^\oplus-CH_3Br^\ominus \longrightarrow R_2C=CH_2$ Wittig-Reaktion

Spektren

IR: CH-Deformationsschwingung: $880-920\ cm^{-1}$; cis: $675-730\ cm^{-1}$

                                trans: $965-976\ cm^{-1}$

UV: besonders wichtig für konjugierte Systeme (> 200 nm)

NMR: Signale bei $\delta = 5-8$

Beachte: $E-Z$-Isomerie an den Doppelbindungen.

Reaktionen (Kap. 5.3 und 8)

elektrophile Addition

Beispielschema

Dibromalkan $-\overset{|}{C}Br-\overset{|}{C}Br-$ $-\overset{|}{C}H-\overset{|}{C}Br-$ Halogenalkan

↑   ↑
$+Br_2$ $+HBr$

Ozonid $\xleftarrow{\;+O_3\;}$ $\boxed{\ \ \ \diagdown C=C \diagup\ \ \ }$ $\xrightarrow{\;+H_2(Pd)\;}$ $-\overset{|}{C}H-\overset{|}{C}H-$ Alkan

Oxiran $\xleftarrow[\text{(Prileschajew)}]{\;R-COOH\;}$ $\xrightarrow[(H^\oplus)]{\;+HOH\;}$ $-\overset{|}{C}H-\overset{|}{\underset{|}{C}}-OH$ Hydroxyalkan (Alkohol)

↓ $+n\ \diagdown C=C \diagup$ $+H_2SO_4$ ↓

$\left[-\overset{|}{\underset{|}{C}}-\overset{|}{\underset{|}{C}}-\right]_n$ $-\overset{|}{C}H-\overset{|}{\underset{|}{C}}-O-SO_3H$

Polymerisation   Alkylsulfonsäure

4.1.4 **Alkine** (Kap. 7)

Darstellung

1. $\qquad$ $CH \equiv CH \xrightarrow{\ Na\ } CH \equiv CNa \xrightarrow{\ R-X\ } CH \equiv C - R$ (Alkylierung)

2. $RCH_2 - CX_2R \xrightarrow[-2HX]{} R - C \equiv C - R$ (Eliminierung)

Spektren

IR: $HC \equiv CH$: $1730 - 1500$ cm^{-1}. Die Wellenzahl steigt mit der Konjugation

UV: $HC \equiv CH$: 173 nm. Durch Konjugation erfolgt Verschiebung zum sichtbaren Bereich

NMR: Signale bei $\delta = 2-3$

Reaktionen

1. elektrophile Addition (verläuft langsamer als bei den Alkenen)

$$H - C \equiv C - H \xrightarrow{\ +Br_2\ } HCBr = CHBr \xrightarrow{\ +Br_2\ } HCBr_2 - CHBr_2$$

2. nucleophile Addition (u. a. Reppe-Synthesen)

Beispielschema

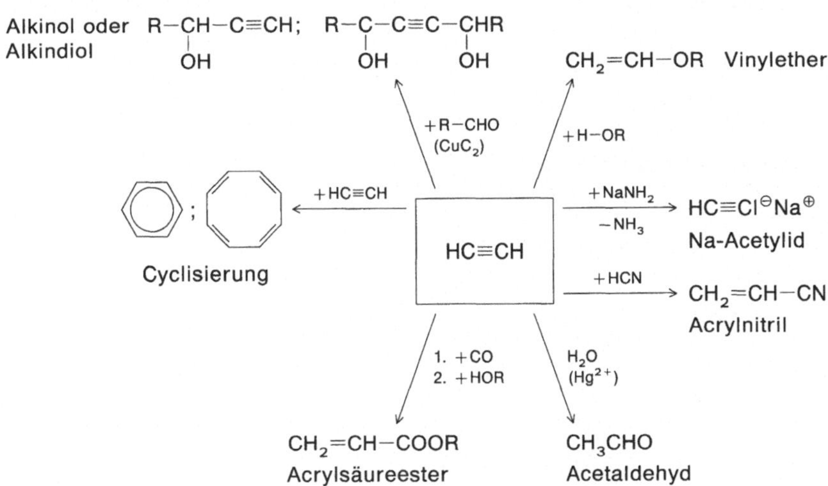

4.1.5 Arene (Kap. 9)

Darstellung

1. Technisch aus Erdöl und Teer

2. $\quad C_6H_5Cl + Cl-R \xrightarrow{\text{Na}} C_6H_5-R \quad$ (Wurtz-Fittig-Reaktion)

3. $\quad 2\,C_6H_6 + CH_2Cl_2 \xrightarrow{(AlCl_3)} C_6H_5-CH_2-C_6H_5$
   Friedel-Crafts-Alkylierung

4. $C_6H_5MgCl + R-Cl \longrightarrow C_6H_5-R \quad$ Grignard-Reaktion

Spektren

IR: aromat. $C-C$-Valenzschwingung: 1500 und 1600 cm^{-1}
aromat. $C-H$-Valenzschwingung: 3030 cm^{-1}
Hinweise auf das Substitutionsmuster bei 2000$-$1650 cm^{-1}
und 1225$-$950 cm^{-1}

UV: Benzol: 200 und 255 nm; Substituenten bewirken bathochrome Verschiebung

NMR: Signallagen bei $\delta = 6{,}5-8{,}0$; Benzol: 7,26

Beachte: Der aromatische Zustand (Hückel-Regel!) bestimmt die Eigenschaften.

Reaktionen (Kap. 10)

A. elektrophile Substitution

Beispielschema (S. 141)

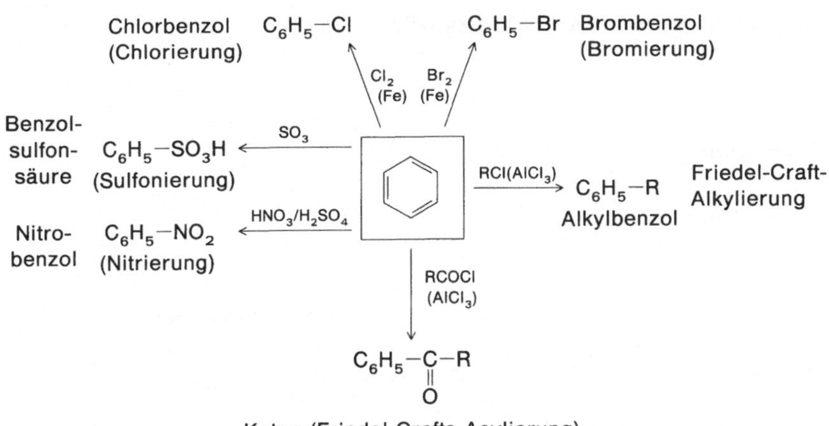

B. Additionsreaktionen

$$C_6H_6 \xrightarrow[\text{(Pd)}]{H_2} C_6H_{12} \qquad \text{Hydrierung zu Cylohexan}$$

$$C_6H_6 \xrightarrow[\text{(h·v)}]{Cl_2} C_6H_6Cl_6 \qquad \text{Chlorierung zu Polyhalogencyclohexanen}$$

C. Zweitsubstitution

Substituenteneffekte bei der elektrophilen aromatischen Substitution

Substitution	Elektronische Effekte des Substituenten	Wirkung auf die Reaktivität	Orientierende Wirkung	
$-OH$	$-I, +M$	aktiviert	o, p	
$-O^{\ominus}$	$+I, +M$	aktiviert	o, p	
$-OR$	$-I, +M$	aktiviert	o, p	
$-NH_2, -NHR, -NR_2$	$-I, +M$	aktiviert	o, p	1. Ordnung
$-Alkyl$	$+I, +M$	aktiviert	o, p	
$-CH_2Cl$	$-I, +M$	desaktiviert	o, p	
$-F, -Cl, -Br, -I$	$-I, +M$	desaktiviert	o, p	
$-NO_2$	$-I, -M$	desaktiviert	m	
$-NH_3^{\oplus}, -NR_3^{\oplus}$	$-I$	desaktiviert	m	
$-SO_3H$	$-I, -M$	desaktiviert	m	2. Ordnung
$-CO-X$ (X=H, R, $-OH, -OR, -NH_2$)	$-I, -M$	desaktiviert	m	
$-CN$	$-I, -M$	desaktiviert	m	

4.1.6 **Halogenkohlenwasserstoffe** (Kap. 11)

Darstellung

A. Halogenalkane

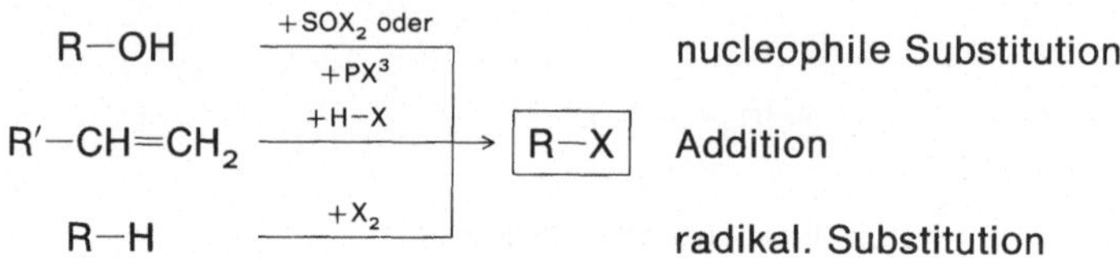

$R-OH$ $\xrightarrow{\text{+SOX}_2 \text{ oder}}$ nucleophile Substitution

$R'-CH{=}CH_2$ $\xrightarrow{+PX^3}$ $\xrightarrow{+H-X}$ $\boxed{R-X}$ Addition

$R-H$ $\xrightarrow{+X_2}$ radikal. Substitution

B. Halogenalkene

$CH_2{=}CH-CH{=}CH_2$ $\xrightarrow{+HCl}$

$CH_3-CHCl-CH{=}CH_2$ 1.2–

$CH_3-CH{=}CH-CH_2Cl$ 1.4–

oder Addition

C. Halogenarene

$C_6H_6 \xrightarrow[\text{(FeCl}_3)]{+Cl_2} C_6H_5Cl$ elektrophile Substitution

$C_6H_5N_2^{\oplus}Cl^{\ominus} \xrightarrow{CuCl} C_6H_5Cl$ Sandmeyer-Reaktion

$C_6H_5CH_3 \xrightarrow[h \cdot v]{Cl_2} C_6H_5CH_2Cl$ Seitenketten-Halogenierung

Spektren

IR: bandenreiche Spektren;
     C−Cl-Valenzschwingung: 800 bis 650 cm^{-1}
     C−F-Valenzschwingung: 1380 bis 1100 cm^{-1}

UV: CH_3Cl 172 nm → CH_3Br: 204 nm → CH_3I 257 nm
     (typische Abfolge)

MS: charakteristische Isopotenverteilungsmuster erlauben die Ermittlung der Zahl der Halogenatome

A. Nucleophile Substitution am gesättigten C-Atom (Kap. 12)

Reaktionen

S_N1-Reaktion (monomolekular):

$$R-X \rightleftharpoons R^\oplus + X^\ominus \quad \text{langsam}$$
$$R^\oplus + Y^\ominus \rightarrow R-Y \quad \text{schnell}$$

S_N2-Reaktion (bimolekular):

$$Y^\ominus + \overset{|}{\underset{X}{C}} \rightleftharpoons Y\cdots\overset{|}{C}\cdots X \rightleftharpoons \underset{Y}{\overset{|}{C}} + X^\ominus$$

Beispielschema

Sulfid (Thioether) R—SR′ R_3N; $R_4N^\oplus X^\ominus$ prim. Alkylamin; Ammoniumverb.
(für R′=H: Thiol)   N-Alkylierung

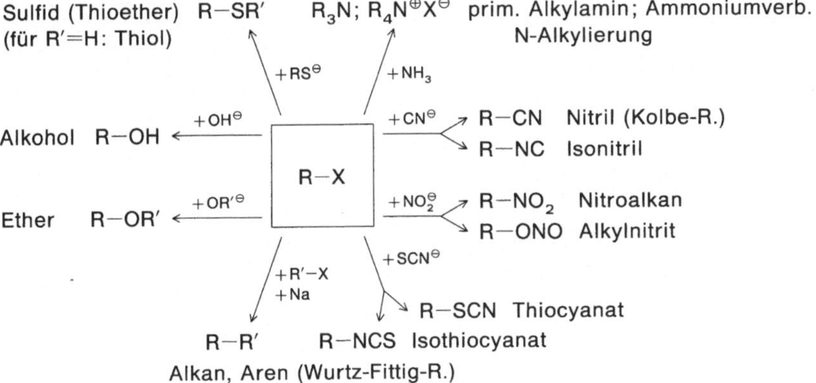

B. Nucleophile Substitution am Aromaten (Kap. 7.6)

Additions-Eliminierungs-Mechanismus

Nitrobenzol   o-Nitrophenol

Weitere Mechanismen sind bekannt. Ihre Zuordnung ist im Einzelfall schwierig.

4.1.7 Sauerstoff-Verbindungen

4.1.7.1 Alkohole (Kap. 14)

Darstellung *primärer* (R′=H) und *sekundärer* Alkohole

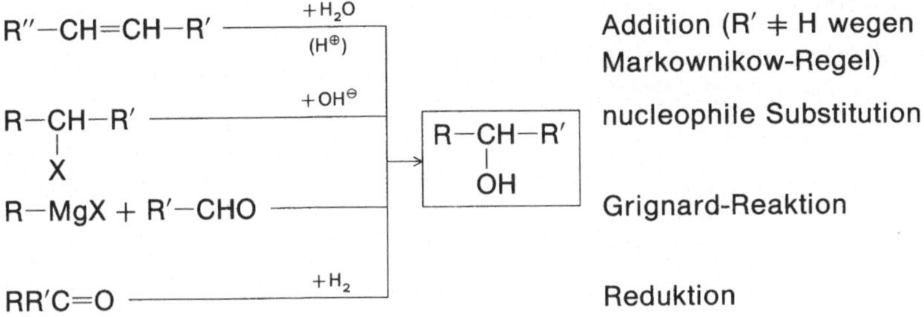

$R''-CH{=}CH-R'$ $\xrightarrow[(H^\oplus)]{+H_2O}$ — Addition (R′ $\neq$ H wegen Markownikow-Regel)

$\underset{X}{R-CH-R'}$ $\xrightarrow{+OH^\ominus}$ — nucleophile Substitution

$R-MgX + R'-CHO$ — Grignard-Reaktion

$RR'C{=}O$ $\xrightarrow{+H_2}$ — Reduktion

$\underset{OH}{R-CH-R'}$

Darstellung *tertiärer* Alkohole

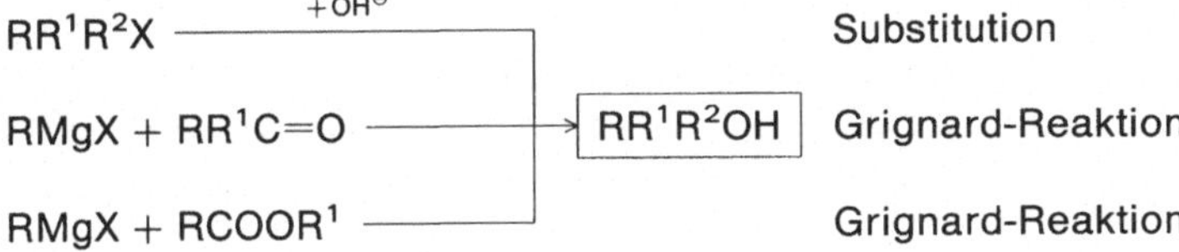

RR^1R^2X $\xrightarrow{+OH^\ominus}$ — Substitution

$RMgX + RR^1C{=}O$ — Grignard-Reaktion

$RMgX + RCOOR^1$ — Grignard-Reaktion

RR^1R^2OH

Darstellung *zweiwertiger* Alkohole

$R-CH{=}CH-R'$ $\xrightarrow{+KMnO_4}$ — für cis-Glykole

$\underset{\diagdown O \diagup}{R-CH-CH-R'}$ $\xrightarrow[(H^\oplus)]{+H_2O}$ — für trans-Glykole

$\underset{OH\ \ OH}{R-CH-CH-R'}$

Spektren

IR: OH-Gruppe bei 3350–3050 cm^{-1}

UV: CH_3OH: 183 nm

NMR: meist bei δ = 4–5, austauschbar mit D_2O

Hinweis: Bildung von H-Brücken, Alkoholat-Bildung

Reaktionen

Umsetzung speziell mit anorganischen Säuren
(X = Cl, Br, I, $-O-SO_3H$)

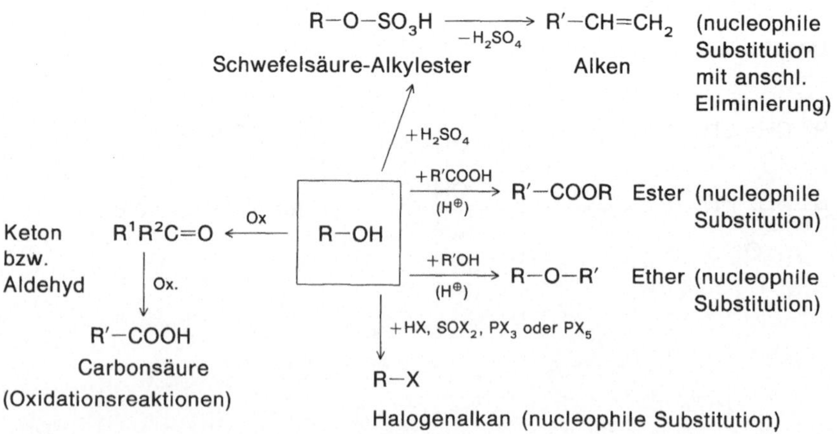

Allgemeine Reaktionsübersicht

4.1.7.2 Ether (Kap. 15)

Darstellung

$$R-OH + R'OH \xrightarrow{(H^{\oplus})} \boxed{R-O-R'} \quad \text{Williamson-Synthese}$$
$$R-\bar{O}|^{\ominus} + R'-X$$

Spektren

IR: $C-O-C$-Deformationsschwingung: $1150-1060 \text{ cm}^{-1}$

NMR: CH_3-O- bei $\delta = 3-4$

Beachte: Peroxidbildung mit Luftsauerstoff.

Reaktionen

saure Etherspaltung

$$R-(CH_2)_2-\bar{O}-CH_2-R' \xrightarrow{H^{\oplus}} R-(CH_2)_2-\overset{H}{\underset{\oplus}{O}}-CH_2-R' \quad \text{Oxoniumsalz}$$

$+HSO_4^{\ominus}$ $+Br^{\ominus}$

$$R-CH=CH_2 + R'-CH_2OH \qquad R-(CH_2)_2-Br + R'-CH_2OH$$

Eliminierung   nucleophile Substitution

4.1.7.3 Phenole (Kap. 16)

Darstellung

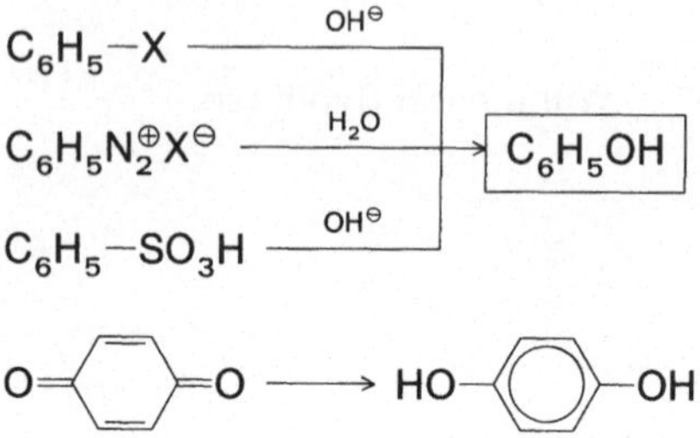

$$C_6H_5{-}X \xrightarrow{\;OH^\ominus\;}$$

$$C_6H_5N_2^\oplus X^\ominus \xrightarrow{\;H_2O\;} \boxed{C_6H_5OH}$$

$$C_6H_5{-}SO_3H \xrightarrow{\;OH^\ominus\;}$$

nucleophile Substitution

Phenolverkochung

nucleophile Substitution

$$O{=}\langle\ \rangle{=}O \longrightarrow HO{-}\langle\bigcirc\rangle{-}OH$$ Hydrierung

Spektren

IR: OH-Gruppe bei $3350-3050\ \mathrm{cm}^{-1}$

UV: je nach Ringsubstitution bei $210-230$ und $270-280$ nm

NMR: meist bei $\delta = 8-10$, austauschbar mit D_2O

Beachte: Bildung von H-Brücken, Acidität der Phenole.

Reaktionen

Isomerengemisch duch elektrophile Substitution
X=NO₂, Cl, Br, SO₃H
+X⊕
O−CH₂−CH=CH₂
1. NaOH, 2. CH₂=CH−CH₂Br
Alkyl-phenyl-ether
ca. 200 °C
+CH₂=CH−CH₂Br
(AlCl₃)
CH₂−CH=CH₂
Allyl-phenol durch Umlagerung
bzw. Friedel-Crafts-Alkylierung
OH
+R−COCl oder
+(R−CO)₂O
C₆H₅−O−COR (Schotten-
Phenylester   Baumann
                Reaktion)
1. NaOH
+ 2. CH₃Cl
C₆H₅−O−CH₃ (Williamson-R.)
Phenylether
1. NaOH
2. CO₂
3. H⊕
+CHCl₃/OH⊖
COOH
CHO
Salicylsäure   Salicylaldehyd
(Kolbe-R.)   (Reimer-Tiemann-R.)

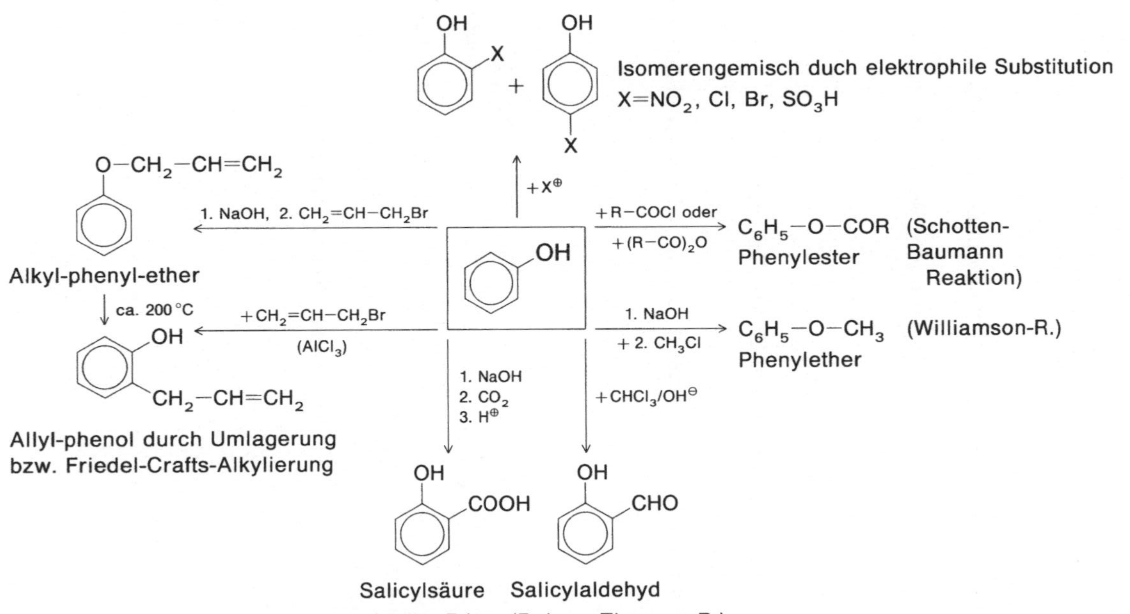

4.1.8 Schwefelverbindungen (Kap. 17)

4.1.8.1 Thiole

Darstellung

1. $R-X + SH^{\ominus}$ ⎯⎯⎯⎯⎯⎯ nucleophile Substitution

   $\boxed{R-SH}$

2. $R-MgX + S$ ⎯⎯⎯⎯⎯⎯ Grignard-Reaktion

Spektren

IR: wenige intensive Bande bei $2600-2250\ \mathrm{cm}^{-1}$

UV: C_2H_5SH: 194 nm

Beachte: Thiolatbildung mit Basen leichter als Alkoholat-Bildung.

Reaktionen

$R-S-R'$ $\xleftarrow{+R'Cl}$ $\boxed{R-SH}$ $\xrightarrow{Ox}$ RSOH, RSO_2H, RSO_3H
Sulfid — Sulfen-, Sulfin-, Sulfonsäure (Oxidation)

$R-S-CO-R'$ $\xleftarrow{+R'-COCl}$ $\xrightarrow[2.\ Ox]{1.\ +RSH}$ $R-S-S-R$ Disulfid (Oxidation)
Thiocarbonsäureester

$+RSH$ / $+R'_2CO$ $\downarrow$ $+H_2/Kat$ $\downarrow$

$$\begin{array}{c} R' \quad\ \ SR \\ \diagdown\ \diagup \\ C \\ \diagup\ \diagdown \\ R' \quad\ \ SR \end{array}$$

Thioketal

$R-H$ Alkan (Desulfurierung)

4.1.8.2 Sulfide

Darstellung

aus Thiolen

$$R-SH + R'SH \xrightarrow{\text{Ox}} R-S-S-R' \quad \text{Oxidation zu Disulfiden}$$

$$R-SH + R'Cl \longrightarrow R-S-R' \quad \text{nucleophile Substitution}$$

$$R-SH + CH_2=CH-CH_3 \longrightarrow R-S-CH_2-CH_2-CH_3 \quad \text{Addition}$$

Reaktionen

1. $R-S-R' \xrightarrow{\text{Ox}} R'RS{=}O \xrightarrow{\text{Ox}} R'RSO_2$

   Sulfoxid   Sulfon

   $\Big\downarrow +R''I$

   $R-\overset{\oplus}{\underset{R''}{S}}-R' \quad I^{\ominus}$ Sulfonium-Salze

2. $\text{Cystein} \underset{\text{Red}}{\overset{\text{Ox}}{\rightleftharpoons}} \text{Cystin}$ $\left(\text{Sulfid} \underset{\text{Red}}{\overset{\text{Ox}}{\rightleftharpoons}} \text{Disulfid}\right)$

4.1.8.3 Sulfonsäuren

Darstellung

1. $R-MgX + SO_2 \xrightarrow{H_2O}$ Grignard-Reaktion

2. $R-SO_2Cl \xrightarrow[\text{2. } H_2O(H^{\oplus})]{\text{1. Zn}}$ $\quad R-\overset{\displaystyle O}{\underset{\displaystyle O}{\overset{\|}{\underset{\|}{S}}}}-OH \quad$ Hydrolyse der Säurechloride

3. $R-H \xrightarrow{SO_3}$

   für R = Acyl: elektrophile
   Substitution

   für R = Alkyl: radikalische
   Substitution

Spektren

IR: 2 Banden bei 1210–1150 cm^{-1} und 1060–1030 cm^{-1}

Reaktionen

$$R-SO_3Na \xrightarrow{+PCl_5} R-\underset{\displaystyle O}{\overset{\displaystyle O}{\underset{\|}{\overset{\|}{S}}}}-Cl$$

Na-Sulfonat   Sulfonsäurechlorid

$+R'O^{\ominus}$ → Sulfonsäureester

$+R'NH_2$ → Sulfonsäureamid

Beachte: $R-O-\underset{O}{\overset{O}{S}}-OH$ und $R-O-\underset{O}{\overset{O}{S}}-O-R$

sind keine Sulfonsäureester, sondern Mono- bzw. Di-Ester der Schwefelsäure („Alkylsulfate")

4.1.9 Stickstoffverbindungen

4.1.9.1 Amine (Kap. 18)

Darstellung *primärer aliphatischer* Amine

1. Reduktion von Amiden, Oximen, Nitrilen oder Nitroverbindungen

$$R-CONH_2 \xrightarrow{+LiAlH_4}$$
$$R'-CH=NOH \xrightarrow{+H_2}$$
$$R'-C\equiv N \xrightarrow{+H_2} \boxed{R-NH_2}$$
$$R-NO_2 \xrightarrow{+H_2}$$

2. Gabriel-Reaktion

$$R-Cl + K^{\oplus} \; {}^{\ominus}N \overset{CO}{\underset{CO}{\diagdown}} C_6H_4 \longrightarrow R-N \overset{CO}{\underset{CO}{\diagdown}} C_6H_4$$

K-phthalimid   N-Alkyl-phthalimid

$$R-NH_2 + (HOOC)_2C_6H_4$$

3. Abbau von Carbonsäure-Derivaten

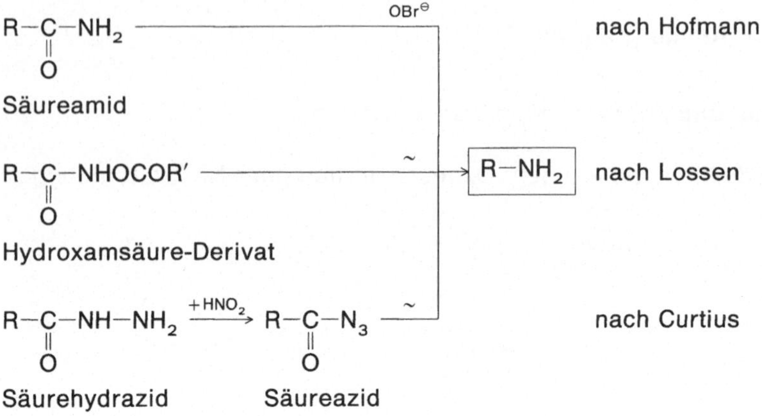

Darstellung *sekundärer* und *tertiärer aliphatischer* Amine

vorzugsweise durch Reduktion von N-substituierten Säureamiden

$$R-\underset{\underset{O}{\|}}{C}-NR^1R^2 \xrightarrow{+LiAlH_4} R-CH_2-NR^1R^2 \qquad \text{tertiäres Amin}$$

für $R^1 = H$: sekundäres Amin

Darstellung *aromatischer* Amine: i. a. durch Reduktion der Nitroverbindungen

$$C_6H_5NO_2 \xrightarrow{Fe/HCl} C_6H_5NH_2$$

Nitrobenzol   Anilin

Spektren

IR: NH-Streckschwingung bei 3500$-$3300 cm^{-1}
C$-$N-Schwingung bei 1300 cm^{-1}
(typisch für aromatische Amine)

UV: CH_3NH_2: 213 nm

NMR: Signale bei $\delta = 2{,}7$ für $H-C-N$; $H-N$ stark strukturabhängig, δ zwischen 1 und 14.

Beachte: Amine bilden H-Brücken; die Basizität ist abhängig von induktiven und mesomeren Effekten.

Reaktionen

Umsetzung mit HNO_2 von primären (1), sekundären (2) und tertiären (3) Aminen:

(1) $Ar-NH_2 \xrightarrow{HNO_2} Ar-N\equiv N^{\oplus}X^{\ominus}$ Diazoniumsalz

   $Alk-NH_2 \xrightarrow{HNO_2} Alk-N\equiv N^{\oplus}X^{\ominus} \rightarrow N_2$ (+Alkohol + Alken)

(2) $R_2NH \xrightarrow{HNO_2} R_2N-NO$ (R = Ar, Alk)   Nitrosamin-Bildung

(3) $R_2N-\langle\bigcirc\rangle \xrightarrow{HNO_2} R_2N-\langle\bigcirc\rangle-NO$ Ringsubstitution (R = Alkyl)

   $R_2NCHR'_2 \xrightarrow{HNO_2} R'_2CO + R_2N-NO + N_2O$

   Spaltung (R, R' = Alkyl)

Allgemeiner Überblick für primäre Amine

Nitroalkane $R-NO_2$ $R-N_2^{\oplus}X^{\ominus}$ Diazoniumsalze

$$R-NCl_2 \xleftarrow{+Cl_2} \boxed{R-NH_2} \xrightarrow{+R'-COCl} R'-CO-NHR \quad \text{Carbonsäureamid}$$

N,N-Dichloramin

$$R_2C=N-R \xleftarrow{+R_2CO} \quad \xrightarrow{+Ar-SO_2Cl} Ar-SO_2-NHR \quad \text{Sulfonsäureamid}$$

Azomethin

(oben am Kasten: $+H_2O_2$, $+HNO_2$; unten am Kasten: $+CS_2$, $+COCl_2$)

$$S=C\!\!\begin{smallmatrix}NHR\\ \\NHR\end{smallmatrix} \xleftarrow{+RNH_2} S=C\!\!\begin{smallmatrix}SH\\ \\NHR\end{smallmatrix} \qquad R-N=C=O \quad \text{Isocyanat}$$

Thioharnstoffderivat

4.1.9.2 Nitroverbindungen (Kap. 19)

Darstellung

Nitroalkane

$$R-H \xrightarrow{HNO_3} R-NO_2 \quad \text{radikalische Substitution}$$

$$R-H \xrightarrow{+HNO_3} R-NO_2 \quad \text{Nitroalkan (radikalische Substitution)}$$

$$R-X \xrightarrow{+NO_2^{\ominus}} \begin{cases} R-NO_2 & \text{Nitroalkan} \\ R-ONO & \text{Salpetrigsäureester (Alkylnitrit)} \end{cases}$$

nucleophile Substitution

Nitroaromaten

$$R-\!\!\bigcirc \xrightarrow{+HNO_3/H_2SO_4} R-\!\!\bigcirc\!\!-NO_2 \quad \text{elektrophile Substitution}$$

Spektren

IR: 1570–1500 cm^{-1} und 1370–1300 cm^{-1} (Nitroalkane)

UV: Absorption bei 270 nm

Beachte: Primäre und sekundäre Nitroalkane bilden mit Natronlauge Salze wegen des aciden H-Atoms am α-C-Atom zur Nitro-Gruppe, vgl. Kap. Carbanionen.

Reaktionen

a) Reduktion der Nitro-Gruppe

1) $R-NO_2 \xrightarrow{H_2(Cu)} R-NH_2$ (saure Lösung)

2) $C_6H_5NO_2 \xrightarrow{H_2(Zn/NH_4Cl)} C_6H_5NHOH \xrightarrow{Ox} C_6H_5NO$ (neutrale Lösung)
   Nitrobenzol   Nitrosobenzol

3) $C_6H_5NHOH \xrightarrow{+C_6H_5NO} C_6H_5-\overset{\oplus}{N}=N-C_6H_5 \xrightarrow{H_2} C_6H_5-N=N-C_6H_5$
   Phenylhydroxylamin

$$C_6H_5-\overset{\oplus}{N}=N-C_6H_5 \quad \overset{|\underset{\ominus}{O}|}{}$$

Azoxybenzol

(alkalische Lösung) $\downarrow H_2$

$C_6H_5-NH-NH-C_6H$
Hydrazobenzol

b) Reaktion als Carbanion (hier: Michael-Addition)

$$N\equiv C-CH=CH_2 + \overset{\ominus}{|}CH_2-NO_2 \longrightarrow N\equiv C-\underset{-}{CH}-CH_2-CH_2-NO_2$$
Acrylnitril

$$\downarrow$$

$$N\equiv C-(CH_2)_3-NO_2$$
1-Cyano-3-nitro-propan

4.1.9.3 Azo- und Diazoverbindungen (Kap. 20)

Azoverbindungen

Darstellung

$$R-NH-NH-R \xrightarrow{Ox} R-N=N-R$$

Spektren

Farbige Verbindungen wegen der Azo-Gruppe $-N=N-$
Beachte: E$-$Z-Isomerie an der Azo-Gruppe.

Reaktionen

$$R-N=N-R \xrightarrow{\Delta} 2R\cdot + N_2 \quad \text{Zerfall}$$

Diazoverbindungen

Darstellung

$$R-CH_2-NH_2 \xrightarrow{HNO_2} R-CH_2-\overset{\oplus}{N}\equiv NI\ \overset{\ominus}{X} \quad \text{Diazoniumsalz}$$

stabil für R = Aryl in Lösung unter 5 °C.

Spektren

Farbige Verbindungen wegen der Azo-Gruppe.

Reaktionen

A. Elektrophile Substitution mit Diazoniumsalzen (Azokupplung)

1) C-Kupplung mit Phenolen

$$C_6H_5N_2^{\oplus} + C_6H_5OH \xrightarrow[-H^{\oplus}]{} C_6H_5-N=N-C_6H_4-OH$$

p-Hydroxyazobenzol

2) N-Kupplung mit prim. Aminen mit Umlagerung

$$C_6H_5N_2^{\oplus} + C_6H_5NH_2 \xrightarrow[-H^{\oplus}]{\sim} C_6H_5-N=N-C_6H_4-NH_2$$

p-Aminoazobenzol

Reduktionen und Substitutionen mit Diazoniumsalzen (Diazo-Spaltung)

$$C_6H_5-X \quad (X = Cl, Br, CN) \quad \text{Sandmeyer-Reaktion}$$
(Radikal. Substitution)

$$\xleftarrow[\text{+CuX}]{}$$

$$C_6H_5NH-NH_2 \xleftarrow{+SO_3^{2\ominus}} \boxed{C_6H_5N_2^{\oplus}} \xrightarrow{+H_3PO_2} C_6H_6$$

Phenylhydrazin
(Reduktion)

$$\xrightarrow{+OH^{\ominus}} C_6H_5-OH \quad \text{Phenol-Verkochung}$$

$$\xrightarrow[\text{bzw. } X^{\ominus}]{+BF_4^{\ominus}} \quad +I^{\ominus}$$

(nucleophile Substitutionen)

Schiemann-Reaktion $\quad C_6H_5F \qquad C_6H_5I$
bzw.
C_6H_5X

Reaktionen der Diazoalkane unter N_2-Abspaltung

$$\xrightarrow{+H_2O} R-CH_2OH \qquad \text{prim. Alkohol}$$

$$\xrightarrow{+RO^{\ominus}} R-CH_2-OR \qquad \text{Ether}$$

$$R-CH^{\ominus}-N_2^{\oplus} \xrightarrow[-N_2]{+H^{\oplus}}$$

Diazoalkan

$$\xrightarrow{+R'COO^{\ominus}} R-CH_2-O-\underset{\overset{\|}{O}}{C}-R' \qquad \text{Ester}$$

$$\xrightarrow{+Br^{\ominus}} R-CH_2-Br \qquad \text{Bromalkan}$$

Kettenverlängerung mit Diazomethan

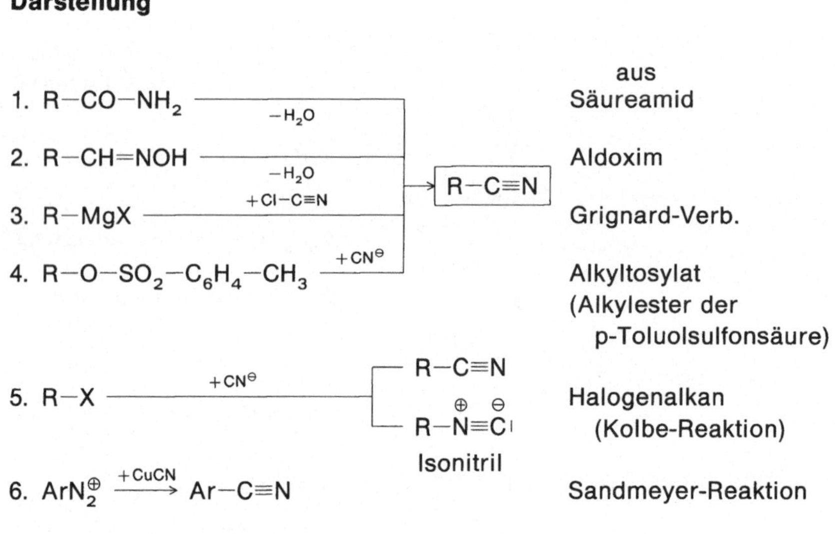

4.1.9.4 Nitrile

Darstellung

1. $R-CO-NH_2$ $\xrightarrow{-H_2O}$ aus Säureamid

2. $R-CH=NOH$ $\xrightarrow{-H_2O}$ Aldoxim

   $\boxed{R-C\equiv N}$

3. $R-MgX$ $\xrightarrow{+Cl-C\equiv N}$ Grignard-Verb.

4. $R-O-SO_2-C_6H_4-CH_3$ $\xrightarrow{+CN^{\ominus}}$ Alkyltosylat (Alkylester der p-Toluolsulfonsäure)

5. $R-X$ $\xrightarrow{+CN^{\ominus}}$ $R-C\equiv N$ / $R-\overset{\oplus}{N}\equiv \overset{\ominus}{C}|$ Isonitril   Halogenalkan (Kolbe-Reaktion)

6. $Ar\overset{\oplus}{N_2}$ $\xrightarrow{+CuCN}$ $Ar-C\equiv N$ Sandmeyer-Reaktion

Spektren

IR: $C\equiv N$ bei 2245 cm^{-1}

Reaktionen

Die Nitril-Gruppe ist ambifunktionell: nucleophile Verbindungen addieren sich am C-Atom,
elektrophile Verbindungen am N-Atom.

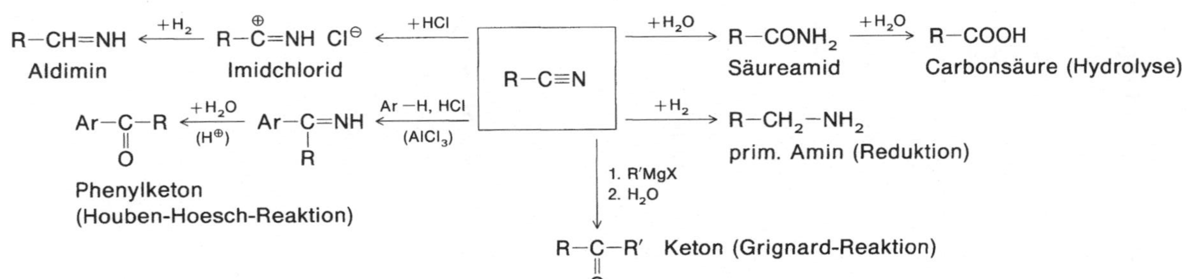

4.1.10 Elementorganische Verbindungen (Kap. 26)

Phosphororganische Verbindungen: Die Wittig-Reaktion

Darstellung

$$R_3P + R'{-}X \longrightarrow R_3\overset{\oplus}{P}R'\ X^{\ominus} \quad \text{Phosphoniumhalogenid}$$

$$\overset{\oplus}{R_3P}{-}\underset{\underset{R^1}{|}}{CH}{-}R^2\ X^{\ominus} \xrightarrow{C_4H_9Li} \overset{\oplus}{R_3P}{-}\underset{\underset{R^1}{|}}{\overset{\ominus}{C}}{-}R^2 \longleftrightarrow R_3P{=}\underset{\underset{R^1}{|}}{C}{-}R^2$$

$$\qquad\qquad\qquad\qquad\qquad\qquad \text{Ylid} \qquad\qquad\qquad \text{Ylen}$$

Reaktion $(R = C_6H_5)$

$$\overset{\oplus}{R_3P}{-}\overset{\ominus}{C}H{-}R^1 \;+\; O{=}C\overset{R^2}{\underset{R^2}{}} \longrightarrow \underset{\underset{O{-}C}{}}{R_3P{-}CH{-}R^1}\overset{R^2}{\underset{R^2}{}} \longrightarrow R_3P{=}O \;+\; R^1{-}CH{=}C\overset{R^2}{\underset{R^2}{}}$$

Alken

Magnesiumorganische Verbindungen: Grignard-Reaktionen

Darstellung

$$R{-}X + Mg \xrightarrow{(Et_2O)} R{-}MgX$$

Reaktionen

Addition
an aktivierte
Doppelbindung

R—C—C—COOR

+ C=C COOR

R—H   Kohlenwasserstoff

+ H₂O (auch ROH, RNH₂ u.a.)

R—SO₂H
Sulfinsäure

+ SO₂

R—MgX

+ R¹—CHO

RR¹CHOH   sekundärer Alkohol;
für R′ = H: primärer
Alkohol

R¹RC=O
Ketone

+ R¹CN

+ R¹R²CO

RR¹R²COH   tertiärer Alkohol

+ R¹COOR²

+ CO₂

RRR¹COH
tert. Alkohol;
(für R¹ = H: sekundärer Alkohol)

RCOOH   Carbonsäuren

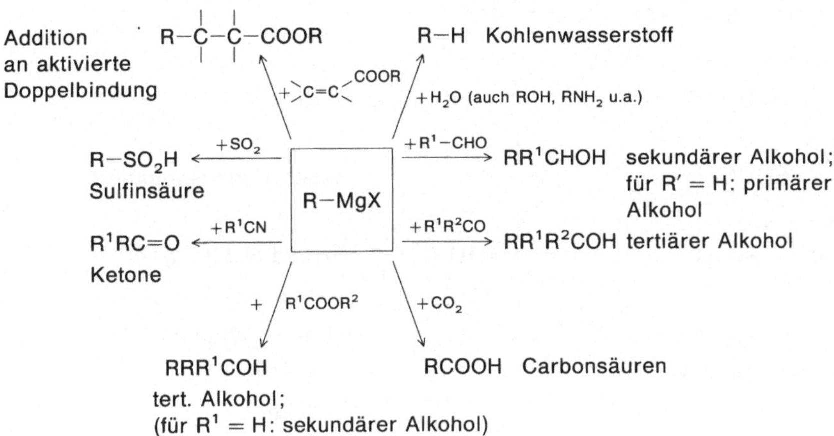

4.1.11 Aldehyde und Ketone (Kap. 21)

Darstellung *aliphatischer Aldehyde*

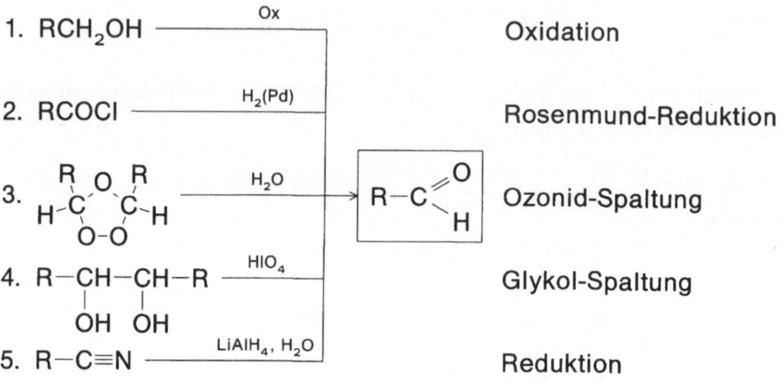

1. RCH_2OH — Ox →   Oxidation

2. $RCOCl$ — $H_2(Pd)$ →   Rosenmund-Reduktion

3. (Ozonid) — H_2O → $R-C(=O)H$ Ozonid-Spaltung

4. $R-CH(OH)-CH(OH)-R$ — HIO_4 →   Glykol-Spaltung

5. $R-C\equiv N$ — $LiAlH_4$, H_2O →   Reduktion

Darstellung *aromatischer Aldehyde*

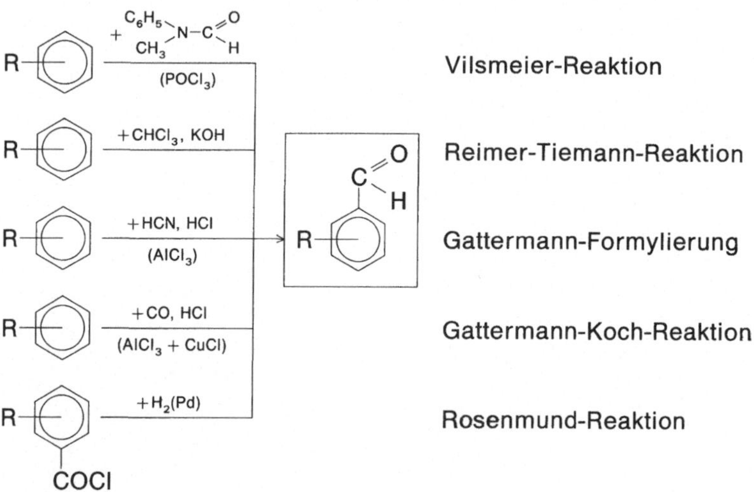

$R-C_6H_5$ + $C_6H_5(CH_3)N-C(=O)H$ $(POCl_3)$ →   Vilsmeier-Reaktion

$R-C_6H_5$ + $CHCl_3$, KOH →   Reimer-Tiemann-Reaktion

$R-C_6H_5$ + HCN, HCl $(AlCl_3)$ → $R-C_6H_4-C(=O)H$ Gattermann-Formylierung

$R-C_6H_5$ + CO, HCl $(AlCl_3 + CuCl)$ →   Gattermann-Koch-Reaktion

$R-C_6H_4-COCl$ + $H_2(Pd)$ →   Rosenmund-Reaktion

Darstellung *aliphatischer Ketone*

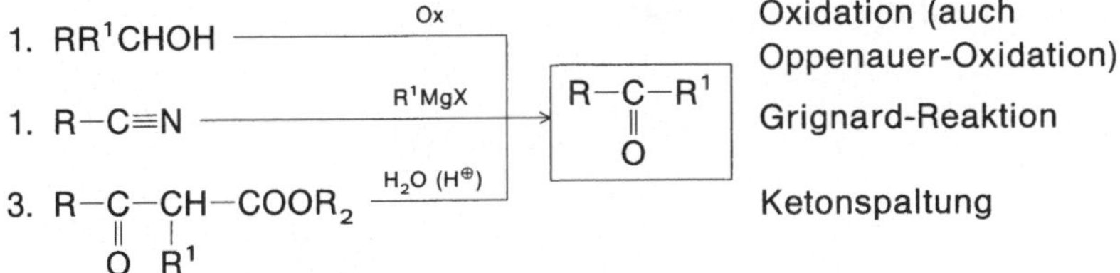

1. RR^1CHOH — $\xrightarrow{Ox}$ Oxidation (auch Oppenauer-Oxidation)

1. $R-C\equiv N$ — $\xrightarrow{R^1MgX}$ $R-\underset{\underset{O}{\|}}{C}-R^1$ Grignard-Reaktion

3. $R-\underset{\underset{O}{\|}}{C}-\underset{\underset{R^1}{|}}{CH}-COOR_2$ $\xrightarrow{H_2O\,(H^\oplus)}$ Ketonspaltung

Darstellung *aromatischer Ketone*

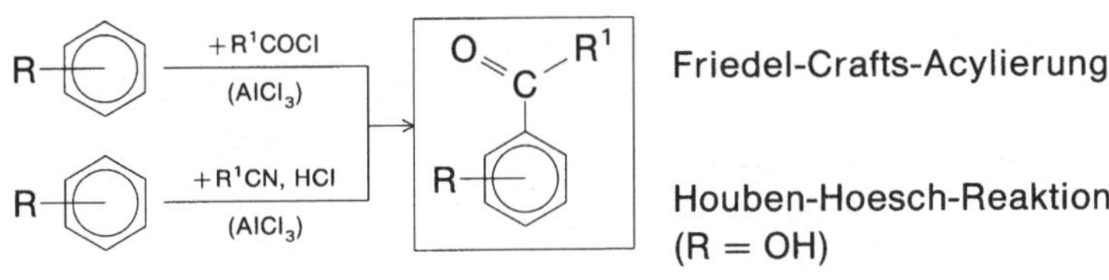

Friedel-Crafts-Acylierung

Houben-Hoesch-Reaktion
(R = OH)

Spektren

IR: $C-O$-Valenzschwingung: $1740-1705\ \mathrm{cm}^{-1}$

UV: Absorption durch ungepaarte Elektronen des Sauerstoffs der Carbonylgruppe

        $H_3C-CO-CH_3:$ $\lambda_{max} = 187$ und $280\ \mathrm{nm}$

NMR: Aldehydprotonen bei $\delta = 9,5-10$

Beachte: Polarisierung der Carbonylgruppe: ${>}C=\bar{O} \longleftrightarrow {>}\overset{\oplus}{C}-\underline{\bar{O}}^{\ominus}$

Reaktionen

Schema für Additionsreaktionen

$$Y^{|\ominus} + \left[\text{\textbackslash}C{=}\bar{O} \longleftrightarrow \text{\textbackslash}\overset{\oplus}{C}{-}\bar{O}^{|\ominus} \right] \Longleftrightarrow Y{-}\underset{|}{\overset{|}{C}}{-}\bar{O}^{|\ominus}$$

Protonenkatalyse erhöht die Polarität der Carbonyl-Bindung

$$\text{\textbackslash}\overset{\oplus}{C}{-}\bar{O}^{|\ominus} + H^{\oplus} \Longleftrightarrow \overset{\oplus}{}C{-}OH$$

und erleichtert einen nucleophilen Angriff

$$Y^{|\ominus} + \overset{\oplus}{}C{-}OH \Longleftrightarrow Y{-}\underset{|}{\overset{|}{C}}{-}OH$$

Additionsreaktionen mit O- und S-Nucleophilen

Die Reaktionen gelten grundsätzlich für Ketone und Aldehyde.

RR'CHOH $\xleftarrow{+R'MgX}$ sek. Alkohole

$\xrightarrow{+H_2O}$ R–C(OH)(OH)H Aldehydhydrat

R–CH(OH)–CN $\xleftarrow{+HCN}$ Cyanhydrin

$R-C\big\langle\!\!{}^{O}_{H}$

$\xrightarrow{+NaHSO_3}$ R–C(OH)(SO₃Na)H ‚Bisulfit-Addukt'

$\downarrow{+R'SH} \quad \downarrow{+R'OH}$

R–C(SR')(SR')H $\xleftarrow{+R'SH}$ R–C(SR')(OH)H   R–C(OR')(OH)H $\xrightarrow{+R'OH}$ R–C(OR')(OR')H

Thioacetal   Halbacetat   Acetal

Additionsreaktionen mit N-Nucleophilen

Die Reaktionen gelten grundsätzlich für Aldehyde und Ketone.

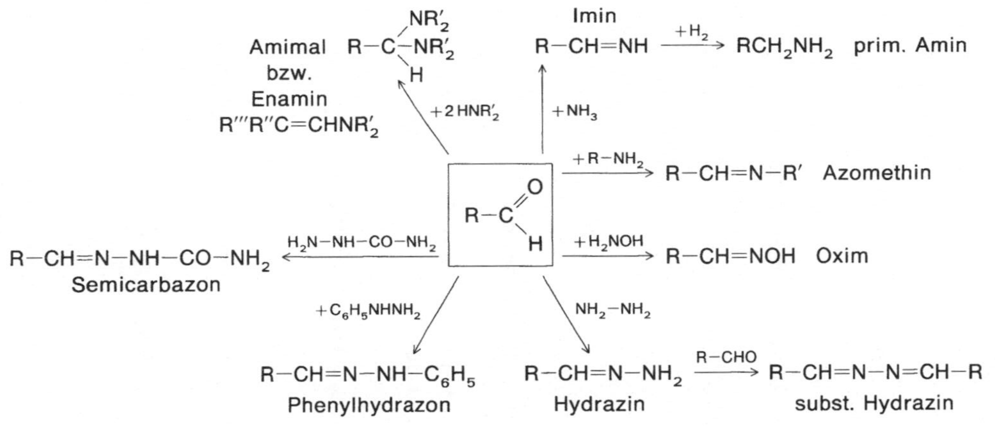

Reduktion von Aldehyden und Ketonen

A. Reduktion zu Alkoholen

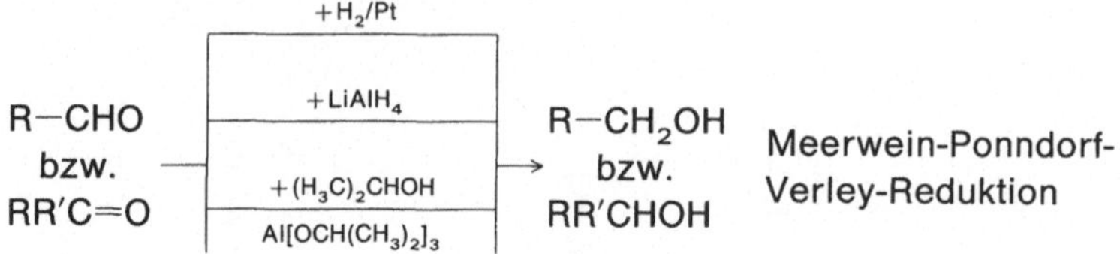

$R-CHO$ bzw. $RR'C=O$ $\xrightarrow{\substack{+H_2/Pt \\ +LiAlH_4 \\ +(H_3C)_2CHOH \\ Al[OCH(CH_3)_2]_3}}$ $R-CH_2OH$ bzw. $RR'CHOH$ Meerwein-Ponndorf-Verley-Reduktion

B. Reduktion zu Kohlenwasserstoffen

$RR'C=O$ $\xrightarrow{\substack{+(Zn/Hg)\ HCl \\ +NH_2-NH_2\ OH^{\ominus}}}$ $R-CH_2-R'$

Clemmensen-Reaktion

Wolff-Kishner-Reaktion

Reaktionen mit Carbanionen

Zunächst wird mit Hilfe einer Base aus einer $C-H$-aciden Verbindung ein Carbanion gebildet

$$B^{\ominus} + H-\overset{|}{\underset{|}{C}}- \; \rightleftharpoons \; B-H + {}^{\ominus}\overset{|}{\underset{|}{C}}-$$

welches sich dann an eine Carbonylgruppe addiert

$$-\overset{|}{\underset{|}{C}}{}^{\ominus} + {\overset{\diagdown}{\diagup}}C=O \; \rightleftharpoons \; -\overset{|}{\underset{|}{C}}-\overset{|}{\underset{|}{C}}-\bar{O}^{\ominus} \xrightarrow[-B^{\ominus}]{+BH} -\overset{|}{\underset{|}{C}}-\overset{|}{\underset{|}{C}}-OH$$

Alle Umsetzungen werden durch Basen katalytisch beeinflußt. Bei geeigneten Reaktionspartnern kann sich noch eine Eliminierungsreaktion anschließen:

$$-\overset{|}{\underset{\underset{H}{|}}{C}}-\overset{|}{\underset{\underset{OH}{|}}{C}}- \xrightarrow{-H_2O} {\overset{\diagdown}{\diagup}}C=C{\overset{\diagup}{\diagdown}}$$

Reaktionen mit Aldehyden und Ketonen

(nur bei den Reaktionen mit * ist statt $R-CHO$ auch $R-C-R'$ als Ausgangsverbindung möglich)

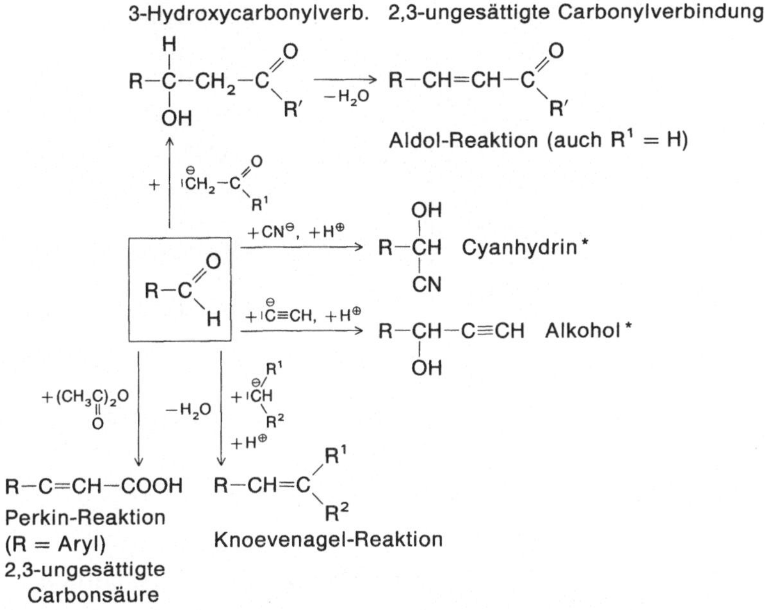

$$R-C-R' \quad (C=O)$$

3-Hydroxycarbonylverb.   2,3-ungesättigte Carbonylverbindung

Aldol-Reaktion (auch $R^1 = H$)

$R-CH \quad$ Cyanhydrin* ($+CN^\ominus, +H^\oplus$)

$R-CH-C\equiv CH \quad$ Alkohol* ($+{}^\ominus C\equiv CH, +H^\oplus$)

$R-C=CH-COOH$
Perkin-Reaktion
($R = $ Aryl)
2,3-ungesättigte
  Carbonsäure

Knoevenagel-Reaktion

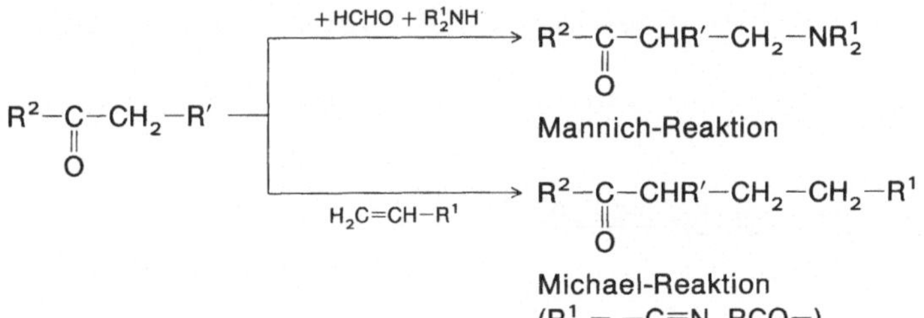

$R^2-C-CHR'-CH_2-NR_2^1$ ($+HCHO + R_2^1NH$)
Mannich-Reaktion

R^2-C-CH_2-R'

$R^2-C-CHR'-CH_2-CH_2-R^1$ ($H_2C=CH-R^1$)
Michael-Reaktion
($R^1 = -C\equiv N$, $RCO-$)

4.1.12 Carbonsäuren (Kap. 23)

Darstellung *insbesondere gesättigter aliphatischer Carbonsäuren*

1. $R-CH_2OH$ $\xrightarrow{\text{Ox}}$ Oxidation

2. $R-CHO$ $\xrightarrow{\text{Ox}}$ Oxidation

3. $R-CN$ $\xrightarrow{+H_2O(H^{\oplus})}$ Hydrolyse (Nitrilverseifung)

4. $R-MgX$ $\xrightarrow{+CO_2}$ $\rightarrow \boxed{R-COOH}$ Grignard-Reaktion

5. $R'-CH(COOR'')_2$ $\xrightarrow[-2R''OH, -CO_2]{+H_2O(H^{\oplus})}$ Malonester-Synthese

6. $R'-\underset{\underset{O}{\|}}{C}-\overset{\oplus}{\underline{C}}\overset{\ominus}{H}-N_2$ $\xrightarrow[-N_2]{H_2O(Ag)}$ Arndt-Eistert-Reaktion

Darstellung *von 2,3-ungesättigten aliphatischen Carbonsäuren*

$$R-\underset{\underset{X}{|}}{C}H-CH_2-COOH \xrightarrow{(HO^{\ominus})} R-CH=CH-COOH \quad \text{Eliminierung}$$

$$R_2C=O + H_2C(COOH)_2 \longrightarrow R_2C=C(COOH)_2$$
$$\xrightarrow[-CO_2]{+H_2O} R_2C=CH-COOH \quad \text{Knoevenagel-Reaktion}$$

$$Ar-CHO + (CH_3\underset{\underset{O}{\|}}{C})_2O \longrightarrow Ar-CH=CH-COOH \quad \text{Perkin-Reaktion}$$

$$R_2C=O + X-CH_2-COOR \xrightarrow{Zn, H_2O} R_2C=CH-COOH$$
$$\text{Reformatzky-Reaktion}$$

Darstellung *substituierter Carbonsäuren*

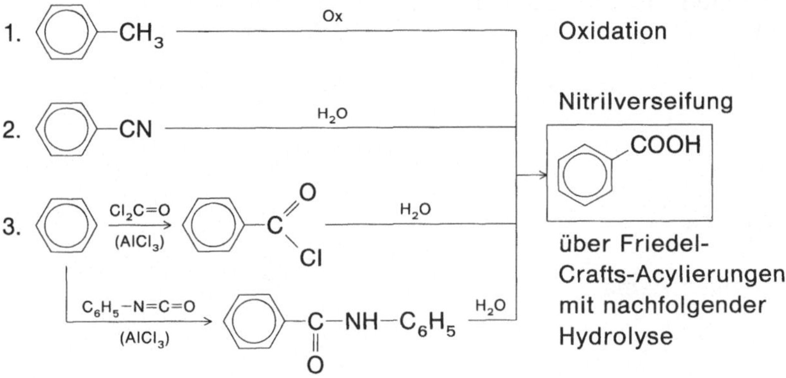

$$R-CHO \xrightarrow{+HCN} R-\underset{\overset{|}{OH}}{CH}-C\equiv N \xrightarrow{+H_2O} R-\underset{\overset{|}{OH}}{CH}-COOH \qquad \alpha\text{-Hydroxycarbon-}\atop\text{säure}$$

Cyanhydrin

$$R-CH_2COOH \xrightarrow{P+Br_2} R-\underset{\overset{|}{Br}}{CH}-COOH \qquad \alpha\text{-Halogen-}\atop\text{carbonsäure}$$

$$R-CHO \xrightarrow{+NH_3,\ +CN^{\ominus}} R-\underset{\overset{|}{NH_2}}{CH}-CN \xrightarrow{+H_2O} R-\underset{\overset{|}{NH_2}}{CH}-COOH \qquad \alpha\text{-Aminocarbon-}\atop\text{säure}$$

mit $+NH_3$

Darstellung *aromatischer Carbonsäuren*

Spektren

IR: assoziierte OH-Bande bei 3000 cm^{-1}; C−O-Valenzschwingung bei 1740 cm^{-1}, die bei den Säurederivaten etwas verschoben sein kann

UV: Carbonsäuren absorbieren bei kleineren Wellenlängen als Aldehyde und Ketone

NMR: COOH-Gruppe bei $\delta \sim 11-13$
CH$_3$-Gruppe bei $\delta \sim 2$ für Essigsäureethylester, Essigsäure, Acetamid, Methylketon, Acetaldehyd. In CH$_3$−CH$_3$ liegt sie bei $\delta = 0{,}9$!

Beachte: H-Brückenbildung (Dimerisierung), Dissoziationsgleichgewicht

$$R-C\overset{\displaystyle \bar{O}}{\underset{\displaystyle \bar{O}-H}{\Big\langle}} \ \rightleftharpoons \ R-C\overset{O}{\underset{O}{\Big\langle}}{}^{\ominus} + H^{\oplus}$$

beeinflußbar durch induktive ($+$I, $-$I)- und mesomere ($+$M, $-$M)-Effekte.

Reaktionen

Übersichtsschema

$$(R-CO)_2O \xleftarrow[+(CH_3CO)_2O]{+RCOOH} \boxed{R-C\overset{O}{\underset{OH}{\diagup\!\diagdown}}} \xrightarrow{+NaOH} R-COO^{\ominus}\ Na^{\oplus} \quad \text{Salzbildung}$$

(R−CO)$_2$O — Säureanhydrid

R−C(=O)NH$_2$ — Säureamid $\xleftarrow[\Delta]{+NH_3}$

$\xrightarrow{+Me^{\oplus}}$ R−COO$^{\ominus}$ Me$^{\oplus}$ $\xrightarrow[-CO_2]{\Delta}$ R−H   Decarboxylierung

$\xrightarrow[(H^{\oplus})]{+R'OH}$

$\diagup$ $+SOX_2$ bzw. $+PX_3$

Säurehalogenid R−COX $\xrightarrow{+R'OH}$ R−COOR′   Ester (nucleophile Substitution)

4.1.13 Reaktionen von Carbonsäurederivaten (Kap. 24)

Für die Reaktivität der Säurederivate gilt i. a. folgende Reihenfolge:

$$R-\underset{\underset{O}{\|}}{C}-Cl \;>\; R-\underset{\underset{O}{\|}}{C}-O-\underset{\underset{O}{\|}}{C}-R \;>\; R-\underset{\underset{O}{\|}}{C}-OR \;>\; R-\underset{\underset{O}{\|}}{C}-NH_2 \;>\; R-\underset{\underset{O}{\|}}{C}-NH-NH_2$$

-chlorid   -anhydrid   -ester   amid   -hydrazid

Die Positivierung des Carbonyl-C-Atoms hängt von Y ab. Schematisch:

Ladungsverteilung   Grenzstruktur

allgemeines Reaktionsschema:

Bei Reaktionen mit $OH^{\ominus}$-Ionen (für $IB-H = OH^{\ominus}$) entsteht das stabile, wenig reaktive Carboxylat-Anion (irreversible Reaktion).

Carbonsäurechloride

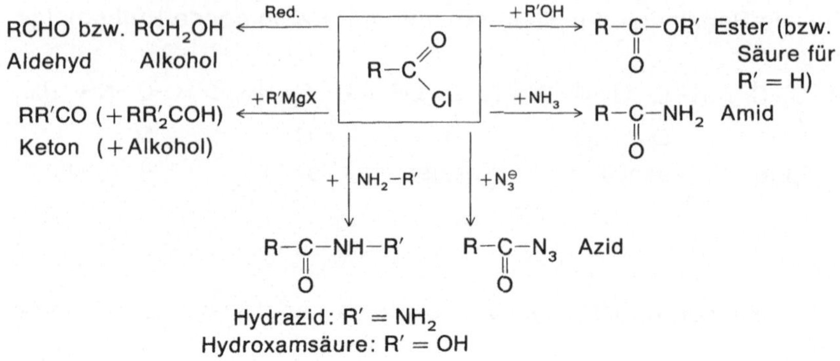

RCHO bzw. RCH$_2$OH   Ester (bzw.
Aldehyd   Alkohol   Säure für
R' = H)

RR'CO (+RR'$_2$COH)   Amid
Keton (+Alkohol)

Red.   +R'OH   R$-$C$-$OR'
+R'MgX   +NH$_3$ R$-$C$-$NH$_2$

$$R-\overset{O}{\underset{}{C}}-Cl$$

+ NH$_2$$-$R'   +N$_3^{\ominus}$

R$-$C$-$NH$-$R'   R$-$C$-$N$_3$ Azid

Hydrazid: R' = NH$_2$
Hydroxamsäure: R' = OH

Carbonsäureanhydride

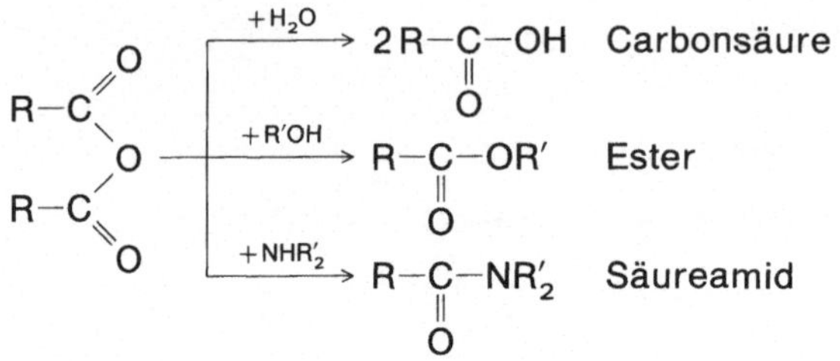

+H$_2$O   2 R$-$C$-$OH   Carbonsäure

+R'OH   R$-$C$-$OR'   Ester

+NHR'$_2$ R$-$C$-$NR'$_2$ Säureamid

Carbonsäureamide

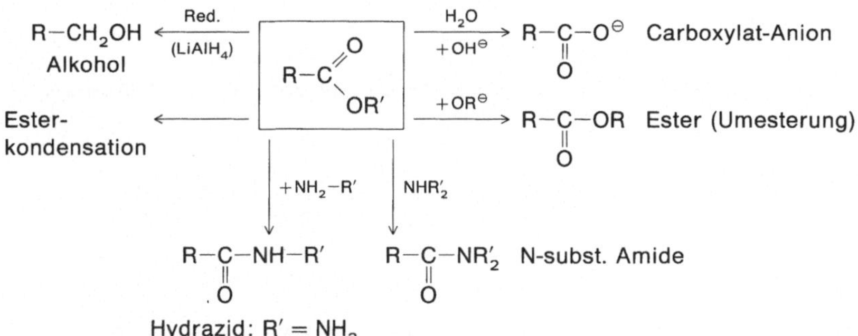

$Red.$ $(LiAlH_4)$ → $R-CH_2-NH_2$ Amin

$+HNO_2$ → $R-\overset{O}{\underset{\|}{C}}-OH$ Carbonsäure

$+H_2O$ $(H^\oplus, OH^\ominus)$ → $R-\overset{O}{\underset{\|}{C}}-OH$ Carbonsäure

$+P_4O_{10}$ → $R-C\equiv N$ Nitril

$+OBr^\ominus$ → $R-NH_2$ Amin (Hofmann Abbau)

Carbonsäureester

$R-CH_2OH$ Alkohol ← $\frac{Red.}{(LiAlH_4)}$ $R-\overset{O}{\underset{OR'}{C}}$ $\frac{H_2O}{+OH^\ominus}$ → $R-\overset{O}{\underset{\|}{C}}-O^\ominus$ Carboxylat-Anion

Esterkondensation ← $\quad$ $+OR^\ominus$ → $R-\overset{O}{\underset{\|}{C}}-OR$ Ester (Umesterung)

$+NH_2-R'$ $\quad$ NHR'_2

$R-\overset{O}{\underset{\|}{C}}-NH-R'$ $\qquad$ $R-\overset{O}{\underset{\|}{C}}-NR'_2$ N-subst. Amide

Hydrazid: $R' = NH_2$
Hydroxamsäure: $R' = OH$

4.1.14 Reaktionen von Carbanionen aus Estern
(Esterkondensationen, Kap. 24.3)

Bildung des Carbanions

$$R-CH_2-COOR^1 + R^2-\bar{\underline{O}}|^{\ominus} \;\rightleftharpoons\; R-\underset{\ominus}{\underline{C}}H-COOR^1 + R^2-OH$$

Reaktion eines Esters mit einem Ester führt zu 3-Oxocarbonsäure-estern (β-Ketoester)

$$R^2-\underset{OR^3}{\overset{O}{C}} + {}^{\ominus}\underset{R}{CH}-COOR^1 \;\rightleftharpoons\; R^2-\underset{OR^3}{\overset{|\bar{\underline{O}}|^{\ominus}}{C}}-\underset{R}{CH}-COOR^1$$

Keton-komponente   Methylen-komponente

$$\downarrow -OR^3$$

$$R^2-\underset{O}{\overset{\|}{C}}-\underset{R}{CH}-COOR^1$$

Produkt: Ester

Aus Reaktionen mit Estern und Ketonen bilden sich 1,3-Diketone

$$R-\underset{O}{\overset{\|}{C}}-OR' + CH_3-\underset{O}{\overset{\|}{C}}-CH_3 \;\longrightarrow\; R-\underset{O}{\overset{\|}{C}}-CH_2-\underset{O}{\overset{\|}{C}}-CH_3$$

Intramolekulare Esterkondensation führt zur Ringbildung (Cyclisierung nach Dieckmann)

$$H_3C-\underset{O}{\overset{\|}{C}}-(CH_2)_3-\underset{O}{\overset{\|}{C}}-OEt \;\longrightarrow$$

1,5-Ketoester   1,3-Cyclohexandion

Natriumacetessigester oder Natriummalonester lassen sich mit R—Cl alkylieren.

1. Aus den Alkylmalonestern werden Monocarbonsäuren erhalten:

$$R'{-}Cl + {}^{\ominus}CH(COOR)_2 Na^{\oplus} \longrightarrow R{-}CH(COOR)_2 \xrightarrow[-ROH,\ -CO_2]{H_2O,\ \Delta} R{-}CH_2{-}COOH$$

2. Die Alkylacetessigester erlauben (a) Keton – oder (b) Säurespaltung

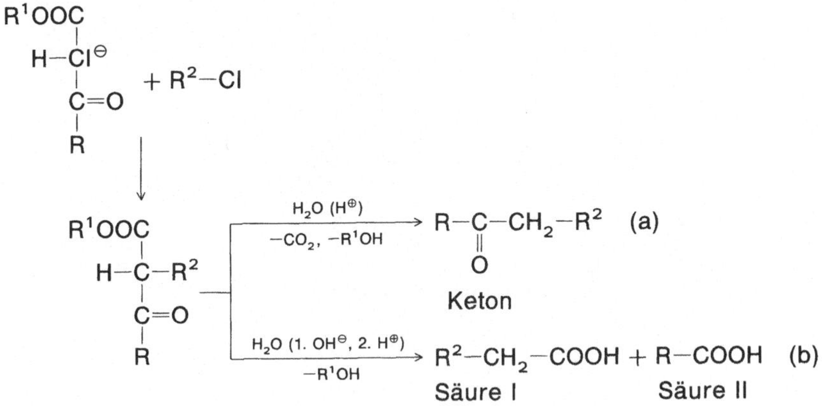

$$\begin{array}{c} R^1OOC \\ | \\ H{-}C^{\ominus} \\ | \\ C{=}O \\ | \\ R \end{array} + R^2{-}Cl$$

$$\downarrow$$

$$\begin{array}{c} R^1OOC \\ | \\ H{-}C{-}R^2 \\ | \\ C{=}O \\ | \\ R \end{array}$$

$$\xrightarrow[-CO_2,\ -R^1OH]{H_2O\ (H^{\oplus})} \quad R{-}\overset{\displaystyle O}{\underset{\displaystyle \|}{C}}{-}CH_2{-}R^2 \quad (a)$$

Keton

$$\xrightarrow[-R^1OH]{H_2O\ (1.\ OH^{\ominus},\ 2.\ H^{\oplus})} \quad R^2{-}CH_2{-}COOH + R{-}COOH \quad (b)$$

Säure I $\qquad$ Säure II

Tabelle 4.1. Ausgewählte funktionelle Gruppen organischer Verbindungen

Verbindungsklasse	Funktionelle Gruppe	Beispiel, übl. Name	typische Reaktionen
Alkan	–	$CH_3CH_2CH_2CH_2CH_3$ n-Pentan	Oxidation Substitution
Alken	$\diagdown C{=}C \diagup$	$CH_3CH_2CH_2CH{=}CH_2$ 1-Penten	Addition Reduktion Oxidation
Alkin	$-C{\equiv}C-$	$CH_3CH_2CH_2C{\equiv}CH$ 1-Pentin	Addition Reduktion
Aromat		Benzol	Substitution
Halogenalkan	$-\overset{\mid}{\underset{\mid}{C}}-X$ (X = F, Cl, Br, I)	CH_3CH_2Br Bromethan (Ethylbromid)	Substitution Eliminierung
Alkohol	$-\overset{\mid}{\underset{\mid}{C}}-OH$	CH_3CH_2OH Ethanol	Oxidation Substitution Eliminierung Säure-Base
Ether	$-\overset{\mid}{\underset{\mid}{C}}-O-\overset{\mid}{\underset{\mid}{C}}-$	$CH_3CH_2OCH_2CH_3$ Diethylether (Ether)	Substitution
Amin	$-\overset{\mid}{\underset{\mid}{C}}-\overset{\mid}{\underset{\mid}{N}}-$	$CH_3CH_2CH_2CH_2NH_2$ n-Butylamin	Substitution Säure-Base
Aldehyd	$-\overset{\overset{\textstyle O}{\|}}{C}-H$	$CH_3CH{=}O$	Oxidation Reduktion Addition Substitution

Tabelle 4.1 (Fortsetzung)

Verbindungs-klasse	Funktionelle Gruppe	Beispiel, übl. Name	typische Reaktionen
Keton	$-\overset{\displaystyle \mid}{\underset{\displaystyle \mid}{C}}-\overset{\displaystyle \overset{O}{\parallel}}{C}-\overset{\displaystyle \mid}{\underset{\displaystyle \mid}{C}}-$	CH_3CCH_3 mit $=O$ Aceton	Reduktion Addition Substitution
Carbonsäure	$-\overset{\displaystyle \overset{O}{\parallel}}{C}-OH$	CH_3COOH Essigsäure	Säure-Base Substitution
Carbonsäure-chlorid	$-\overset{\displaystyle \overset{O}{\parallel}}{C}-Cl$	CH_3COCl Acetylchlorid	Substitution Reduktion
Carbonsäure-ester	$-\overset{\displaystyle \overset{O}{\parallel}}{C}-O-\overset{\displaystyle \mid}{\underset{\displaystyle \mid}{C}}-$	$CH_3COOCH_2CH_3$ Essigsäureethylester	Substitution Reduktion
Carbonsäure-amid	$-\overset{\displaystyle \overset{O}{\parallel}}{C}-\overset{\displaystyle \mid}{N}-$	CH_3CONH_2 Acetamid	Substitution Reduktion
Nitril	$-C\equiv N$	CH_3CN Acetonitril	Addition Reduktion

4.2 Überblick über das Reaktionsverhalten wichtiger funktioneller Gruppen gegenüber ausgewählten Reagenzien

Die folgende Tabelle 4.2 erlaubt einen Vergleich der Reaktivitäten verschiedener funktioneller Gruppen sowie häufig verwendeter Reagenzien. Aussagen über Einzelreaktionen sind nur im Rahmen des allgemeinen Trends möglich.

Tabelle 4.2

Alkan	Alken	Alkin	Aromat	Halogenid	Alkohol	Ether	Aldehyd	Keton	Säure	Säurechlorid	Ester	Amid	
−	+	+	−	±	+	±	+	+	−	+	+	+	HBr/H_2O
−	−	−	−	±	−	−	−	−	−	+	−	−	H_2O
−	−	−	−	+	−	−	+	+	S/B	+	+	+	NaOH
−	+	1*	−	±	S/B	−	+	+	+	+	+	+	$LiAlH_4$
−	−	−	−	∓	S/B	−	+	+	S/B	+	+	+	RMgHal
−	+	+	+	(∓)	(∓)	(∓)	−	−	−	+	−	−	H_2/Pt
−	∓	∓	−	−	+	−	+	+	+	−	−	±	$SOCl_2$
−	+	+	−	−	−	−	−	−	−	−?	−	−	OsO_4
−	−	−	−	−	2*	−	(∓)	(∓)	−	H	−	−	HIO_4
−	∓	∓	∓	∓	±	−	±	(∓)	−	H	−	−	CrO_3

+   bedeutet: reagiert beinahe immer
−   bedeutet: inert
±   bedeutet: reagiert oft; strukturabhängig
∓   bedeutet: reagiert selten; strukturabhängig
S/B bedeutet: Säure-Base-Reaktion
H   bedeutet: durch Hydrolyse
1*   bedeutet: $R-C{\equiv}C-H + LiAlH_4 \rightarrow R-C{\equiv}C|^{\ominus}$
2*   bedeutet: cis-1.2-Diol

4.3 Nomenklatur und Systematik

4.3.1 Systematik organischer Verbindungen

Organische Substanzen bestehen in der Regel aus den Elementen C, H, O, N und S. Im Bereich der Biochemie kommt P hinzu. Die Vielfalt der organischen Verbindungen war schon früh Anlaß zu einer systematischen Gruppeneinteilung. Grundlage der Systematisierung ist stets das Kohlenstoffgerüst. Die daranhängenden ,,funktionellen Gruppen'' werden erst im zweiten Schritt beachtet.
Das Vorgehen bei der Ermittlung des Namens einer Verbindung ist dazu analog.
Für Naturstoffe gilt im Prinzip das gleiche.

Systematik der Stoffklassen

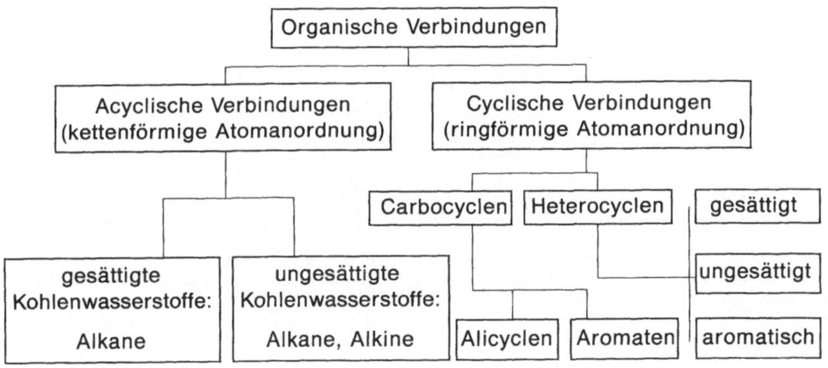

Aufteilung der Untergruppen

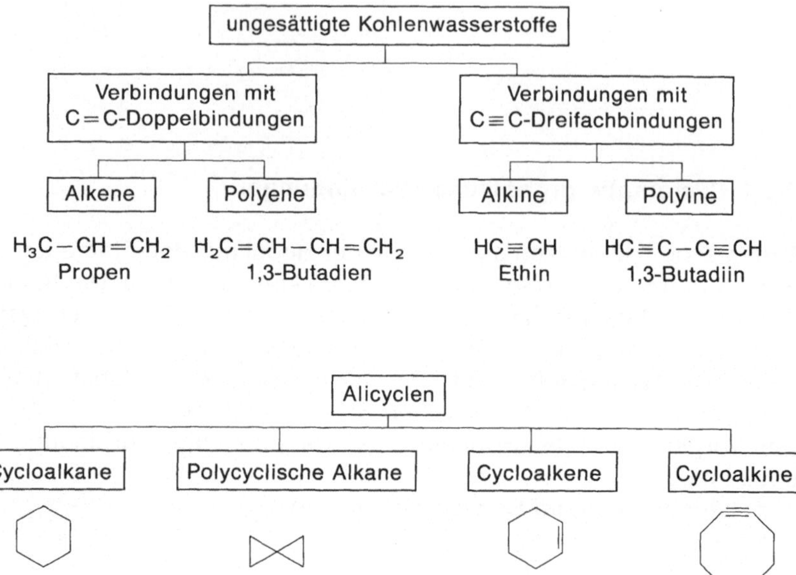

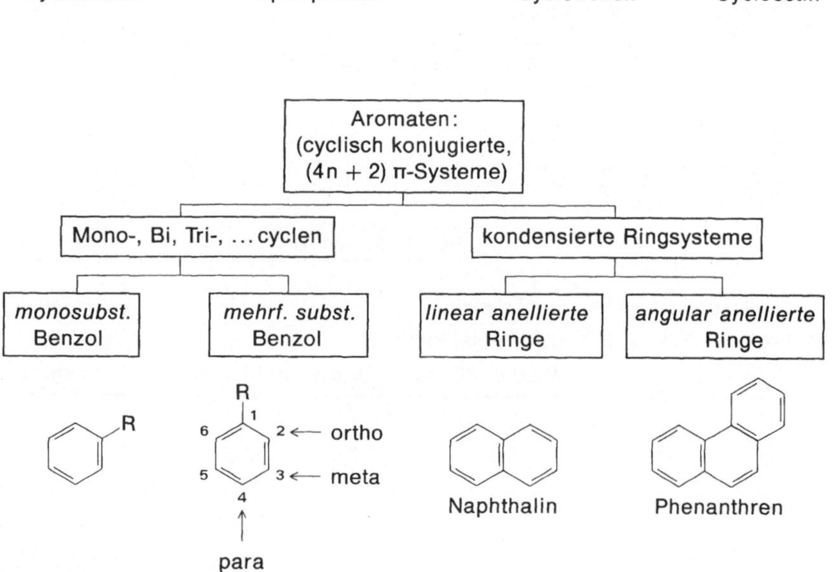

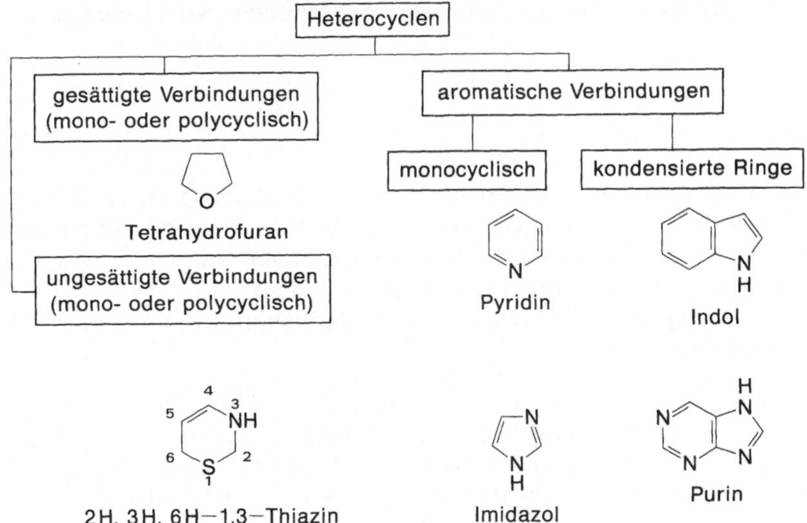

Heterocyclen werden (meist) weiter nach der Zahl der Ringglieder und der Heteroatome eingeteilt.

4.3.2 Hinweise zur Nomenklatur organischer Verbindungen

Es ist das Ziel der Nomenklatur, einer Verbindung, die durch eine Strukturformel gekennzeichnet ist, einen Namen eindeutig zuzuordnen und umgekehrt. Bei der Suche nach einem Namen für eine Substanz hat man bestimmte Regeln zu beachten.
Einteilungsprinzip der allgemein verbindlichen IUPAC- oder Genfer Nomenklatur:

Jede Verbindung ist (in Gedanken) aus einem Stamm-Molekül (Stamm-System) aufgebaut, dessen Wasserstoffatome durch ein oder mehrere Substituenten ersetzt sind. Das Stamm-Molekül liefert den Hauptbestandteil des systematischen Namens und ist vom Namen des zugrundeliegenden einfachen Kohlenwasserstoffes abgeleitet. Die Namen der Substituenten werden unter Berücksichtigung einer vorgegebenen Rangfolge (Priorität) als Vor-, Nach- oder Zwischensilben zu dem Namen des Stammsystems hinzugefügt.

Die Verwendung von Trivialnamen ist auch heute noch verbreitet (vor allem bei Naturstoffen), weil die systematischen Namen oft zu lang und daher meist zu unhandlich sind.

Stammsysteme

Stammsysteme sind u.a. die *acyclischen* Kohlenwasserstoffe, die gesättigt (Alkane) oder ungesättigt (Alkene, Alkine) sein können.
Weitere Beispiele sind die *cyclischen* Kohlenwasserstoffe. Auch hier gibt es gesättigte (Cycloalkane) und ungesättigte Systeme (Cycloalkene, Aromaten).
Das Ringgerüst ist entweder nur aus C-Atomen aufgebaut (*isocyclische* oder *carbocyclische* Kohlenwasserstoffe) oder es enthält auch andere Atome (*Heterocyclen*).
Ringsysteme, deren Stammsystem oft mit Trivialnamen benannt ist, sind die *polycyclischen* Kohlenwaserstoffe, auch kondensierte Heterocyclen.
Cyclische Kohlenwasserstoffe mit Seitenketten werden entweder als kettensubstituierte Ringsysteme oder als ringsubstituierte Ketten betrachtet.

Kohlenwasserstoffketten

Eine Verbindung wird vereinbarungsgemäß nach dem längsten geradkettigen Abschnitt im Molekül benannt. Die Seitenketten werden wie Alkylradikale bezeichnet und ihre Position im Molekül durch Zahlen angegeben. Manchmal findet man auch Positionsangaben mit griechischen Buchstaben. Diese geben die Lage eines C-Atoms einer Kette relativ zu einem anderen an. Man spricht von α-ständig, β-ständig etc.

Beispiel:

$$
\begin{array}{c}
CH_3 \\
| \\
H_3{}^1C-{}^2C-{}^3CH-{}^4CH_2-{}^5CH_3 \\
| \quad\; | \\
H_3C \quad CH_2-CH_3
\end{array}
\qquad = \qquad \text{3-Ethyl-2,2-dimethyl-pentan}
$$

Substituierte Systeme

Substitutive Nomenklatur

In substituierten Systemen werden die funktionellen Gruppen dazu benutzt, die Moleküle in verschiedene Verbindungsklassen einzuteilen. Sind mehrere Gruppen in einem Molekül vorhanden (s. z. B. Hydroxycarbonsäuren), dann wird die ranghöchste funktionelle Gruppe nach Tabelle 4.3 als Hauptfunktion ausgewählt, die restlichen werden in alphabetischer Reihenfolge in geeigneter Weise als Vorsilben hinzugefügt (s. Anwendungsbeispiel). Die Rangfolge der Substituenten ist verbindlich festgelegt.
Die Tabelle 4.5 enthält hierfür Beispiele: Bei den Carbonsäuren und ihren Derivaten sind zwei Bezeichnungsweisen möglich.
Falls C-Atome in den Stammnamen einzubeziehen sind, wurden diese unterstrichen.

Tabelle 4.3. Funktionelle Gruppen, die nur als Vorsilbe auftreten

Gruppe	Vorsilbe	Gruppe	Vorsilbe
$-OR$	Alkyloxy- bzw. Aryloxy-	$=N_2$	Diazo-
$-SR$	Alkylthio- bzw. Arylthio-	$-F$	Fluor-
$-Br$	Brom-	$-I$	Iod
$-Cl$	Chlor-	$-NO_2$	Nitro-
$-OCN$	Cyanato-	$-NO$	Nitroso-
$-CN$	Cyano		

Beachte die Verwendung der Zwischensilbe -azo-:

Diazomethan: CH_2N_2 oder $CH_2=\overset{\oplus}{N}=\overset{\ominus}{\underline{N}}| \leftrightarrow |\overset{\ominus}{C}H_2-\overset{\oplus}{N}\equiv N|$

Azomethan: $H_3C-N=N-CH_3$ (besser: Methyl-azo-methan)

Gruppennomenklatur

Neben der vorstehend beschriebenen substitutiven Nomenklatur wird bei einigen Verbindungsklassen auch eine andere Bezeichnungsweise verwendet. Dabei hängt man an den abgewandelten Namen des Stammoleküls die Bezeichnung der Verbindungsklasse an (Tabelle 4.4).

Tabelle 4.4. Gruppennomenklatur

funktionelle Gruppe	Verbindungsname	Beispiel	
$R-\overset{\overset{O}{\|}}{C}-X$	-halogenid, -cyanid	Acetylchlorid,	
$R-C\equiv N$	-cyanid	Methylcyanid,	
$\overset{R}{\underset{R'}{>}}C=O$	-keton	Methylphenylketon,	
$R-OH$	-alkohol	Isopropylalkohol,	
$R-O-R'$	-ether oder -oxid	Diethylether,	Priorität
$R-R-R'$	-sulfid	Diethylsulfid,	
$R-Hal$	-halogenid	Methylendichlorid,	
RNH_2, $RR'NH$, $RR'R''N$	-amin	Methylethylamin	

Tabelle 4.5. Funktionelle Gruppen, die als Vor- oder Nachsilben auftreten können

Verbindungsklasse	Formel	Vorsilbe	Nachsilbe	Beispiel
Kationen	$-\overset{\oplus}{O}R_2$, $-\overset{\oplus}{N}R_3$	-onio-	-onium	Ammoniumchlorid,
	$R-\overset{\oplus}{N}\equiv N$		-diazonium	Diazoniumhydroxid
Carbonsäure	$R-\overset{\overset{O}{\|}}{C}-OH$	Carboxy-	-carbonsäure	Propancarbonsäure
	$R-\overset{\overset{O}{\|}}{\mathbf{C}}-OH$	–	-säure	Butansäure
Sulfonsäure	$R-SO_3H$	Sulfo-	-sulfonsäure	Benzolsulfonsäure
Carbonsäure-Salze	$R-COO^{\ominus}\ M^{\oplus}$	Metall-carboxylato	Metall-...carboxylat	Natriummethancarboxylat=
	$R-\mathbf{C}OO^{\ominus}\ M^{\oplus}$	–	Metall-...oat	Natriummethanoat (= Na-Acetat = Na-Salz der Essigsäure)
Carbonsäure-Ester	$R-\overset{\overset{O}{\|}}{C}-OR'$	-yloxycarbonyl	-yl...carboxylat -yl...oat	Ethylmethancarboxylat= Ethylethanoat
	$R-\overset{\overset{O}{\|}}{\mathbf{C}}-OR$			(= Ethylacetat = Ethylester der Essigsäure)
Carbonsäure-Halogenid	$R-\overset{\overset{O}{\|}}{C}-X$	Halogenformyl-	-carbonsäure-halogenid	Benzoesäurechlorid

Priorität

	$R-\overset{\overset{O}{\|\|}}{C}-X$	–	-oylhalogenid	Ethanoylchlorid (= Acetylchlorid)
Amide	$R-\overset{\overset{O}{\|\|}}{C}-NH_2$	Carbamoyl-	-carboxamid	Methancarboxamid (= Essigsäureamid)
	$R-\overset{\overset{O}{\|\|}}{C}-NH_2$	–	-amid	
Nitrile	$R-C\equiv N$	Cyan-	-carbonitril	Cyanwasserstoff
	$R-C\equiv N$	–	-nitril	Acetonitril
Aldehyd	$R-CHO$	Formyl-	-carbaldehyd	Methancarbaldehyd (= Ethanol)
	$R-CHO$	Oxo-	-al	
Keton	$\overset{R}{\underset{R'}{\diagup}}C=O$	Oxo-	-on	Propanon
Alkohol, Phenol und	$R-OH$	Hydroxy-	-ol	Ethanol
Salze	$R-\bar{\underline{O}}^{\ominus}\ M^{\oplus}$	–	-olat	Natriumethanolat
Thiol	$R-SH$	Mercapto-	-thiol	Ethanthiol
Amin	$R-NH_2$	Amino-	-amin	Methylamin
Imin	$R-NH-R'$	Imino-	-imin	

Anwendungsbeispiele:

1. Schematischer Überblick

Cl—CH$_2$—CH$_2$—OH

Chlor——ethan——ol

| Substitutent (Präfix) | Anzahl der C-Atome des Stamm-Systems | Bindungsart im Stamm-System | funktionelle Gruppe höchster Priorität als Suffix |

2. Gesucht: Der Name des nachfolgenden Moleküls

Lösung: Bei der Betrachtung des Moleküls lassen sich für seinen Namen folgende Feststellungen treffen:

1. Die hierarchisch höchste funktionelle Gruppe ist: $-CONH_2$, -amid
2. Das Molekül enthält eine Kohlenstoffkette von 10 C-Atomen: Dekansäureamid
3. Es besitzt eine Dreifachbindung in 3-Stellung: 3-Dekinsäureamid
4. Die Substituenten sind in alphabetischer Reihenfolge
   a) **C**hlor-Atom an C-9
   b) 1,1-**Di**methyl-2-propenyl-Gruppe an C-5
   c) 3,5-**Di**nitrophenyl-Gruppe an C-8

Ergebnis: Aus der Zusammenfassung der Punkte 1–4 ergibt sich als nomenklaturgerechter Name:

9-Chlor-5-(1,1-dimethyl-2-propenyl)-8-(3,5-dinitrophenyl)-3-dekin-säureamid

Angaben zur Stereochemie und Struktur in der Nomenklatur

a) Präfixe

Alphabetische Liste häufig verwendeter Präfixe, die nicht von einer Stammverbindung abgeleitet sind, wie Benz(o), Acet(yl) etc.

Präfixe	Erläuterung	Beispiel
α	1. Kennzeichnung bestimmter Atome eines Moleküls	Naphthalin
	2. Kennzeichnung des einer funktionellen Gruppe benachbarten C-Atoms	$H_3C-CH-COOH$, NH_2
	1. u. 2. gilt auch für andere griechische Buchstaben	α-Aminopropionsäure
aci-Form	Säureform bei isomeren aliphatischen Nitroverbindungen	$H_3C-NO_2 \rightleftharpoons H_2C=N$ (nitro) (aci)
allyl	Propenrest, $H_2C=CH-CH_2-$	
anti	Stereochemie: früher Bezeichnung für eine bestimmte Stellung bei der geometrischen Isomerie (jetzt E/Z-Isomerie), heute zur Beschreibung von Reaktionsmechanismen verwendet (anti statt trans, bzw. syn statt cis). Bei anti erfolgen Reaktionen an gegenüberliegenden Substituenten, bei syn an Substituenten auf derselben Seite einer Bezugsebene	anti-Eliminierung

apo	1. Hinweis auf das Fehlen einer Gruppe gegenüber der Bezugssubstanz	Camphersäure $\xrightarrow{-CH_2}$ Apocamphersäure (gegenüber C. fehlt eine Methylengruppe)
	2. Hinweis, daß die Verbindung aus der Bezugssubstanz entstanden oder mit dieser verwandt ist	Morphin $\xrightarrow{\Omega}$ Apomorphin (aus M. entsteht durch Umlagerung A.)
as	Abk.: asymmetrisch: bezeichnet die 1,2,4-Stellung am trisubstituierten Benzolring	
bi	Verbindungen, die zwei gleiche miteinander verbundene Reste enthalten	$H_5C_6-C_6H_5$ Biphenyl
bis	Verbindung mit zwei gleichen, aus mehreren Atomgruppen bestehenden Resten; analog: tris, tetrakis, pentakis, hexakis etc.	Bis-brommethylbenzol
bornyl	Bornan[Camphan]-Rest mit Substitution in 2-Stellung des Cyclohexanrings	Bornylchlorid
cis	Stereochemie: Gegensatz zu trans	
gem	Abk.: geminal: bezeichnet zwei gleiche Substituenten, die an dasselbe C-Atom gebunden sind	$H_3C-CHCl_2$ gem-Dichlorethan (besser: 1,1-Dichlorethan)
hypo	bezeichnet bei anorganischen Oxosäuren eine niedere Oxidationsstufe	$H_3PO_4 \rightarrow H_3PO_2$ Hypophosphorsäure
iso (Abk.: i)	Hinweis auf eine isomere Verbindung bzw. Verzweigung bei Aliphaten	Hexan : Isohexan

keto	Hinweis auf eine $\diagdown\!C\!=\!O$-Gruppe	
meso	Stereochemie: optisch inaktive Form infolge innermolekularer optischer Kompensation	meso-Weinsäure
meta	1. bei anorganischen Oxosäuren die wasserärmere Form der Ortho-Säure 2. Bezeichnung für 1,3-Stellung am disubstituierten Benzolring, Abk.: m	$H_3PO_4 \xrightarrow[-H_2O]{} HPO_3$ ortho meta Phosphorsäure m-Dichlorbenzol
n	Abk.: normal, verwendet für unverzweigte Kohlenwasserstoffe	n-Hexan
neo	ein C-Atom ist mit vier anderen C-Atomen verbunden	$C(CH_3)_4$ Neopentan
nor	Eine Verbindung mit einer (oder mehreren) CH_2- oder CH_3-Gruppen weniger als die Ausgangsverbindung	Noradrenalin
oligo	Vorsilbe für größere Moleküle, die nur aus wenigen Teilen zusammengesetzt sind	oligo-Saccharide oligo-Peptide
ortho	1. Bei anorganischen Oxosäuren die Ausgangsform der meta-Säure 2. Kennzeichnung organischer Orthocarbonsäureester 3. Bezeichnung für die 1,2-Stellung am disubstituierten Benzolring, Abk.: o	Ortho-Phosphorsäure Orthoameisensäureester O-Dichlorphenol
spiro	Zwei Ringsysteme haben ein C-Atom gemeinsam	Spiro[3,4]octan

super	Verbindungen mit hohem oder höchstem Substitutionsgrad. Manchmal gleichbedeutend mit per	KO_2 Kaliumsuperoxid
sym	Abk.: symmetrisch, bezeichnet im trisubstituierten Benzolring die 1,3,5-Stellung	
syn	Stereochemie: Gegensatz zu anti	
trans	Sterochemie: früher übliche Positionsbeschreibung von Substituenten an einer Doppelbindung oder einem planaren Ring, heute weitgehend durch E/Z-Nomenklatur ersetzt*. trans-Substituenten liegen auf gegenüberliegenden Seiten, cis-Substituenten auf derselben Seite einer Bezugsebene * außer bei planaren monozyclischen Ringen	cis trans bezüglich a, a
vic	Abk.: vicinal, bedeutet direkt benachbart im trisubstituierten Benzol, also die 1,2,3-Stellung	
Vinyl	Bezeichnung der $CH_2{=}CH$-Gruppe	$CH_2{=}CH{-}Cl$ Vinylchlorid
Xantho	Hinweis auf eine Gelbfärbung	Xantophyll

b) **Suffixe**

Alphabetische Liste häufig verwendeter Suffixe

Suffix	Erläuterung	Beispiel
al	Aldehyd: CHO-Gruppe	HCHO Methan<u>al</u>
an	1. gesättigte Kohlenwasserstoffe (Alkane, Cyctoalkane) 2. gesättigte sechsgliedrige, N-freie Heterocyclen	Diox<u>an</u>
ase	Enzyme (Fermente)	Dehydrogen<u>ase</u>
at	1. Salz der wichtigsten (Haupt-)-Sauerstoffsäure eines Elements 2. Salze von Carbonsäuren 3. Ester von Carbonsäuren	$NaNO_3$ Natriumnitr<u>at</u> CH_3COONa Natriumacetat $CH_3COOC_2H_5$ Ethylacet<u>at</u>
carbinol	veraltet: Aus der Stammverbindung Carbinol = Methanol abgeleitete Verbindungen der Struktur R_3C-OH	$(C_6H_5)_3C-OH$ Triphenyl-carbinol
en	Verbindungen mit einer oder mehreren Doppelbindungen (Alkene): -en, -dien, -trien, etc.	$H_2C=CH-CH=CH_2$ 1,3-Buta<u>dien</u>
enyl	einwertige Kohlenwasserstoffradikale mit einer oder mehreren Doppelbindungen: -enyl, -dienyl, -trienyl, etc.	$-CH=CH-CH_3$ 1-Prop<u>enyl</u>-1-
et	maximal ungesättigter, viergliedriger Heterocyclus	1,3,2,4 Diphosphadiboret

Suffix	Erläuterung	Beispiel
etan	gesättigter, viergliedriger, N-freier Heterocyclus	Thietan
eten	viergliedriger, N-freier Dihydro-Heterocyclus	
etidin	gesättigter, viergliedriger, N-haltiger Heterocyclus	1,3,2,4-Diselen-diazetidin
etin	viergliedriger, N-haltiger Dihydro-Heterocyclus	Δ^3-1,2-Azarsetrin
id	1. Anorganische Verbindungen, die aus zwei Elementen bestehen oder einen elektronegativen Rest enthalten. Das Suffix wird dem elektronegativeren Bestandteil angehängt. 2. Organische Verbindungen a) Halogenkohlenwasserstoffe (veraltet) b) Säurederivate	NaCl Natriumchlor$\underline{id}$ KCN Kaliumcyan$\underline{id}$ LiOH Lithiumhydrox$\underline{id}$ CH_3I Methyliodid (heute Iodmethan) CH_3COCl Acetylchlorid
in	1. Verbindungen mit einer oder mehreren Dreifachbindungen (Alkine): -in, -diin, -triin 2. maximal ungesättigte sechsgliedrige N-haltige Heterocyclen	$HC\equiv CH$ Eth$\underline{in}$ Pyrid$\underline{in}$

Suffix	Erläuterung	Beispiel
iran	gesättigte dreigliedrige N-freie Heterocyclen	Oxiran
iridin	gesättigte dreigliedrige N-haltige Heterocyclen	Aziridin
it	Salz einer Sauerstoffsäure mit einem O-Atom weniger als die wichtigste (Haupt-)Sauerstoffsäure	$NaNO_2$ Natriumnitrit
oat	1. Salze 2. Ester von Carbonsäuren	$C_9H_{19}COONa$ Natriumdecanoat $C_6H_5COOCH_3$ Methylbenzoat

ol	1. organische Verbindungen mit Hydroxylgruppen
	   a) Alkohole
	   b) Phenole
	2. maximal ungesättigter fünfgliedriger Heterocyclus
		CH_3OH Methanol
		C_6H_5OH Phenol
		Pyrrol

olan	gesättigter, fünfgliedriger N-freier Heterocyclus	1,2-Thiaselenolan
olat	Salze von Alkoholen (Alkoholate) und Phenolen (Phenolate)	H_3C-O-K Kaliummethanolat
olen	fünfgliedriger, N-freier Dihydroheterocyclus	Δ^3-Phospholen
olidin	gesättigter, fünfgliedriger N-haltiger Heterocyclus	Pyrrolidin

Suffix	Erläuterung	Beispiel
olin	fünfgliedriger, N-haltiger Dihydro-Heterocyclus	Imidazolin
on	Ketone: $>C=O$-Gruppe	$CH_3-\underset{\underset{O}{\|\|}}{C}-CH_3$ Aceton
onium	Ionen/Komplex-Verbindung	$NH_4^{\oplus}Cl^{\ominus}$ Ammonium-Chlorid $(CH_3)_3S^{\oplus}Cl^{\ominus}$ Trimethyl-sulfonium-chlorid
ose	Zucker (Kohlenhydrat) 1. allgemein 2. bei reduzierenden Disacchariden der zweite Ring	Fructose -osyl -ose (-osido)
osid	bei nicht-reduzierende Disacchariden der zweite Ring	-osyl -osid (-osido)
oxid	1. anorganisches Oxid 2. Salze von Alkoholen (besser: olat-Nomenklatur) 3. Epoxide (besser: Heterocyclus-Nomenklatur)	CuO Kupferoxid H_3C-O-K Kalium-methoxid Ethylenoxid
oxonium	Ionenverbindung mit positiv geladenem Sauerstoff	$CH_3-\overset{\oplus}{\underset{H}{O}}-H$ Methyloxonium $C_2H_5-\overset{\oplus}{\underset{H}{O}}-C_2H_5$ Diethyl-oxonium

Suffix	Erläuterung	Beispiel
oyl	Säurederivate mit dem Acylrest $R-C{\overset{\displaystyle =O}{\diagdown}}$ statt ...säure wird ...oyl gesetzt (s.a. -yl)	$C_6H_5-CO-Cl$ Benzoylchlorid
thiol	Thioalkohole (Mercaptane): SH-Gruppe	C_2H_5-SH Ethanthiol
thion	Thioketone: $>C=S$-Gruppe	$H_3C-\underset{\underset{\textstyle S}{\|}}{C}-CH_3$ Propanthion
yl	1. Bestimmte anorganische Radikale, die als positive Bestandteile einer Verbindung auftreten können 2. organische Radikale, z.B. Kohlenwasserstoffreste, aber auch Stammsysteme, z.B. von Carbonsäuren	$OSCl_2$ Thionylchlorid O_2CrCl_2 Chromylchlorid $HONH_2$ Hydroxylamin CH_3Cl Methylchlorid (veraltet) CH_3COCl Acetylchlorid
ylen	zweiwertiges Radikal eines Kohlenwasserstoffs mit den freien Valenzen an verschiedenen C-Atomen	$\begin{array}{c}HC-CH_2\\ \|\quad\ \|\\ H_2C-CH\end{array}$ 1,3-Cyclobutylen
yliden	zweiwertiges Radikal eines Kohlenwasserstoffes mit freien Valenzen an demselben C-Atom	$H_2C=C<$ Vinyliden
ylidin	dreiwertiges Radikal eines Kohlenwasserstoffes mit freien Valenzen an demselben C-Atom	$H_3C-C\lll$ Ethylidin

Kapitel V

Labor-Hilfen

5.1 Meßwesen, Definitionen, Umrechnungsfaktoren

5.1.1 Einheiten und Vorsätze

Tabelle 5.1. Einheiten im Meßwesen
(Einheiten, Definitionen, Umrechnungsfaktoren)

Einheitenname	Internationales Einheitenzeichen	Einheitenname	Internationales Einheitenzeichen
SI-Basiseinheiten		Lumen	lm
		Lux	lx
Meter	m	Becquerel	Bq
Kilogramm	kg	Gray	Gy
Sekunde (Zeit)	s	Sievert	Sv
Ampere	A		
Kelvin	K		
Mol	mol	Einheiten außerhalb des SI-Systems	
Candela	cd	Gon (Winkel)	gon
		Grad (Winkel)	$°$ (s)
		Minute (Winkel)	$'$ (s)
Abgeleitete SI-Einheiten mit besonderen Namen		Sekunde (Winkel)	$''$ (s)
		Liter	l oder L
Radiant	rad	Minute (Zeit)	min
Steradiant	sr	Stunde	h
Hertz	Hz	Tag	d
Newton	N	Jahr	a
Pascal	Pa	Gramm	g
Joule	J	Tonne	t
Watt	W	Bar	bar
Coulomb	C	Dioptrie	dpt
Volt	V	Ar	a
Farad	F	Hektar	ha
Ohm	Ω	Poise	P
Siemens	S	Stokes	St
Weber	Wb	Elektronvolt	eV
Tesla	T	atomare Masseneinheit	u
Henry	H	metrisches Karat	Kt
Grad Celsius	$°C$	Tex	tex

(s) gibt an, daß das Symbol rechts-hochgestellt verwendet wird (wie im Exponent)

Tabelle 5.2. Dezimale Vielfache und dezimale Teile von Einheiten

Vorsatz	Dezimaler Teil oder Vielfaches der Einheit	Vorsatzzeichen
Atto	10^{-18}	a
Femto	10^{-15}	f
Piko	10^{-12}	p
Nano	10^{-9}	n
Mikro	10^{-6}	µ
Milli	10^{-3}	m
Zenti	10^{-2}	c
Dezi	10^{-1}	d
Deka	10^{1}	da
Hekto	10^{2}	h
Kilo	10^{3}	k
Mega	10^{6}	M
Giga	10^{9}	G
Tera	10^{12}	T
Peta	10^{15}	P
Exa	10^{18}	E

Es darf nur ein Vorsatz benutzt werden. Der Vorsatz ist ohne Zwischenraum vor den Namen der Einheit zu setzen (Vorsatzzeichen analog). Potenzexponenten müssen sich auf das ganze Vorsatzzeichen beziehen.

Tabelle 5.3. Numerische Vorsätze

	Griechisch	Latein
$\frac{1}{2}$	hemi	semi
1	mono	uni
$1\frac{1}{2}$		sesqui
2	di	bi
3	tri	ter
4	tetra	quadri
5	penta	quinque
6	hexa	sexi
7	hepta	septi
8	octa	octo
9	ennea	nona
10	deca	deci
viel	poly	multi
11	hendeka (undeka)	
12	dodeka	
13	trideka	
14	tetradeka	
15	pentadeka	

Tabelle 5.4. Griechisches Alphabet

A	α	(a)	Alpha	N	ν	(n)	Ny
B	β	(b)	Beta	Ξ	ξ	(x)	Xi
Γ	γ	(g)	Gamma	O	o	(o)	Omikron
Δ	δ	(d)	Delta	Π	π	(p)	Pi
E	ε	(e)	Epsilon	P	ϱ	(rh)	Rho
Z	ζ	(z)	Zeta	Σ	σς	(s)	Sigma
H	η	(e)	Eta	T	τ	(t)	Tau
Θ	θ	(th)	Theta	Υ	υ	(y)	Ypsilon
I	ι	(i)	Jota	Φ	φ	(ph)	Phi
K	κ	(k)	Kappa	X	χ	(ch)	Chi
Λ	λ	(l)	La(m)bda	Ψ	ψ	(psi)	Psi
M	μ	(m)	My	Ω	ω	(o)	Omega

Tabelle 5.5. Römische Zahlen

I	= 1	L =	50
II	= 2	C =	100
III	= 3	D =	500
IV	= 4	M =	1000
V	= 5		
VI	= 6		
VII	= 7	Beispiel:	
VIII	= 8	MCMLXXXIX = 1989	
IX	= 9		
X	= 10		

5.1.2 Umrechnungsfaktoren

Tabelle 5.6. Temperatur

Temperatur gegeben in	Gesucht ist die Temperatur in		
	$°C$	K	$°F$
$°C$	$°C$	$°C + 273{,}15$	$1{,}8\,°C + 32$
K	$K - 273{,}15$	K	$1{,}8\,K - 459{,}4$
$°F$	$0{,}556\,°F - 17{,}8$	$0{,}556\,°F + 255{,}3$	$°F$

Tabelle 5.7. Druck

	Pa	bar	mbar	atm (760 Torr)
1 Pa	$= 1$	10^{-5}	10^{-2}	$0{,}9869 \cdot 10^{-5}$
1 bar	$= 10^5$	1	10^3	$0{,}9869$
1 mbar	$= 10^2$	10^{-3}	1	$0{,}9869 \cdot 10^{-3}$
1 atm	$= 1{,}01325 \cdot 10^5$	$1{,}01325$	$1{,}01325 \cdot 10^3$	1
1 at (kp/cm^2)	$= 0{,}9807 \cdot 10^5$	$0{,}9807$	$0{,}9807 \cdot 10^3$	$0{,}9678$
1 Torr	$= 1{,}3332 \cdot 10^2$	$1{,}3332 \cdot 10^{-3}$	$1{,}33322$	$1{,}316 \cdot 10^{-3}$
1 mWS	$= 9{,}790 \cdot 10^3$	$9{,}790 \cdot 10^{-2}$	$97{,}90$	$9{,}661 \cdot 10^{-2}$

Tabelle 5.8. Energieäquivalente

$$\text{Wellenzahl von } 1 \; (\text{cm}^{-1}) = 11{,}96 \; \text{J} \cdot \text{mol}^{-1}$$

$$1 \, \text{Elektronenvolt (eV) pro Mol} = 9{,}649 \cdot 10^4 \; \text{J} \cdot \text{mol}^{-1}$$

$$1 \, \text{eV} = 1{,}60203 \cdot 10^{-19} \; \text{J}$$

Tabelle 5.9. Angelsächsische Maßeinheiten

Längeneinheiten (USA und GB)

1 inch (in)	25,4 mm
1 foot (ft) = 12 in	30,48 cm
1 yard (yd) = 36 in	0,9144 m

Hohlmaße

1 pint (pt) = 0,568 dm^3		= 0,473 dm^3
1 quart (qt) = 1,13 dm^3 (GB)		= 0,946 dm^3 (USA)
1 gallon (gal) = 4,54 dm^3		= 3,78 dm^3

Druckeinheiten (USA und GB)

1 psi (pound per square inch)
   = 1 lb/in^2 = 1 lb/sqin)   = 689,5 Pa = 0,69 bar
1 lb/ft^2 = 47,88 Pa
1 in H$_2$O (inch of water, 20 °C) = 248,7 Pa

Tabelle 5.10. Wellenlänge und Wellenzahl

Wellenlänge λ [nm]	Wellenzahl $\bar{v} = \dfrac{1}{\lambda}$ [cm^{-1}]
200	50 000
300	33 333
400	25 000
500	20 000
600	16 666
700	14 286
800	12 500
900	11 111
1 000	10 000
1 500	6 666
2 000	5 000
2 500	4 000
3 000	3 333
4 000	2 500
5 000	2 000
6 000	1 666
7 000	1 429
8 000	1 250
9 000	1 111
10 000	1 000

Verhältnis	%	mg/g ml/l g/kg	ppm ml/m³ mg/kg	ppb	Potenz
1 : 100	1	10	100000		$1 \cdot 10^{-2}$
1 : 200	0,5	5	5000		$5 \cdot 10^{-3}$
1 : 500	0,2	2	2000		$2 \cdot 10^{-3}$
1 : 1000	0,1	1	1000		$1 \cdot 10^{-3}$
1 : 2000	0,05	0,5	500		$5 \cdot 10^{-4}$
1 : 5000	0,02	0,2	200		$2 \cdot 10^{-4}$
1 : 10000	0,01	0,1	100		$1 \cdot 10^{-4}$
1 : 20000	0,005	0,05	50		$5 \cdot 10^{-5}$
1 : 50000	0,002	0,02	20		$2 \cdot 10^{-5}$
1 : 100000	0,001	0,01	10	10000	$1 \cdot 10^{-5}$
1 : 200000	0,0005	0,005	5	5000	$5 \cdot 10^{-6}$
1 : 500000	0,0002	0,002	2	2000	$2 \cdot 10^{-6}$
1 : 1 Mio	0,0001	0,001	1	1000	$1 \cdot 10^{-6}$
1 : 2 Mio	0,00005	0,0005	0,5	500	$5 \cdot 10^{-7}$
1 : 5 Mio	0,00002	0,0002	0,2	200	$2 \cdot 10^{-7}$
1 : 10 Mio	0,00001	0,0001	0,1	100	$1 \cdot 10^{-7}$
1 : 20 Mio	0,000005	0,00005	0,05	50	$5 \cdot 10^{-8}$
1 : 50 Mio	0,000002	0,00002	0,02	20	$2 \cdot 10^{-8}$
1 : 100 Mio	0,000001	0,00001	0,01	10	$1 \cdot 10^{-8}$
1 : 200 Mio	0,0000005	0,000005	0,005	5	$5 \cdot 10^{-9}$
1 : 500 Mio	0,0000002	0,000002	0,002	2	$2 \cdot 10^{-9}$
1 : 1 Mrd	0,0000001	0,000001	0,001	1	$1 \cdot 10^{-9}$

Bei einer Dichte von 1 g/ml entspricht ppm den Konzentrationsangaben mg/l oder µg/ml und ppb den Angaben µg/l oder ng/ml.

5.1.3 Naturkonstanten

Tabelle 5.12. Physikalische Konstanten

Größe	Zeichen	Beziehung	Zahlenwert	Einheit	Unsicherheit (ppm)
Avogadro-Konstante, Loschmidt-Zahl	N_A		$6{,}022045(31) \cdot 10^{23}$	mol^{-1}	$\pm\ 0{,}008$
Boltzmannsche (Entropie) Konstante	K	$K = R/N_A$	$1{,}380662(44) \cdot 10^{-23}$	$J \cdot K^{-1}$	± 32
Bohrscher Radius	a_0		$0{,}52917706(44) \cdot 10^{-10}$	m	$\pm\ 0{,}82$
Elektrische Elementarladung eines Elektrons	e		$1{,}6021892(46) \cdot 10^{-19}$	C	$\pm\ 2{,}9$
Faraday-Konstante	F	$F = N_A \cdot e$	$9{,}648456(27) \cdot 10^{4}$	$C \cdot mol^{-1}$	$\pm\ 2{,}8$
Feldkonstante, elektrische	ϵ_0		$8{,}85418782(7) \cdot 10^{-12}$	$F \cdot m^{-12}$	$\pm\ 0{,}008$
Gaskonstante, molare R	R		$8{,}31441(26)$	$J \cdot mol^{-1} K^{-1}$	± 31
Lichtgeschwindigkeit im Vakuum	C		$2{,}99792458(1{,}2)$	$m \cdot s^{-1}$	$\pm\ 0{,}004$
Masseneinheit, atomare	u	$1u = 10^{-3} kg \cdot mol^{-1}/N_A$	$1{,}6605655(86) \cdot 10^{-27}$	kg	$\pm\ 5{,}1$
Normvolumen, molares (ideales Gas, $T_0 = 273{,}15$ K, $1013{,}25$ mbar)	$V_{mn}(X)$	$V_m = R \cdot \dfrac{T_0}{p_0}$	$22{,}41383(70)$	$l \cdot mol^{-1}$	± 31
Plancksches Wirkungsquantum	h		$6{,}626176(36) \cdot 10^{-34}$	$J \cdot Hz^{-1}$	$\pm\ 5{,}4$

5.1.4 Siedenomogramm

Abhängigkeit des Siedepunktes t_s [°C] vom Druck p [bar]
(nach H. Reckhard, Erdöl und Kohle 11 (1958), S. 234–241)

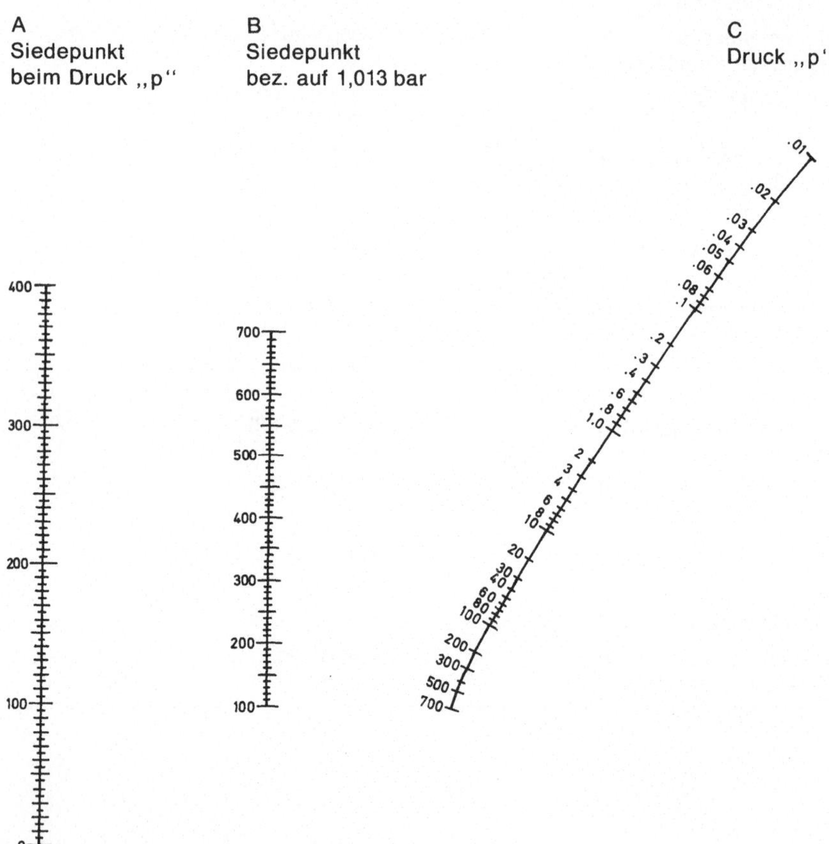

Abb. 5.1. Anwendung des Nomogramms.
Gegeben ist der Sdp. einer bestimmten Substanz bei Normaldruck (B). Gesucht ist
der Sdp. derselben Substanz bei einem niedrigeren Druck (C). Verbindet man die
entsprechenden Punkte auf den Skalen (B) und (C) mit einer Geraden, gibt der
Schnittpunkt dieser Geraden mit der Skala (A) den entsprechenden ungefähren
Sdp. der Substanz für den gewählten Druck auf der Skala (C) an

5.1.5 Häufig verwendete Legierungen

Legierung nach Devarda (für Reduktionen in der analyt. Chemie):
50% Al, 45% Zn, 5% Cu

Legierung nach Arnd (für Reduktionen in der analyt. Chemie):
65% Cu, 35% Mg

Legierung nach Wood („Woodsches Metall") (für Metallheizbäder,
zur Glasbearbeitung, Sprinkleranlagen): Schmp. ca. 70 °C, 50% Bi,
25% Pb, 12,5% Sn, 12,5% Cd

Lipowitz-Legierung: Schmp. 60 °C, 50% Bi, 26% Pb, 13% Sn, 10% Cd

Rosesches Metall: Schmp. 94 °C, 50% Bi, 25% Sn, 25% Pb

Konstantan: 60% Cu, 40% Ni

Neusilber (versilbert = „Alpaka"): ca. 60% Cu, 20% Ni, 20% Zn

Monelmetall: Cu/Ni

Messing: Cu/Zn; Speziell: „Rotmessing": 20% Zn „Weißmessing"
bis 80% Zn (wird gegossen)

Bronzen: Cu/Sn; speziell: Kanonenbronze (Phosphorbronze):
92,5% Cu, 7% Sn, 0,5% P; Glockenbronze: 75−80% Cu, 20−25% Sn;
Statuenbronze: bis 90% Sn + Zn + Pb

Weichlot oder Schnellot: 40−70% Sn, 30−60% Pb

Britanniametall: 88−90% Sn, 8−10% Sb, 2% Cu

Lagermetalle: Sn-Lagermetalle: Weißguß-Lagermetalle:
50−90% Sn, 7−20% Sb + Cu

Blei-Lagermetalle: 60−80% Pb + Sb + Sn; „Bahnmetall" (für Ach-
senlager bei der Bundesbahn): + etwas Ca + Na, + sehr wenig Li

Letternmetall: 70−90% Pb + Sb + etwas Sn

Magnalium: 70−90% Al, 10−30% Mg

Hydronalium: 88−97% Al, 3−12% Mg

Duraluminium: Al/Cu/Mg

Stahllegierungen: ,,Ferrosilicium", Ferrotitan, ,,Ferrovanadin", ,,Ferrochrom", ,,Ferromolybdän", ,,Ferrowolfram", ,,Ferromangan", ,,Ferronickel"
Schnelldrehstahl: Fe, 15–18% W, 2–5% Cr, 1–3% V
V2A-Stahl: 71% Fe, 20% Cr, 8% Ni, 0,2% Si, 0,2% C, 0,2% Mn

5.2 Hohe und tiefe Temperaturen

Tabelle 5.13. Erzeugung von *hohen* Temperaturen

Heizmedium	Temperatur
Bunsenbrenner mit Erdgas	ca. 1200 °C
Gebläsebrenner mit Erdgas/Luft	1400
Erdgas/Sauerstoff	1600
Ethin/Luft	2300
Wasserstoff/Sauerstoff (Knallgas)	2600
Ethin/Sauerstoff	3100
Langmuir-Fackel (atomarer Wasserstoff)	4000
elektrische Widerstandsheizung	1150
Hochfrequenz-Induktion	1650
elektr. Lichtbogen (Kohle-Elektroden)	3000

Tabelle 5.14. Flüssigkeiten für Heizbäder

Substanz	Schmp. [°C]	Sdp. [°C]	Anwendungs-bereich [°C]	Bemerkungen
H_2O	0	100	0–80	
80% H_3PO_4	<20	–	20–250	korrosiv
Paraffine (Gemische chemisch interter Kohlenwasserstoffe)	~50	–	60–300	Der Flammpunkt liegt bei etwa 200 °C
Siliconöl (farblose Flüssigkeit aus Methylphenylsiloxanen)	–60 (Stock-punkt)[a]	–	0–250	Der Flammpunkt liegt bei etwa 300 °C Stockpunkt[a]: ca. –60 °C
Wood's Metall (50% Bi, 25% Pb, 12,5% Sn, 12,5% Cd)	75	–	70–350	wird bei Temp. >250° langsam oxidiert
Mineralöle (stark gefärbtes Gemisch hochsiedender harz- und säurefreier Mineralöle)	–5 (Stock-punkt)[a]		ca. 250	Der Flammpunkt liegt bei ca. 300 °C

[a] „Stockpunkt" ist die Temperatur, bei der ein viskoser Stoff nicht mehr fließt

Tabelle 5.15. Kältemischungen/Kühlmittel für Temperaturen von –15 °C bis –196 °C

Stoffmischung (Mengenangabe in g)	Verhältnis (Massen-anteile)	Absenken der Temperatur [°C] von	auf
100 Eis (gemahlen) + 25 NH_4Cl	4 : 1	0	–15
300 Eis + 100 NaCl	3 : 1	0	–21
300 Eis + 200 $MgCl_2 \cdot 6 H_2O$	3 : 2	0	–27
120 Eis + 200 $CaCl_2 \cdot 6 H_2O$	1,2 : 2	0	–39
100 Eis + 150 $CaCl_2 \cdot 6 H_2O$	1 : 1,5	0	–49
140 Eis + 200 $CaCl_2 \cdot 6 H_2O$	1,4 : 2	0	–55
100 H_2O + 30 NH_4Cl	3,3 : 1	+10	– 6
100 H_2O + 250 $CaCl_2 \cdot 6 H_2O$	1 : 2,5	+10	– 3
100 H_2O + 100 NH_4Cl + 100 NH_4NO_3	1 : 1 : 1	+ 8	–24
Isopropanol + festes CO_2 Aceton + festes CO_2		+15	–77
Trockeneis (festes CO_2)			–78,5
Stickstoff (flüssig)			–196

Durch Zugabe von flüssigem Stickstoff zu verschiedenen organischen Substanzen lassen sich Temperaturen zwischen -90 und $-160\,°C$ erreichen.

Tabelle 5.16. Kältemischungen mit flüssigem Stickstoff

Kühlmedium	Temperatur
Heptan/N_2	$-\ 91\,°C$
Cyclopentan/N_2	$-\ 93\,°C$
Hexan/N_2	$-\ 94\,°C$
Toluol/N_2	$-\ 95\,°C$
Methanol/N_2	$-\ 98\,°C$
Cyclohexen/N_2	$-104\,°C$
Isooctan/N_2	$-107\,°C$
Methylcyclohexan/N_2	$-126\,°C$
n-Pentan/N_2	$-131\,°C$
i-Pentan/N_2	$-160\,°C$
Stickstoff (fl.)	$-196\,°C$

Tabelle 5.17. Flüssigkeitsgemische für tiefe Temperaturen

	Vol. %	flüssig bis etwa
Tetrachlorkohlenstoff/	49	$-\ 81\,°C$
Chloroform	51	
Chloroform/	31	$-100\,°C$
Trichlorethylen	69	
Chloroform/	27	
Dichlormethan/	60	$-110\,°C$
Tetrachlorkohlenstoff	13	
Chlormethan/	25	$-154\,°C$
Dimethylether	75	
n-Pentan/	65	
Methylcyclohexan/	25	$-180\,°C$
n-Propanol	10	

Anmerkung: Bei Verwendung gesundheitsschädlicher Lösemittel sind die Kältebäder besonders bei Zimmertemperatur stets abzudecken.

5.3 Gase

5.3.1 Herstellung von häufig benutzten Gasen

NH_3: $NH_4Cl + NaOH$ (konz.) $\xrightarrow{\text{Erwärmen}} NH_3$
2,5 g NH_4Cl geben 1000 ml NH_3

CO_2:   *trocken:* Erwärmen von Trockeneis oder $MgCO_3$
$CaCO_3 + 10\%$-ige Salzsäure; 5 g $CaCO_3$ geben 1000 ml CO_2

Cl_2:   konz. Salzsäure + $KMnO_4$: 6,6 g $KMnO_4$ geben 1000 ml Cl_2
trocken: Erwärmen von $CuCl_2$

HCl: $NaCl$ + konz. H_2SO_4; 2,7 g $NaCl$ geben 1000 ml HCl
Erhitzen von konz. Salzsäure

H_2:   Zink + 10%-ige Salzsäure + 1 Tropfen
$CuSO_4$-Lösung; 3 g Zink geben 1000 ml H_2
trocken: NH_3, Erhitzen auf 650 °C

H_2S: $FeS + 10\%$-ige Salzsäure (Gasentwickler nach Kipp.) 4,4 g FeS
geben 1000 ml H_2S
trocken: „Sulfidogen" nach Seel (S_8 + Paraffinwachs);
Erhitzen auf 200 °C
Thioacetamid, Erwärmen in alkalischer oder saurer Lösung
auf 200 °C:

$$CH_3-\overset{\displaystyle S}{\underset{\displaystyle NH_2}{C}} + 2\,H_2O \longrightarrow CH_3-\overset{\displaystyle O}{\underset{\displaystyle ONH_4}{C}} + H_2S$$

O_2: 10%-ige H_2O_2-Lösung + $KMnO_4$ bzw. MnO_2.
18 g $KMnO_4$ + 300 ml H_2O + 150 ml konz. H_2SO_4;
Erhitzen von HgO; 20 g HgO geben 1000 ml O_2.

SO_2:   konz. H_2SO_4 + Kupfer/Erwärmen;
50%-ige H_2SO_4 + konz. $NaHSO_3$-Lösung:
15 ml $NaHSO_3$-Lösung geben 1000 ml SO_2
trocken: Erhitzen von $Na_2S_2O_5$

SO_3:   *trocken:* Erhitzen von $Fe_2(SO_4)_3$

BF_3:   *trocken:* Erhitzen von B_2O_3 mit KBF_4

N_2O: *trocken:* Erhitzen von NH_4NO_3

5.3.2 Entfernung und Absorption von Sauerstoff

Für die Entfernung von Sauerstoff eignen sich folgende Reagentien:

Pyrogallol (1,2,3-Trihydroxybenzol). Man verwendet eine stark alkalische wäßrige Lösung. Die Lösung absorbiert den Sauerstoff sehr schnell. Aktive und verbrauchte Lösungen lassen sich schlecht unterscheiden.

Natriumdithionit. Man schüttelt z.B. das organische Lösungsmittel einige Sekunden mit einer 10%-igen wäßrigen Lösung von $Na_2S_2O_4$. Die instabile Lösung muß stets neu angesetzt werden.

Fieser's Lösung. Zu 20 g KOH in 100 ml H_2O gibt man 2 g Natriumanthrachinon-β-sulfonat und 15 g $NaHSO_3$. Man erwärmt leicht, bis die Lösung blutrot ist. Ist die Kapazität der Lösung erschöpft, färbt sie sich braun bis braunrot, oder es fällt ein Niederschlag aus. Entstehendes H_2S-Gas beseitigt man dadurch, daß man es durch eine gesättigte wäßrige Lösung von Pb $(CH_3CO_2)_2$ strömen läßt.
Eine frisch hergestellte Lösung kann ca. 800 ml O_2 absorbieren.

Benzophenon-Ketyl (entfernt Wasser und O_2). Das organische Lösungsmittel mindestens eine Stunde vortrocknen, dann über Natriumdraht am Rückfluß kochen. Etwas festes Benzophenon zugeben, welches eine tiefblaue Färbung ergibt. Danach wird unter N_2 abdestilliert.

Für die Entfernung von Sauerstoff aus der Gasphase ist besonders der BTS-Katalysator geeignet:
Der regenerierbare Katalysator (Kupfer auf inertem Träger) entfernt O_2, H_2, H_2S, CO u.a. und dient vorzugsweise zur Feinreinigung von Edelgasen, N_2, H_2 etc. Dabei sind bestimmte Temperaturbedingungen einzuhalten. Einzelheiten siehe Literatur.

5.3.3 Bestandteile der Luft

Tabelle 5.18. Zusammensetzung von trockener Luft

Gas	Vol %	Massenanteil (Gew. %)
Stickstoff	78,10	75,51
Sauerstoff	20,93	23,01
Argon	0,932	1,286
Kohlendioxid	0,03	0,04
Wasserstoff	0,01	0,001
Neon	$1,8 \cdot 10^{-3}$	$1,2 \cdot 10^{-3}$
Helium	$5,0 \cdot 10^{-4}$	$7,0 \cdot 10^{-5}$
Krypton	$1,0 \cdot 10^{-4}$	$3,0 \cdot 10^{-4}$
Xenon	$9,0 \cdot 10^{-6}$	$4,0 \cdot 10^{-5}$

5.3.4 Löslichkeit von ausgewählten Gasen in Wasser

Tabelle 5.19. Angegeben ist die *Löslichkeit* in g Gas pro kg Wasser bei einem Gesamtdruck von 101,325 kPa in Abhängigkeit von der Temperatur. (Gesamtdruck = Partialdruck von Gas + Dampfdruck von Wasser)

Gas	Temperatur (°C)					
	0	20	25	40	60	80
Ar	0,099	0,059	0,053	0,042	0,030	
CH_4	0,0396	0,0232	0,0209	0,0159	0,0114	0,0070
CO_2	3,35	1,69	1,45	0,973	0,576	
Cl_2	5,0	7,29	6,41	4,59	3,30	2,23
H_2	0,00192	0,00160	0,00154	0,00138	0,00118	0,00079
H_2S	7,07	3,85	3,38	2,36	1,48	0,77
He	0,0017	0,0015	0,0015	0,0014	0,0013	
N_2	0,0294	0,0190	0,0175	0,0139	0,0105	0,0066
NH_3	897	529	480	316	168	65
O_2	0,0694	0,0434	0,0393	0,0308	0,0227	0,0138
SO_2	228	113	94,1	54,1		

5.3.5 Physikalische Daten von Gasen

Tabelle 5.20. Physikalische Daten von Gasen und leichtflüchtigen Stoffen

Substanz	Formel	Schmp. °C	Sdp. °C	kritische Temp. °C	Dichte g/l ●g/ml	Mol-Volumen im Normzustand l/mol
Ammoniak	NH_3	−77,7	−33,4	132,4	0,77142	22,078
Argon	Ar	−189,4	−185,8	−122,4	1,7839	22,395
Arsan	AsH_3	−116,9	−62,5	99,9		
Buta-1,3-dien	C_4H_6	−108,9	4,75	152	2,4787	21,823
Butan	C_4H_{10}	−135	−0,5	152,0	2,7032	21,275
Brom	Br_2	−7,2	58		●3,14	
Chlor	Cl_2	−101,0	−34,7	144	3,214	22,064
Chlordioxid	ClO_2	−76	10,5			
Ethan	C_2H_6	−172	−88,5	32,05	1,3562	22,166
Bromethan	C_2H_5Br	−119	38,3		●1,4708	
Chlorethan	C_2H_5Cl	−142,5	13,1	189		
Iodethan	C_2H_5I	−118	72,3		●1,9292	
Ethen, Ethylen	C_2H_4	−170	−103,9	9,50	1,2604	22,258
Ethin, Acetylen	C_2H_2	−80,8	−84,03	35,5	1,1747	22,166
Ethylamin	$C_2H_5NH_2$	−83,3	16,6	183,2	●0,7057	
Fluor	F_2	−219,6	−188,2	−129	1,696	22,406
Helium	He	−269,7	−268,9	−267,95	0,1758	22,430
Kohlenstoffmonoxid	CO	−205,1	−191,6	−140,2	1,2500	22,408
Kohlenstoffdioxid	CO_2	(−56,6)	−78,5[a]	31,0	1,9769	22,263
Kohlenstoffoxid-dichlorid, Phosgen	$COCl_2$	−126	7,95			
Krypton	Kr	−157,3	−152	−63,8	3,74	22,382
Methan	CH_4	−184	−164	−82,5	0,7168	22,381
Chlormethan	CH_3Cl	−97,4	−23,7	143	2,3075	22,077
Dichlormethan	CH_2Cl_2	−96,0	40,67	235,4	●1,336	
Trichlormethan	$CHCl_3$	−63,5	61,2		●1,4817	
Methanal, Formaldehyd	CH_2O	−92	−21			
Methylpropan, Isobutan	C_4H_{10}	−145	−10,2	135	2,6467	21,961
Methylamin	CH_3NH_2	−92,5	−7,55[b]		156,9	
Neon	Ne	−248,6	−246	−228,8	0.8999	22,426
Phosphan	PH_3	−138,8	−87,8	51,9	0,77142	22,078

Substanz	**Formel**	Schmp.	Sdp.	kritische Temp.	Dichte g/l • g/ml	Mol-Volumen im Normzustand l/mol
		°C	°C	°C		
Propan	C_3H_8	−189,9	−44,5	96,8	2,0196	21,943
Propen	C_3H_6	−185,2	−47,0		1,9149	21,976
Sauerstoff	O_2	−218,8	−182,9	−118,3	1,42895	22,394
Schwefeldioxid	SO_2	−75,5	−10,02	157,5	2,9262	21,894
Silan	SiH_4	−186,4	−111,4	−3,5	1,44	22,306
Stickstoff	N_2	−210,0	−195,8	−146,9	1,25046	22,405
Distickstoffmonoxid	N_2O	−90,81	−88,47	36,4	1,9804	22,226
Stickstoffmonoxid	NO	−163,6	−151,8	−92,9	1,3402	22,391
Stickstoffdioxid	NO_2	−11,2	21,1	158,2		
Wasserstoff	H_2	−259,2	−252,7	−239,9	0,08989	22,427
Bromwasserstoff	HBr	−86,9	−66,7	89,9	3,6443	22,206
Chlorwasserstoff	HCl	−114,2	−85,0	51,5	1,6392	22,246
Fluorwasserstoff	HF	−83,4	19,5	188		
Iodwasserstoff	HI	−50,8	−35,2	151	5,789	22,097
Selenwasserstoff	H_2Se	−65,7	−41,4	141,2	3,6643	22,099
Schwefelwasserstoff	H_2S	−85,7	−60,2	100,4	1,5362	22,186
Xenon	Xe	−111,9	−108,0	16,6	5,896	22,269

[a] sublimiert
[b] bei 958,6 mbar
• bei leichtflüchtigen Stoffen bei 20 °C in g/ml

5.4 Wasser, Säuren und Basen

5.4.1 Physikalisch-chemische Daten von Wasser

Tabelle 5.21. Kalorische Daten von Wasser

Molare Masse: $M = 18{,}0152$ g/mol

Schmelzpunkt: $T_m = 0\,°C$

Siedepunkt: $T_b = 100\,°C$ bei 1013,25 mbar per Definition

Dichte: $\rho_{Eis} < 0{,}9998$ g/cm^3

$\rho_{Dampf} = 0{,}597$ g/l bei 100 °C und 1013,25 mbar

Spezifische Wärmekapazität:

$$c_{flüssig} = 75{,}426 \text{ J/mol} \cdot K \,\hat{=}\, 4{,}1868 \text{ J/g} \cdot K\,[J \cdot g^{-1} \cdot K^{-1}]\ 15\,°C$$

$$c_{Eis} \approx 37{,}8 \text{ J/mol} \cdot K \,\hat{=}\, 2{,}1 \text{ J/g} \cdot K\,[J \cdot g^{-1} \cdot K^{-1}] - 5\,°C$$

$$c_{p\,Dampf} \approx 36{,}2 \text{ J/mol} \cdot K \,\hat{=}\, \approx 2{,}0 \text{ J/g} \cdot K\,[kJ/kg \cdot K] \text{ bis } 500\,°C \approx 1{,}5 \text{ kJ} \cdot m^{-3} \cdot K^{-1}$$

Spezifische Schmelzwärme: $\quad r = 6{,}034$ kJ/mol $\hat{=}$ 334,94 kJ/kg

Spezifische Verdampfungswärme: $q = 40{,}65$ kJ/mol $\hat{=}$ 2256,7 kJ/kg

Kritische Temperatur: 374,15 K

Kritischer Druck: 221,20 bar

Kritische Dichte: 0,315 g/cm^3

Oberflächenspannung: $\sigma = 72{,}75 \cdot 10^{-3}$ N/m

Tripelpunkt: 0,0076 °C bei 6,1 mbar

Masse von 1 m^3 **Wasserdampf** bei 100 °C und 1013,25 mbar: 0,597 kg

Brechzahl: $n_D^{20} = 1{,}333$

Dichte von Wasser in Abhängigkeit von der Temperatur

T °C	ρ g/ml	T °C	ρ g/ml	T °C	ρ g/ml	T °C	ρ g/ml	T °C	ρ g/ml
0	0,999840	10	0,999699	20	0,998203	30	0,995645	50	0,98805
1	0,999899	11	0,999604	21	0,997991	32	0,995024	55	0,98570
2	0,999940	12	0,999497	22	0,997769	34	0,994370	60	0,98321
3	0,999964	13	0,999376	23	0,997537	36	0,993688	65	0,98057
4	0,999972	14	0,999243	24	0,997295	38	0,992969	70	0,97779
5	0,999964	15	0,999099	25	0,997043	40	0,992219	75	0,97486
6	0,999940	16	0,998942	26	0,996782	42	0,99144	80	0,97183
7	0,999901	17	0,998773	27	0,996531	44	0,99033	85	0,96862
8	0,999848	18	0,998595	28	0,996231	46	0,98980	90	0,96532
9	0,999780	19	0,998403	29	0,995943	48	0,98894	95	0,96189
								100	0,95835

Druck des Wasserdampfes über Wasser (nach Landolt-Börnstein)

°C	p mbar	°C	p mbar	°C	p mbar	°C	p mbar	°C	p bar
−30	0,373	8	10,72	25	31,66	65	250,1	105	1,208
−25	0,628	10	12,27	26	33,30	70	311,6	110	1,4326
−20	1,029	12	14,02	28	37,78	75	385,6	120	1,9853
−15	1,650	14	15,98	30	42,41	80	473,6	150	4,760
−10	2,594	15	17,04	35	56,22	85	578,1	200	15,551
− 5	4,010	16	18,17	40	73,75	90	701,1	250	39,780
0	6,106	18	20,62	45	95,82	95	845,3	300	85,920
2	7,05	20	23,37	50	123,35	99	977,6	350	165,370
4	8,13	22	26,42	55	157,4	100	1013,25	374,15	221,290
6	9,35	24	29,82	60	199,2				

Härte von Wasser

$$1\,°d \text{ (Grad deutscher Härte)} = 0,1785 \text{ mmol/l } Ca^{2+}\text{-Ionen}$$
$$= 17,80 \text{ mg/kg (ppm) } CaCO_3$$
$$= 1,25\,°C \text{ (Grad englischer Härte)}$$
$$= 1,78\,°f \text{ (Grad französischer Härte)}$$

sehr weich	weich	mittelhart	hart	sehr hart
< 5 °d	5–10 °d	10–15 °d	15–25 °d	> 30 °d

Tabelle 5.22. Elektrische Leitfähigkeit von $1\,m^3$ Wasser in Abhängigkeit von der Temperatur

Temperatur (°C)							
0	10	20	25	30	40	50	100
Elektrische Leitfähigkeit $\kappa/\mu S\,m^{-1}$							
1.2	2.3	4.2	5.5	7.1	11.3	17.1	

Ionenprodukt des Wassers $c(H_3O^{\oplus}) \cdot c(OH^{\ominus}) = K_w$ in Abhängigkeit von der Temperatur

°C	K_w	pK_w	°C	K_w	pK_w	°C	K_w	pK_w
0	$0{,}114 \cdot 10^{-14}$	14,944	22	$1{,}000 \cdot 10^{-14}$	14,000	45	$4{,}018 \cdot 10^{-14}$	13,396
5	$0{,}185 \cdot 10^{-14}$	14,734	25	$1{,}008 \cdot 10^{-14}$	13,997	50	$5{,}474 \cdot 10^{-14}$	13,262
10	$0{,}292 \cdot 10^{-14}$	14,535	30	$1{,}469 \cdot 10^{-14}$	13,833	55	$7{,}296 \cdot 10^{-14}$	13,137
15	$0{,}451 \cdot 10^{-14}$	14,346	35	$2{,}089 \cdot 10^{-14}$	13,680	60	$9{,}614 \cdot 10^{-14}$	13,017
20	$0{,}681 \cdot 10^{-14}$	14,167	40	$2{,}919 \cdot 10^{-14}$	13,535	100	$74 \cdot 10^{-14}$	12,131

5.4.2 Feuchthalte- und Trockenmittel

Tabelle 5.23. Herstellung konstanter Luftfeuchtigkeit (in geschlossenen Gefäßen)

Gesättigte wässerige Lösung mit viel Bodenkörper		% relative Luftfeuchtigkeit über der Lösung (bei 20 °C)
Natriumcarbonat	$Na_2CO_3 \cdot 10\,H_2O$	92
Kaliumchlorid	KCl	86
Ammoniumsulfat	$(NH_4)_2SO_4$	80
Natriumchlorid	$NaCl$	76
Natriumnitrit	$NaNO_2$	65
Ammoniumnitrat	NH_4NO_3	63
Calciumnitrat	$Ca(NO_3)_2 \cdot 4\,H_2O$	55
Kaliumcarbonat	K_2CO_3	45
Calciumchlorid	$CaCl_2 \cdot 6\,H_2O$	35

Tabelle 5.24. Trockenmittel für organische Verbindungen

Trockenmittel	Anwendbar für	Nicht anwendbar	Bemerkungen
Aluminiumoxid	Ether, aliphatische, olefinische, aromatische, halogenierte Kohlenwasserstoffe	Verbindungen mit Epoxid-, Carbonyl-Ester-, Thio-Gruppen	Regenierbar bei 170–250 °C, außer wenn Peroxid-haltig
Calcium	Alkohole		stöchiometrischer Umsatz mit H_2O
Calciumchlorid	Ether, Ester, aliphatische, olefinische, aromatische, halogenierte Kohlenwasserstoffe	Alkohole, NH_3, Amine, Aldehyde, Phenole, einige Ester	Regenierung bei 250 °C
Calciumhydrid	Gase, organische Lösemittel	Verbindungen mit aktivem Wasserstoff	stöchiometrischer Umsatz mit H_2O; bildet Wasserstoff, daher Flüssigkeiten vortrocknen
Calciumoxid	Alkohole, N_2O	Säuren, Säurederivate, Aldehyde, Ketone, Ester	begrenzte Kapazität wegen Bildung einer Oberflächenschicht
Calciumsulfat-Hemihydrat	Gase, Flüssigkeiten	–	Regenierung bei 190–230 °C; oberhalb von 80 °C kaum noch Trocknungswirkung
Kaliumcarbonat	NH_3, Amine, Aceton, Nitrile, Chlorkohlenwasserstoffe	Säuren	Regenierung bei 160 °C
Kaliumhydroxid	inerte u. basische Gase, basische Lösemittel	Säuren, Säurederivate	
Kieselgel	Gase, Flüssigkeiten	Fluorwasserstoff	Regenierung bei 120–175 °C. bei intensiver Trocknung Kapazität nur teilweise nutzbar
Kupfersulfat	niedrige Fettsäuren, Alkohole, Ester	Amine, Nitrile, Ammoniak	Bei Wasseraufnahme Farbumschlag nach blau
Lithiumaluminiumhydrid	Kohlenwasserstoffe, Ether	Säuren, Säurederivate, aromat. Nitroverbindungen	stöchiometrischer Umsatz mit H_2O; bildet Wasserstoff, daher Flüssigkeiten vortrocknen

Tabelle 5.24 (Fortsetzung)

Trockenmittel	Anwendbar für	Nicht anwendbar	Bemerkungen
Magnesiumoxid	Alkohole, Kohlenwasserstoffe, basische Lösemittel	saure Verbindungen	Regenierung bei 800 °C
Magnesiumperchlorat	inerte Gase, Luft	NH_3, viele Lösemittel	Explosionsgefahr bei reduzierender Atmosphäre, insbes. bei Säuren und vergleichbaren Verbindungen abzuraten
Magnesiumsulfat	fast alle Verbindungen		
Molekularsiebe	alle Gase und Flüssigkeiten	Siebeffekt beachten, s. Tabelle 2.25	Regenierung bei 300–350 °C bei Intensivtrocknung, Kapazität nur teilweise nutzbar
Natrium	Ether, gesättigte aliphatische u. aromatische Kohlenwasserstoffe	Säuren, Säurederivate, Alkohole, Aldehyde, Ketone, Alkyl- und Arylhalogenide	stöchiometrischer Umsatz, Na-Reste mit tert. Butanol vernichten. Cahydrid ist besser geeignet
Natriumhydroxid	basische Flüssigkeiten, inerte u. basische Gase	Säuren, Säurederivate, Phenole	
Natriumsulfat	fast alle, auch empfindliche Verbindungen		mäßig wirksam, Regenierung bei 150 °C
Phosphorpentoxid (P_4O_{10})	neutrale u. saure Gase, gesättigte aliphat. u. aromatische Kohlenwasserstoffe, Nitrile, Alkyl- und Arylhalogenide, CS_2	Alkohole, Amine, Säuren, Ketone, Ether, HCl, HF	bei fortschreitender Trocknung Bildung einer Oberflächenschicht und Beschränkung der Kapazität
Schwefelsäure	inerte Gase und HCl, Cl_2, CO, SO_2 sowie Kohlenwasserstoffe	oxidierbare Gase wie H_2S, HI, viele organische Verbindungen	beim Umgang Verätzungsgefahr

5.4.3 Konzentration und Dichte für Säuren und Laugen

Tabelle 5.25. Handelsübliche Konzentrationen von Säuren und Ammonium-hydroxid

Name	Molmasse	Massen-gehalt %	Äquivalent-konzentration ("Normalität")	Dichte $d_{4^\circ}^{20^\circ}$
Ammoniumhydroxid	35,05	57	15	0,90
Ameisensäure	46,03	98	26	1,22
Essigsäure (Eisessig)	60,05	99	17	1,05
Essigsäure	60,05	80	14	1,07
Essigsäure	60,05	30	5	1,04
Phosphorsäure	98,00	85	44	1,69
Phosphorsäure	98,00	25	9	1,15
Salzsäure	36,46	37	12	1,19
Salzsäure	36,46	25	8	1,12
Salpetersäure	63,01	90	21	1,48
Salpetersäure	63,01	65	14	1,39
Salpetersäure	63,01	25	5	1,15
Schwefelsäure	98,08	95	36	1,84
Schwefelsäure	98,08	16	4	1,11

Tabelle 5.26. Herstellung von verdünnten Lösungen

Die angegebene Menge der konzentrierten Lösung bzw. des festen KOH oder NaOH wird unter Rühren in Wasser gegeben. Nach dem Abkühlen wird mit Wasser auf 1 Liter aufgefüllt. Zur Herstellung konzentrierter Lösungen kann man ein Vielfaches der angegebenen Mengen einsetzen. Beispiel: HNO_3 6 mol/l aus 6/2 × 140 ml = 420 ml HNO_3 65%ig. Weitere Berechnungsformeln s. Kap. VI

Herzustellende Lösung	Gew.%	Dichte	(= 2 N) mol/l	Ausgangsmenge für 1 l verdünnte Lösung	Gew.%	ml
CH_3COOH	12	1,01	2	Essigsäure	100	115
HNO_3	12	1,07	2	Salpetersäure	65	140
HCl	7	1,03	2	Salzsäure	36	165
H_2SO_4	9,5	1,06	1	Schwefelsäure	96	56
NH_3	3,5	0,98	1	Ammoniak	30	115
KOH	10,5	1,09	2	Kalilauge	113 g festes KOH	
NaOH	7,5	1,08	2	Natronlauge	80 g festes NaOH	

Tabelle 5.27. Häufig benutzte Säuren und Basen

Salpetersäure, HNO_3 (Molmasse: 63,02)

Dichte $D_{4°}^{20°}$	Gew.% HNO_3	Dichte $D_{4°}^{20°}$	Gew.% HNO_3	Dichte $D_{4°}^{20°}$	Gew.% HNO_3	Dichte $D_{4°}^{20°}$	Gew.% HNO_3	Dichte $D_{4°}^{20°}$	Gew.% HNO_3
1,000	0,3333	1,130	22,38	1,260	42,14	1,390	64,74	1,504	97,74
1,005	1,255	1,135	23,16	1,265	42,92	1,395	65,84	1,505	97,99
1,010	2,164	1,140	23,94	1,270	43,70	1,400	66,97	1,506	98,25
1,015	3,073	1,145	24,71	1,275	44,48	1,405	68,10	1,507	98,50
1,020	3,982	1,150	25,48	1,280	45,27	1,410	69,23	1,508	98,76
1,025	4,883	1,155	26,24	1,285	46,06	1,415	70,39	1,509	93,01
1,030	5,784	1,160	27,00	1,290	46,85	1,420	71,63	1,510	99,26
1,035	6,661	1,165	27,76	1,295	47,63	1,425	72,86	1,511	99,52
1,040	7,530	1,170	28,51	1,300	48,42	1,430	74,09	1,512	99,77
1,045	8,398	1,175	29,25	1,305	49,21	1,435	75,35	1,513	100,00
1,050	9,259	1,180	30,00	1,310	50,00	1,440	76,71		
1,055	10,12	1,185	30,74	1,315	50,85	1,445	78,07		
1,060	10,97	1,190	31,47	1,320	51,71	1,450	79,43		
1,065	11,81	1,195	32,21	1,325	52,56	1,455	80,88		
1,070	12,65	1,200	32,94	1,330	53,41	1,460	82,39		
1,075	13,48	1,205	33,68	1,335	54,27	1,465	83,91		
1,080	14,31	1,210	34,41	1,340	55,13	1,470	85,50		
1,085	15,13	1,215	35,16	1,345	56,04	1,475	87,29		
1,090	15,95	1,220	35,93	1,350	56,95	1,480	89,07		
1,095	16,76	1,225	36,70	1,355	57,87	1,485	91,13		
1,100	17,58	1,230	37,48	1,360	58,78	1,490	93,49		
1,105	18,39	1,235	38,25	1,365	59,69	1,495	95,46		
1,110	19,19	1,240	39,02	1,370	60,67	1,500	96,73		
1,115	20,00	1,245	39,80	1,375	61,69	1,501	96,98		
1,120	20,79	1,250	40,58	1,380	62,70	1,502	97,28		
1,125	21,59	1,255	41,36	1,385	63,72	1,503	97,49		

Salzsäure, HCl (Molmasse: 36,47)

Dichte $D_4^{20°}$	Gew.%	Dichte $D_4^{20°}$	Gew.%	Dichte $D_4^{20°}$	Gew.%	Dichte $D_4^{20°}$	Gew.%	Dichte $D_4^{20°}$	Gew.%
1,000	0,3600	1,045	9,510	1,085	17,45	1,125	25,22	1,165	33,16
1,005	1,360	1,050	10,52	1,090	18,43	1,130	26,20	1,170	34,18
1,010	2,364	1,055	11,52	1,095	19,41	1,135	27,18	1,175	35,20
1,015	3,374	1,060	12,51	1,100	20,39	1,140	28,18	1,180	36,23
1,020	4,388	1,065	13,50	1,105	21,36	1,145	29,17	1,185	37,27
1.025	5,408	1,070	14,495	1,110	22,33	1,150	30,14	1,190	38,32
1,030	6,433	1,075	15,485	1,115	23,29	1,155	31,14	1,195	39,37
1,035	7,464	1,080	16,47	1,120	24,25	1,160	32,14	1,198	40,00
1,040	8,490								

Schwefelsäure, H_2SO_4 (Molmasse: 98,08)

Dichte $D_4^{20°}$	Gew.% H_2SO_4	Dichte $D_4^{20°}$	Gew.% H_2SO_4	Dichte $D_4^{20°}$	Gew.% H_2SO_4	Dichte $D_4^{20°}$	Gew.% H_2SO_4	Dichte $D_4^{20°}$	Gew.% H_2SO_4
1,000	0,2609	1,180	25,21	1,360	46,33	1,540	63,81	1,720	79,37
1,005	0,9855	1,185	25,84	1,365	46,86	1,545	64,26	1,725	79,81
1,010	1,731	1,190	26,47	1,370	47,39	1,550	64,71	1,730	80,25
1,015	2,485	1,195	27,10	1,375	47,92	1,555	65,15	1,735	80,70
1,020	3,242	1,200	27,72	1,380	48,45	1,560	65,59	1,740	81,16
1,025	4,000	1,205	28,33	1,385	48,97	1,565	66,03	1,745	81,62
1.030	4,746	1,210	28,95	1,390	49,48	1,570	66,47	1,750	82,09
1,035	5,493	1,215	29,57	1,395	49,99	1,575	66,91	1,755	82,57
1,040	6,237	1,220	30,18	1,400	50,50	1,580	67,35	1,760	83,06
1,045	6,956	1,225	30,79	1,405	51,01	1,585	67,79	1,765	83,57
1,050	7,704	1,230	31,40	1,410	51,52	1,590	68,23	1,770	84,08
1,055	8,415	1,235	32,01	1,415	52,02	1,595	68,66	1,775	84,61
1,060	9,129	1,240	32,61	1,420	52,51	1,600	69,09	1,780	85,16
1,065	9,843	1,245	33,22	1,425	53,01	1,605	69,53	1,785	85,74
1,070	10,56	1,250	33,82	1,430	53,50	1,610	69,96	1,790	86,35
1,075	11,26	1,255	34,42	1,435	54,00	1,615	70,39	1,795	86,99
1,080	11,96	1,260	35,01	1,440	54,49	1,620	70,82	1,800	87,69
1,085	12,66	1,265	35,60	1,445	54,97	1,625	71,25	1,805	88,43
1,090	13,36	1,270	36,19	1,450	55,45	1,630	71,67	1,810	89,23
1,095	14,04	1,275	36,78	1,455	55,93	1,635	72,09	1,815	90,12
1,100	14,73	1,280	37,36	1,460	56,41	1,640	72,52	1,820	91,11

Schwefelsäure, H_2SO_4 (Molmasse: 98,08) (Fortsetzung)

Dichte $D_4^{20°}$	Gew.% H_2SO_4	Dichte $D_4^{20°}$	Gew.% H_2SO_4	Dichte $D_4^{20°}$	Gew.% H_2SO_4	Dichte $D_4^{20°}$	Gew.% H_2SO_4	Dichte $D_4^{20°}$	Gew.% H_2SO_4
1,105	15,41	1,285	37,95	1,465	56,89	1,645	72,95	1,821	91,33
1,110	16,08	1,290	38,53	1,470	57,36	1,650	73,37	1,822	91,56
1,115	16,76	1,295	39,10	1,475	57,84	1,655	73,80	1,823	91,78
1,120	17,43	1,300	39,68	1,480	58,31	1,660	74,22	1,824	92,00
1,125	18,09	1,305	40,25	1,485	58,78	1,665	74,64	1,825	92,25
1,130	18,76	1,310	40,82	1,490	59,24	1,670	75,07	1,826	92,51
1,135	19,42	1,315	41,39	1,495	59,70	1,675	75,49	1,827	92,77
1,140	20,08	1,320	41,95	1,500	60,17	1,680	75,92	1,828	93,03
1,145	20,73	1,325	42,51	1,505	60,62	1,685	76,34	1,829	93,33
1,150	21,38	1,330	43,07	1,510	61,08	1,690	76,77	1,830	93,64
1,155	22,03	1,335	43,62	1,515	61,54	1,695	77,20	1,831	93,94
1,160	22,67	1,340	44,17	1,520	62,00	1,700	77,63	1,832	94,32
1,165	23,31	1,345	44,72	1,525	62,45	1,705	78,06	1,833	94,72
1,170	23,95	1,350	45,26	1,530	62,91	1,710	78,49		
1,175	24,58	1,355	45,80	1,535	63,36	1,715	78,93		

Ammoniak, NH_3 (Molmasse: 17,03)

Dichte $D_4^{20°}$	Gew.% NH_3	Dichte $D_4^{20°}$	Gew.% NH_3	Dichte $D_4^{20°}$	Gew.% NH_3	Dichte $D_4^{20°}$	Gew.% NH_3	Dichte $D_4^{20°}$	Gew.% NH_3
0,998	0,0465	0,974	5,75	0.950	12,03	0,926	19,06	0,902	26,67
0,996	0,512	0,972	6,25	0,948	12,58	0,924	19,67	0,900	27,33
0,994	0,977	0,970	6,75	0,946	13,14	0,922	20,27	0,898	28,00
0,992	1,43	0,968	7,26	0,944	13,71	0,920	20,88	0,896	28,67
0,990	1,89	0,966	7,77	0,942	14,29	0,918	21,50	0,894	29,33
0,988	2,35	0,964	8,29	0,940	14,88	0,916	22,125	0,892	30,00
0,986	2,82	0,962	8,82	0,938	15,47	0,914	22,75	0,890	30,685
0,984	3,30	0,960	9,34	0,936	16,06	0,912	23,39	0,888	31,37
0,982	3,78	0,958	9,87	0,934	16,65	0,910	24,03	0,886	32,09
0,980	4,27	0,956	10,405	0,932	17,24	0,908	24,68	0,884	32,84
0,978	4,76	0,954	10,95	0,930	17,85	0,906	25,33	0,882	33,595
0,976	5,25	0,952	11,49	0,928	18,45	0,904	26,00	0,880	34,35

Kalilauge, KOH (Molmasse: 56,11)

Dichte $D_4^{20°}$	Gew.% KOH	Dichte $D_4^{20°}$	Gew.% KOH	Dichte $D_4^{20°}$	Gew.% KOH	Dichte $D_4^{20°}$	Gew.% KOH	Dichte $D_4^{20°}$	Gew.% KOH
1,000	0,197	1,110	12,08	1,220	23,38	1,330	33,97	1,440	43,92
1,010	1,295	1,120	13,14	1,230	24,37	1,340	34,90	1,450	44,79
1,020	2,38	1,130	14,19	1,240	25,36	1,350	35,82	1,460	45,66
1,030	3,48	1,140	15,22	1,250	26,34	1,360	36,735	1,470	46,53
1,040	4,58	1,150	16,26	1,260	27,32	1,370	37,65	1,480	47,39
1,050	5,66	1,160	17,29	1,270	28,29	1,380	38,56	1,490	48,25
1,060	6,74	1,170	18,32	1,280	29,25	1,390	39,46	1,500	49,10
1,070	7,82	1,180	19,35	1,290	30,21	1,400	40,37	1,510	49,95
1,080	8,89	1,190	20,37	1,300	31,15	1,410	41,26	1,520	50,80
1,090	9,96	1,200	21,38	1,310	32,09	1,420	42,155	1,530	51,64
1,100	11,03	1,210	22,38	1,320	33,03	1,430	43,04		

Natronlauge, NaOH (Molmasse: 40,01)

Dichte $D_4^{20°}$	Gew.% NaOH	Dichte $D_4^{20°}$	Gew.% NaOH	Dichte $D_4^{20°}$	Gew.% NaOH	Dichte $D_4^{20°}$	Gew.% NaOH	Dichte $D_4^{20°}$	Gew.% NaOH
1,000	0,159	1,110	10,10	1,220	20,07	1,330	30,20	1,440	41,03
1,010	1,045	1,120	11,01	1,230	20,95	1,340	31,14	1,450	42,07
1,020	1,94	1,130	11,92	1,240	21,90	1,350	32,10	1,460	43,12
1,030	2,84	1,140	12,83	1,250	22,82	1,360	33,06	1,470	44,17
1,040	3,745	1,150	13,73	1,260	23,73	1,370	34,03	1,480	45,22
1,050	4,655	1,160	14,64	1,270	24,645	1,380	35,01	1,490	46,27
1,060	5,56	1,170	15,54	1,280	25,58	1,390	36,00	1,500	47,33
1,070	6,47	1,180	16,44	1,290	26,48	1,400	36,99	1,510	48,38
1,080	7,38	1,190	17,345	1,300	27,41	1,410	37,99	1,520	49,44
1,090	8,28	1,200	18,255	1,310	28,33	1,420	38,99	1,530	50,50
1,100	9,19	1,210	19,16	1,320	29,26	1,430	40,00		

5.5 Lösemittel

5.5.1 Physikalische Daten für organische Lösemittel

Tabelle 5.28. Physikalische Eigenschaften und Trocknung organischer Lösemittel

Lösemittel	Sdp. [°C]	$d_4^{20°}$	$n_D^{20°}$	Schmp. [°C]	Trockenmittel
Aceton	56	0,791	1,359	-18	K_2CO_3 Molekularsieb 3 Å
Acetonitril	82	0,782	1,344	$+ 6$	$CaCl_2$; P_4O_{10}; K_2CO_3 Molekularsieb 3 Å
Anilin	184	1,022	1,586	$+76$	KOH; BaO
Anisol	154	0,995	1,518	$+51$	$CaCl_2$; Destillation; Na
Benzol	80	0,879	1,501	-10	Destillation $CaCl_2$; Na; Pb/Na Molekularsieb 4 Å
1-Butanol	118	0,810	1,399	$+29$	K_2CO_3; Destillation
2-Butanol	100	0,808	1,398	$+24$	K_2CO_3; Destillation
tert-Butanol	82	0,786	1,384	$+11,1$	CaO; Ausfrieren
n-Butylacetat	126	0,882	1,394	$+33$	$MgSO_4$
Chlorbenzol	132	1,106	1,525	$+29,5$	$CaCl_2$; Destillation; P_4O_{10}
Chloroform	61	1,480	1,448	nicht ent- flammbar	$CaCl_2$; P_4O_{10}; Pb/Na Molekularsieb 4 Å
Cyclohexan	81	0,779	1,426	-17	Na; Na/Pb; $LiAlH_4$ Molekularsieb 4 Å
Decahydronaph- thalin (Dekalin)	189/ 191	0,886	1,48	$+57-58$	$CaCl_2$; Na; Pb/Na
Dichlormethan (Methylenchlorid)	40	1,325	1,424	nicht ent- flammbar	$CaCl_2$; Pb/Na Molekularsieb 4 Å
Diethylether	35	0,714	1,353	-40	$CaCl_2$; Na; Pb/Na; $LiAlH_4$ Molekularsieb 4 Å
Diethylcarbonat	126	0,975	1,385	$-$	K_2CO_3; Na_2SO_4
Diethylenglycol- diethylether	189	0,906	1,412	$+82,5$	$CaCl_2$; Na
Diethylenglycol- dibutylether	250	0,885	1,423	$-$	$CaCl_2$; Na
Diethylenglycol- dimethylether	162	0,945	1,407	$+70$	$CaCl_2$; Na

Tabelle 5.28 (Fortsetzung)

Lösemittel	Sdp. [°C]	d_4^{20}	n_D^{20}	Schmp. [°C]	Trockenmittel
Diisopropylether	68	0,726	1,368	−23	$CaCl_2$; Na Molekularsieb 4Å
Dimethylform-amid	153	0,950	1,430	+62	Destillation Molekularsieb 4Å
Dimethylsulfoxid	189	1,101	1,479	+95	Destillation Molekularsieb 3Å
1,4-Dioxan	101	1,034	1,422	+11,8	$CaCl_2$; Na Molekularsieb 4Å
Essigsäure	118	1,049	1,372	+40	P_4O_{10}; $CuSO_4$
Essigsäurean-hydrid	136	1,082	1,390	+49	$CaCl_2$
Ethanol	78	0,791	1,361	+12	CaO; Mg; MgO Molekularsieb 3Å
Ethylacetat	77	0,901	1,372	− 4	K_2CO_3; P_4O_{10}; Na_2SO_4 Molekularsieb 4Å
Ethylenglycol	197	1,109	1,432	+111	Destillation; Na_2SO_4
Ethylenglycol-monoethylether	135	0,930	1,408	+41	Destillation
Ethylenglycol-monomethylether	124	0,965	1,402	+52	Destillation
Ethylformiat	54	0,924	1,360	−19,5	$MgSO_4$; Na_2SO_4
Ethylmethylketon	80	0,806	1,380	− 4,4	K_2CO_3
Formamid	106/ 15 mm	1,134	1,445	–	Na_2SO_4; CaO
Glycerin	290	1,260	1,475	+176	Destillation
n-Hexan	69	0,659	1,375	−23	Na; Pb/Na; $LiAlH_4$ Molekularsieb 4Å
Isobutanol	108	0,803	1,396	+28−29	K_2CO_3; CaO; Mg; Ca
Isobutylmethyl-keton	117	0,801	1,396	+15,5	K_2CO_3
Methylacetat	57	0,933	1,362	−10	K_2CO_3; CaO
Methanol	65	0,792	1,329	+11	Mg; CaO Molekularsieb 3Å
Nitrobenzol	211	1,204	1,556	+92	$CaCl_2$; P_4O_{10} Destillation
n-Pentan	36	0,626	1,358	−49	Na; Pb/Na
1-Propanol	97	0,804	1,385	+15	CaO; Mg
2-Propanol	82	0,785	1,378	+12	CaO; Mg Molekularsieb 3Å

Lösemittel	Sdp. [°C]	$d_{4°}^{20°}$	$n_D^{20°}$	Schmp. [°C]	Trockenmittel
Pyridin	115	0,982	1,510	+20	KOH; BaO Molekularsieb 4 Å
Schwefelkohlen-stoff	46	1,263	1,626	−30	$CaCl_2$; P_4O_{10}
Tetrachlorkohlen-stoff	77	1,594	1,466	nicht ent-flammbar	Destillation; $CaCl_2$; P_4O_{10}; Pb/Na Molekularsieb 4 Å
Tetrahydrofuran	66	0,887	1,407	−17,5	Molekularsieb 4 Å
Tetrahydronaph-thalin (Tetralin)	207	0,973	1,546	+78	$CaCl_2$; Na
Toluol	111	0,867	1,497	+ 4	Destillation; Na; $CaCl_2$ Molekularsieb 4 Å
Trichlorethylen	87	1,462	1,478	nicht ent-flammbar	Destillation; Na_2SO_4; K_2CO_2
Xylol (Isomeren-gemisch)	137/140	~0,86	~1,50	+27	Destillation; Na; $CaCl_2$ Molekularsieb 4 Å

5.5.2 Lösemittel nach physikalischen Kenngrößen geordnet

Tabelle 5.29. Lösemittel geordnet nach steigenden Schmelzpunkten [°C]

−160	2-Methylbutan	−107,4	Isooctan
−154	2-Methylpentan	−100	2,2-Dimethylbutan
−141,6	Dibromdifluormethan	−100	Ethylenglycolmono-
−129,7	n-Pentan		ethylether
−126,5	1-Propanol	−99	Isobutylacetat
−126	Methylcyclohexan	−99	Methylformiat
−123	1-Chlorbutan	−98,8	Methanol-d_4
−122	Dipropylether	−98,1	Methylacetat
−117,3	Ethanol	−97	Cumol
−117,2	Isoamylalkohol	−97	1,1-Dichlorethan
−116,2	Diethylether	−96	Acetylbromid
−114,7	2-Butanol	−96	1-Methoxy-2-propanol
−112	Acetylchlorid	−95,3	Aceton
−111,5	Schwefelkohlenstoff	−95,1	Dichlormethan
−111	Trichlorfluormethan	−95	Dibutylether
−108,6	tert-Butylmethylether	−95	n-Hexan
−108,5	Tetrahydrofuran	−95	Toluol
−108	Isobutanol	−94,5	Aceton-d_6
−108	1-Nitropropan	−94	Ethylbenzol

Tabelle 5.29 (Fortsetzung)

−93,9	Methanol	−60	N,N-Dimethylform-
−93	Cyclopentan		amid-d_7
−93	2-Nitropropan	−59	1-Brom-3-chlorpropan
−92	Isopropylmethylketon	−59	1,2-Propandiol
−90,6	n-Heptan	−58	Ethylenglycoldimethyl-
−90	Butylformiat		ether
−89,5	1-Butanol	−57	Triethylphosphat
−89,5	2-Propanol	−56,8	n-Octan
−86,3	Ethylmethylketon	−52,6	Dibrommethan
−86	Ethylenglycolmono-	−51	n-Nonan
	methylether	−50	Bis(2-chlorethyl)-ether
−85,8	Diisopropylether	−50	Nitroethan
−84,7	Isobutylmethylketon	−49,2	Tetrahydropyran
−84,5	Toluol-d_8	$< -49- +13,3$	Xylol (Isomerengemisch)
−84	2-Propanol-d_8	−49	Propylencarbonat
−83,5	Ethylacetat	−47,8	m-Xylol
−80,5	Ethylformiat	−46	Diisobutylketon
< -80	Tetrahydrofurfurylalkohol	−46	Trimethylphosphat
−80	Diethylenglycolmono-	−46	2,4,6-Trimethylpyridin
	ethylether	−45,7	Acetonitril
−80	Tributylphosphat	−45	Chlorbenzol
−79	n-Amylalkohol	−45	Mesitylen
−78	Methylpropylketon	−44,6	2,2,2-Trifluorethanol
−77,9	n-Butylacetat	−44,3	Diethylenglycoldiethyl-
< -76	2-Ethylhexan-1-ol		ether
< -76	2-Ethylhexylamin	−44	γ-Butyrolacton
−74	Ethylenglycoldiethylether	−43	cis-Decahydronaphthalin
−73,5	Amylformiat	−43	Diethylcarbonat
−73	Isopropylacetat	−43	1,1,2,2-Tetrachlorethan
−73	Trichlorethylen	−42	Acetonitril-d_3
−70,8	n-Amylacetat	−42	Pyridin
−70	Ethylenglycolmono-	−41	Pyridin-d_5
	butylether	−39	Diethylketon
−69	Di-n-amylether	−38	Thiophen
−68	Diethylenglycolmono-	−37	Anisol
	butylether	−36,4	1,1,2-Trichlortrifluor-
−68	Diethylenglycoldimethyl-		ethan
	ether	−35,5	2-Heptanon
−65,1	(2-Methoxyethyl)-acetat	−35,4	1,2-Dichlorethan
−65	Diethylenglycolmono-	−35	1,2,3,4-Tetrahydro-
	methylether		naphthalin
−64,1	Chloroform-d_8	−34,7	Ethylbenzoat
−63,5	(2-Butoxyethyl)-acetat	−34	Diisopropylketon
−63,5	Chloroform	$-32- -26$	Cyclohexanon
−63	Pyrrolidin	−32	[2-(2-Butoxyethoxy)-
−62	(2-Ethoxyethyl)-acetat		ethyl]-acetat
−60,5	N,N-Dimethylformamid	−31	Brombenzol
< -60	Ethylenglycolmono-	−31	Ethylenglycoldiacetat
	isopropylether	−31	Furfurylalkohol

Tabelle 5.29 (Fortsetzung)

$-30,4$	1,1,1-Trichlorethan	4,1	Cyclohexan-d_{12}
$-30,1$	n-Decan	5,5	Benzol
-30	trans-Decahydro-naphthalin	5,5–6,5	Diiodmethan
		5,9	Ameisensäure-d_2
-29	Nitromethan	6	Nitrobenzol
-28	o-Toluidin	6,5	Cyclohexan
-28	o-Xylol	6,7	Benzol-d_6
$-26,5$	Undecan	7,2	Hexamethylphosphor-säuretriamid
$-26,2$	1,3-Dichlorbenzol		
$-32--26$	Cyclohexanon	8,3	Bromoform
-24	1-Methyl-2-pyrrolidon	8,4	Ameisensäure
-23	Acetylaceton	10	1,2-Dibromethan
-23	Tetrachlorkohlenstoff	10,5	Ethanolamin
-21	Hexachlor-1,3-butadien	10,9	Ethylendiamin
<-20	Dipropylenglycol	11,8	1,4-Dioxan
-20	N,N-Dimethylacetamid	11–13	Ethylenglycolmono-phenylether
-19	Tetrachlorethylen		
$-18,3$	3-Methylpyridin	11–20	Hexafluoraceton (Sesquihydrat)
-17	1,2-Dichlorbenzol		
$-15,6$	Chinolin	$-49-+13,3$	Xylol (Isomerengemisch)
$-15,4$	Trifluoressigsäure	13,3	p-Xylol
$-15,3$	Benzylalkohol	15,8	Essigsäure-d_4
ca. -15	Methylbenzoat	16,6	Essigsäure
-13	Benzonitril	16–17	1,2,4-Trichlorbenzol
$-11,5$	Ethylenglycol	18	Glycerin
9	Piperidin	18,45	Dimethylsulfoxid
-8	tert-Amylalkohol	19,2	Acetophenon
$-7,2$	Triethylenglycol	20,2	Dimethylsulfoxid-d_6
$-6,3$	Anilin	21	Triethanolamin
-6	Diethylengylcol	24	Cyclohexanol
$-5,6$	Tetraethylenglycol	24,6	2-Pyrrolidon
$-4,7$	Morpholin	25,5	tert-Butanol
$-3,4$	1,1,1,3,3,3-Hexafluor-2-propanol	25–26	2-Amino-2-methyl-1-propanol
$-1,2$	Tetramethylharnstoff	26,5	Isochinolin
0	1,1,2,2-Tetrabromethan	27,4	Sulfolan
0	Wasser	28	Diethanolamin
2,45–2,5	Formamid	38,5–40	Ethylencarbonat
2–4	Dimethylcarbonat	53	1,4-Dichlorbenzol
3,6	Dibenzylether	52–56	Tri-n-octylphosphinoxid
3,7	4-Methylpyridin	60,2	Diethylenglycoldibutyl-ether
3,82	Deuteriumoxid		

Tabelle 5.30. Lösemittel geordnet nach steigenden Siedepunkten [°C]

23,8	Trichlorfluormethan	81,6	Acetonitril
25	Dibromdifluormethan	82,2	tert-Butanol
28	2-Methylbutan	82,4	2-Propanol
32	Methylformiat	83,4	1,2-Dichlorethan
33	Diethylether-d_{10}	84	Thiophen
34,2	Diethylether	87	Pyrrolidin
36	n-Pentan	87	Trichlorethylen
39	Dichlormethan-d_2	88	Tetrahydropyran
< 40–280	Petrolether, Petroleum,	89	Isopropylacetat
	Petroleumbenzin	90	Dimethylcarbonat
40	Dichlormethan	90,5	Dipropylether
46,2	Schwefelkohlenstoff	93	Ethylenglycoldimethyl-
47,7	1,1,2-Trichlortrifluorethan		ether
49	Cyclopentan	94–94,5	Isopropylmethylketon
50	2,2-Dimethylbutan	96,5	Dibrommethan
51	Acetylchlorid	97,4	1-Propanol
54,1	Ethylformiat	97,9	tert-Butylacetat
55	Aceton-d_6	99,2	Isooctan
55,2	tert-Butylmethylether	99,5	2-Butanol
56,2	Aceton	100	Wasser
57	1,1-Dichlorethan	100	Dioxan-d_8
57	Methylacetat	100,7	Ameisensäure
58,2	1,1,1,3,3,3,-Hexafluor-2-	100,8	Nitromethan
	propanol	101	Ameisensäure-d_2
60	2-Methylpentan	101	1,4-Dioxan
60,3	Chloroform-d_1	101,43	Deuteriumoxid
61,7	Chloroform	101,6	Propylacetat
64	Tetrahydrofuran-d_8	102	tert-Amylalkohol
65	Methanol	102	Diethylketon
65	Methanol-d_4	102	Methylpropylketon
66	Tetrahydrofuran	106	Piperidin
68	Diisopropylether	107	Butylformiat
68,9	n-Hexan	108,1	Isobutanol
72,4	Trifluoressigsäure	109	Toluol-d_8
73,6	2,2,2-Trifluorethanol	110,6	Toluol
74	1,1,1-Trichlorethan	112–117	3-Methyl-2-butanol
76,5	Tetrachlorkohlenstoff	114	Pyridin-d_5
77	Acetylbromid	115	Essigsäure-d_4
77,1	Ethylacetat	115	Nitroethan
78	1-Chlorbutan	115,5	Pyridin
78	Ethanol-d_6	116	Ethylendiamin
78,5	Ethanol	117	Isobutylacetat
79	Acetonitril-d_3	117	Isobutylmethylketon
79	Benzol-d_6	117,2	1-Butanol
79	Cyclohexan-d_{12}	117,9	Essigsäure
79,6	Ethylmethylketon	120,3	1-Methoxy-2-propanol
80,1	Benzol	120,3	2-Nitropropan
80,7	Cyclohexan	121	Tetrachlorethylen
81	2-Propanol-d_8	121,4	Ethylenglycoldiethylether

Tabelle 5.30 (Fortsetzung)

122	Diisobutylether	165	2-Amino-2-methyl-1-propanol
124,5	Ethylenglycolmono-methylether	165	Mesitylen
125,6	n-Octan	165,5	N,N-Dimethylacetamid
126	Diethylcarbonat	168	Diisobutylketon
126,9	n-Butylacetat	169	2-Ethylhexylamin
128,7	2-Methyl-1-butanol	170	2,4,6-Trimethylpyridin
129	Morpholin	171	Furfurylalkohol
103	Dimethylsulfon	171,2	Ethylenglycolmonobutyl-ether
130,8	1-Ethylpiperidin	172	Ethanolamin
131,2	Isoamylalkohol	173	1,3-Dichlorbenzol
131,6	1-Nitropropan	173	Diisoamylether
132	Chlorbenzol	174	1,4-Dichlorbenzol
132	1,2-Dibromethan	177	Tetrahydrofurfurylalkohol
132,1	Amylformiat	177,5	Bis(2-chlorethyl)-ether
135	Ethylenglycolmonoethyl-ether	177,5	Tetramethylharnstoff
136,2	Ethylbenzol	178	N,N-Diethylformamid
138	n-Amylalkohol	178,7	n-Decan
138	4-Ethylmorpholin	180–185	N-Methylformamid
138,3	p-Xylol	180,5	1,2-Dichlorbenzol
139	Acetylaceton	181	Dijodmethan
139,1	m-Xylol	182–195	Ethylenglycolacetat
ca. 140	Xylol (Isomerengemisch)	183	2-Ethylhexan-1-ol
141	Dibutylether	184,1	Anilin
142,3	1-Brom-3-chlorpropan	186–191	Ethylenglycoldiacetat
142,8	Ethylenglycolmonoiso-propylether	187,5	Di-n-amylether
143	4-Methylpyridin	188,4	Diethylenglycoldiethyl-ether
144	o-Xylol	189	Dimethylsulfoxid
144,1	3-Methylpyridin	189	1,2-Propandiol
144,2	Diisopropylketon	190,7	Benzonitril
145,1	(2-Methoxyethyl)-acetat	191	cis-Decahydronaphthalin
146	1,1,2,2,-Tetrachlorethan	193	Diethylenglycolmono-methylether
149	n-Amylacetat		
149,5	Bromoform	195	(2-Butoxyethyl)-acetat
150,7	n-Nonan	196–197	Undecan
152	N,N-Dimethylform-amid-d_7	197	Ethylenglycol
		197,2	Trimethylphosphat
153	Cumol	199,4	Methylbenzoat
153	N,N-Dimethylformamid	200	o-Toluidin
154	Anisol	202	Diethylenglycolmono-ethylether
155–165	Diethylenglycoldimethyl-ether	202	1-Methyl-2-pyrrolidin
155,8	Cyclohexanon	202	Cyclosilan-d_{18}
156	Brombenzol	202,4	Acetophenon
156,4	(2-Ethoxyethyl)-acetat	205	γ-Butyrolacton
160	Cyclohexanol	205,3	Benzylalkohol

207,6	1,2,3,4-Tetrahydro-naphthalin/1000 mbar	238	Dimethylsulfon
		242	Propylencarbonat
210–213	1,2,4-Trichlorbenzol	242,5	Isochinolin
210,5	Formamid	243,5	1,1,2,2-Tetrabromethan
211	Nitrobenzol	244	Diethylenglycol
212,4	Ethylbenzoat	245	Ethylenglycolmono-phenylether
214	1,3-Propandiol		
215	Hexachlor-1,3-butadien	246	[2-(2-Butoxyethoxy)-ethyl]-acetat
215	Triethylphosphat		
216	Triethylenglycoldimethyl-ether	248	Ethylencarbonat
		250,5	2-Pyrrolidon/990 mbar
226,2	Dihexylether	254,6	Diethylenglycoldibutyl-ether
228	2-Ethylhexansäure/1006,3 mbar		
		269	Diethanolamin
228–236	Dipropylenglycol	282	Sulfolan
230	Diethylenglycolmono-butylether	287,6	Triethylenglycol
		289 (Zers.)	Tributylphosphat
235	Hexamethylphosphor-säuretriamid	290	Glycerin
		298 (Zers.)	Dibenzylether
237,1	Chinolin	307,8	Tetraethylenglycol
		335,4	Triethanolamin

Tabelle 5.31. Lösemittel geordnet nach steigendem Dipolmoment [Debye]/20 °C

0	Benzol	1,7	Methanol
0	Cyclohexan	1,7	1-Propanol
0	Cyclopentan	1,75	1,2-Dichlorethan
0	n-Heptan	1,78	Deuteriumoxid/25 °C
0	n-Nonan	1,78	Ethylacetat
0	n-Pentan	1,79	Isobutanol
0	Schwefelkohlenstoff	1,84	n-Butylacetat/22 °C
0	1,1,2,2,-Tetrachlorethan	1,85	Wasser
0	Tetrachlorkohlenstoff	1,87	Tetrahydropyran
0–0,3	Petrolether, Petroleum,	1,99	Ethylbenzoat
	Petroleumbenzin	2,13	(2-Methoxyethyl)-acetat
0,36	Toluol	2,2	Chinolin
0,4	1,4-Dioxan	2,2	Pyridin
0,45	o-Xylol	2,27	1,2-Dichlorbenzol/24 °C
0,8	Trichlorethylen	2,3	2-Pyrrolidon
0,9	Diethylcarbonat	2,49	Isochinolin
1,01	Chloroform	2,7	Aceton
1–1,5	Essigsäure	2,7	Ethylmethylketon
1,15	Piperidin	2,81	Diethanolamin/30 °C
1,2	Anisol	2,9	Cyclohexanon
1,2	Dibutylether	3,1	Nitromethan
1,23	tert-Butylmethylether	3,4	Formamid
1,25	Diethylether	3,44	Acetonitril
1,3	Diisopropylether	3,8	N,N-Dimethylacetamid
1,5	Brombenzol	3,8	N,N-Dimethylformamid
1,55	Anilin	3,8	N-Methylformamid
1,55	Chlorbenzol	3,9	Benzonitril
1,57	1,1,1-Trichlorethan	3,9	Dimethylsulfoxid
1,58	Morpholin	4,0	Nitrobenzol
1,6	Dichlormethan	4,1	1-Methyl-2-pyrrolidon
1,63	Tetrahydrofuran	4,39	N-Methylacetamid/25 °C
1,66	1-Butanol	4,4	Dimethylsulfon/Dampf
1,66	2-Propanol	4,8	Sulfolan
1,7	Benzylalkohol	5,0	Propylencarbonat
1,7	tert-Butanol	5,3	Isobutylacetat
1,7	Ethanol	5,5	Hexamethylphosphorsäuretri-
1,7	Isoamylalkohol		amid

Tabelle 5.32. Lösemittel geordnet nach steigender Dielektrizitätskonstante/20 °C

1,3	1,3-Propandiol/59 °C	7,2	(2-Ethoxyethyl)-acetat
1,84	n-Pentan	7,33	Morpholin
1,89	n-Hexan	7,4	Tetrahydrofuran
1,92	n-Heptan	7,53	1,1,1-Trichlorethan

Tabelle 5.32 (Fortsetzung)

1,94	Isooctan		ca. 7,7	2-Ethyl-1-hexanol
1,948	n-Octan		7,7	(2-Methoxyethyl)-acetat
1,97	Cyclopentan		7,8	1,1,2,2,-Tetrachlorethan
1,97	n-Nonan		8,1	Propylacetat
2,0	Cyclohexan		8,5	Methylformiat
2,2	1,4-Dioxan/25 °C		8,64	Acetophenon/202 °C
2,2	Tetrachlorkohlenstoff		9,0	Chinolin/25 °C
2,26	p-Xylol		9,1	Dichlormethan
2,27	Mesitylen		9,1	Ethylformiat
2,3	Benzol		9,4	Ethylenglycolmonobutylether
2,35	m-Xylol		9,7	Diethylenglycolmonobutyl-ether
2,38	Ethylbenzol/30 °C			
2,38	Toluol/25 °C		9,9	1,2-Dichlorbenzol/25 °C
2,4	Tetrachlorethylen		9,9	Ethylenglycolmonoisopropyl-ether
ca. 2,4	Xylol (Isomerengemisch)/25 °C		10,6	1,2-Dichlorethan
2,41	1,1,2-Trichlortrifluorethan		10,9	tert-Butanol/30 °C
2,57	o-Xylol/30 °C		11,9	Ethylenglycolmonoethylether
2,6	Schwefelkohlenstoff		12,3	Pyridin/25 °C
2,66	1,2,3,4-Tetrahydronaphthalin		12,6	Diethylenglycolmonoethyl-ether
2,76	Thiophen/16 °C			
3,1	Di-n-butylether/25 °C		13,1	Benzylalkohol/25 °C
3,14	Di-n-amylether		13,11	Isobutylmethylketon
3,15	Diethylcarbonat		13,6	Tetrahydrofurfurylalkohol
3,4	Trichlorethylen/16 °C		13,9	n-Amylalkohol/25 °C
3,88	Diisopropylether/25 °C		14,7	Isoamylalkohol/25 °C
4,3	Anisol/25 °C		14,7	3-Methyl-2-butanol/25 °C
4,3	Diethylether		14,8	Diethylenglycolmonomethyl-ether
4,4	Bromoform			
4,8	Chloroform		15	Cyclohexanol/25 °C
5,01	n-Butylacetat		ca. 15	Diethylketon
5,3	Isobutylacetat		15	Methylpropylketon
5,4	Brombenzol		15,4	Ethylenglycolmonomethyl-ether
5,62	Chlorbenzol/25 °C			
5,8	Piperidin/22 °C		15,8	2-Butanol/25 °C
6,02	Ethylacetat/25 °C		15,9	Acetylchlorid
6,02	Ethylbenzoat		16	Ethylendiamin/18 °C
6,15	Essigsäure		17,7	Isobutanol
6,58	Methylbenzoat		17,8	1-Butanol
6,6	2,4,6-Trimethylpyridin		18,3	Cyclohexanon/25 °C
6,68	Methylacetat/25 °C		18,3	2-Propanol/25 °C
6,8	Anilin		18,5	Ethylmethylketon
6,8	(2-Butoxymethyl)-acetat		20,1	1-Propanol/25 °C
7	Diethylenglycoldimethylether		20,7	Aceton/25 °C
7,0	1,1,2,2-Tetrabromethan		23,24	1-Nitropropan/30 °C
24	Triethylenglycol		36,7	N,N-Dimethylformamid
24,3	Ethanol/25 °C		37,5	Acetonitril
25,2	Benzonitril/25 °C		37,7	Ethylenglycol/25 °C .

Tabelle 5.32 (Fortsetzung)

25,25	2-Nitropropan	37,8	N,N-Dimethylacetamid/25 °C
25,7	Acetylaceton	42,1	Trifluoressigsäure/25 °C
28,06	Nitroethan/30 °C	42,5	Glycerin
29,6	Hexamethylphosphorsäuretri-amid	44	Sulfolan
		48,9	Dimethylsulfoxid
ca. 32	Diethylenglycol	58,5	Ameisensäure/16 °C
32,6	Methanol/25 °C	65,1	Propylencarbonat/25 °C
33	1-Methyl-2-pyrrolidon/25 °C	78,06	Deuteriumoxid/25 °C
34,8	Nitrobenzol	80,2	Wasser
35,9	Nitromethan/30 °C	109,5	Formamid/25 °C
		182,4	N-Methylformamid/25 °C

Tabelle 5.33. Lösemittel geordnet nach steigendem Dampfdruck [mbar]/20 °C

0,013	[2-(2-Butoxyethoxy)-ethyl]-acetat	0,27	1,2,4-Trichlorbenzol
		0,31	(2-Butoxyethyl)-acetat
0,013	Diethylenglycoldibutylether	0,33	Ethylenglycoldiacetat
0,013	Dipropylenglycol	0,53	Furfurylalkohol
0,013	Tetraethylenglycol	1	Glycerin/125 °C
0,013	Triethylenglycol	1,07	Bis(2-chlorethyl)-ether
0,027	Diethylenglycol	1,2	Triethylenglycoldimethylether
0,027	Diethylenglycolmonobutyl-ether	1,27	cis-Decahydronaphthalin
		1,3	Cyclohexanol
0,04	Propylencarbonat	1,3	o-Toluidin
0,06	Ethylenglycol	1,3	Triethylphosphat
0,067	2-Ethylhexan-1-ol	1,33	2-Amino-2-methyl-1-propanol
0,1	Dihexylether	1,33	Anisol
0,1	1,1,2,2-Tetrabromethan	1,33	1,2-Dichlorbenzol
0,2	Nitrobenzol	1,33	1-Methyl-2-pyrrolidon/40 °C
0,24	Ethylbenzoat	1,5	γ-Butyrolacton
0,266	2-Ethylhexylamin	1,9	n-Decan
0,4	1,2,3,4-Tetrahydronaphthalin	2	1,3-Dichlorbenzol
0,5	Diethylenglycoldiethylether	2	Mesitylen
0,6	Acetophenon	2,3	Tetrahydrofurfurylalkohol/40 °C
0,6	Dimethylsulfoxid		
0,7	Di-n-amylether	2,6	Diisobutylketon
0,7	Ethanolamin	2,66	(2-Ethoxyethyl)-acetat
0,8	1,4-Dichlorbenzol	3	tert-Amylalkohol
0,8	Ethylenglycolmonobutylether	3	Anilin
0,13	Benzylalkohol	3	3-Methyl-2-butanol
0,13	Diethylenglycolmonoethyl-ether	3,01	N,N-Dimethylacetamid
		3,1	Isoamylalkohol
0,13	Formamid	3,4	2-Heptanon
0,18	Diethylenglycolmonomethyl-ether	3,47	Ethylenglycolmonoisopropyl-ether
0,26	1,2-Propandiol	4	Brombenzol

4	N,N-Dimethylformamid	40	tert-Butanol
4,2	trans-Decahydronaphthalin	41	1,4-Dioxan
4,67	(2-Methoxyethyl)-acetat	43	2-Propanol
4,7	Cyclohexanon	48	n-Heptan
5,0	Ethylenglycolmonoethylether	48	Methylcyclohexan
5,0	n-Nonan	50,5	Isooctan
5,3	Cumol	53	tert-Butylacetat/25 °C
6	n-Amylacetat	61	Isopropylacetat
6,6	Bromoform	64	Ethylenglycoldimethylether
6,6	1,1,2,2,-Tetrachlorethan	72	2,2,2Trifluorethanol
6,7	1-Butanol	77	Trichlorethylen
6,7	o-Xylol	80	Thiophen
8	Isobutylmethylketon	87	1,2-Dichlorethan
8	Xylol (Isomerengemisch)	97	Acetonitril
8	m-Xylol	97	Ethylacetat
8,2	p-Xylol	101	Benzol
9,3	Acetylaceton	104	Cyclohexan
9,3	Ethylbenzol	105	Ethylmethylketon
9,9	1-Nitropropan	107	1-Chlorbutan
10,6	Morpholin	120	Tetrachlorkohlenstoff
10,8	1-Methoxy-2-propanol	128	Methanol
11	Diethylenglycoldimethylether	133	Acetylbromid
11	Ethylenglycolmonomethyl-	133	2-Methylpentan
	ether	160	n-Hexan
11	Trifluoressigsäure	160,5	Trichlorethan
12	Isobutanol	170	Pyrrolidin/39 °C
12	Chlorbenzol	180	Diisopropylether
12,2	Ethylenglycoldiethylether	200	Tetrahydrofuran
13	n-Butylacetat	210	Chloroform
13,3	Diethylcarbonat	220	Methylacetat
14,3	1,2-Dibromethan	233	Aceton
15	n-Octan	240	1,1-Dichlorethan
16	Methylpropylketon	256	Ethylformiat
17	Isobutylacetat	266	1,1,1,3,3,3,-Hexafluor-2-
17,3	2-Butanol		propanol/30 °C
17,3	2-Nitropropan	320	Acetylchlorid
18,7	1-Propanol	339	2,2-Dimethylbutan
19	Tetrachlorethylen	368	1,1,2-Trichlortrifluorethan
19,4	Sulfolan/150 °C	400	Schwefelkohlenstoff
20	Nitroethan	417	tert-Butylmethylether
20–400	Petrolether, Petroleum,	452	Dibrommethan
	Petroleumbenzin	453	Dichlormethan
23	Wasser	530	Cyclopentan
26	Pyridin	573	n-Pentan
29	Toluol	587	Diethylether
33	Piperidin	640	Methylformiat
33	Propylacetat	765	2-Methylbutan
36	Nitromethan	911	Trichlorfluormethan
39,9	Butylformiat	920	Dibromdifluormethan

−49	n-Pentan	18	Butylformiat
−40	Diethylether	18,3	Dimethylcarbonat
−30	Schwefelkohlenstoff	19	tert-Amylalkohol
−28	tert-Butylmethylether	20	Pyridin
−23	n-Hexan	21	Ethylenglycoldimethylether
−23	Diisopropylether	22	Amylformiat
< −20	Methylformiat	24	2-Butanol
< −20	Cyclopentan	25	Dibutylether
−20	2-Methylbutan	25	m-Xylol
−20	2-Methylpentan	25	p-Xylol
−20	2,2-Dimethylbutan	25	Diethylcarbonat
−20	Tetrahydropyran	26,7	Ethylenglycoldiethylether
−20	Ethylformiat	27	Xylol (Isomerengemisch)
−18	Aceton	28	Isobutanol
−17,5	Tetrahydrofuran	28	Nitroethan
−17	Cyclohexan	29	Chlorbenzol
−12	Isooctan	29	4-Ethylmorpholin
−12	1-Chlorbutan	29	2-Methylpyridin
−11	Benzol	29	1-Butanol
−10	Methylacetat	30	3-Methyl-2-butanol
−10	1,1-Dichlorethan	30	o-Xylol
− 9	Thiophen	31	n-Nonan
− 4,4	Ethylmethylketon	31	Cumol
− 4	Methylcyclohexan	32	1-Methoxy-2-propanol
− 4	n-Hepten	33	n-Butylacetat
− 4	Ethylacetat	34	Ethylendiamin
< 0–60	Petrolether, Petroleum,	34	Acetylaceton
	Petroleumbenzin	36	Nitromethan
3	Piperidin	37	m-Amylacetat
3	Pyrrolidin	38	Morpholin
4	Isopropylacetat	39	2-Nitropropan
4	Toluol	40	2,2,2-Trifluorethanol
5	Acetylchlorid	40	Essigsäure
6	Acetonitril	41	2-Heptanon
10	Propylacetat	41	Ethylenglycolmonoethylether
10	1,2-Dichlorethan	43	Isoamylalkohol
11	Methanol	43	Cyclohexanon
11	tert-Butanol	46	Ethylenglycolmonoisopropyl-
11,8	1,4-Dioxan		ether
12	n-Octan	46	(2-Methoxyethyl)-acetat
12	2-Propanol	46	n-Decan
12	Ethanol	46	Diisoamylether
12	Diethylketon	47	Mesitylen
14	Di-iso-butylether	49	1-Nitropropan
15	1-Propanol	49	Diisobutylketon
15	Ethylbenzol	49	n-Amylalkohol
15,5	Isobutylmethylketon	50	4-Methylpyridin
16	Methylpropylketon	50	2-Ethylhexylamin
18	Isobutylacetat	51	Brombenzol

51	(2-Ethoxyethyl)-acetat	91	Ethylbenzoat
51	Anisol	92	Nitrobenzol
52	Ethylenglycolmonomethyl-ether	94	Diethylenglycolmonoethyl-ether
54	trans-Decahydronaphthalin	95	1-Methyl-2-pyrrolidon
55	Bis(2-chlorethyl)-ether	95	Dimethylsulfoxid
57	2-Methyl-1-butanol	96	Benzylalkohol
58	2,4,6-Trimethylpyridin	98	Diethylenglycolmonobutyl-ether
60	Furfurol		
60	Di-n-amylether	102	Ethylenglycolacetat
61	Ethylenglycolmonobutylether	104	γ-Butyrolacton
61	cis-Decahydronaphthalin	105	1,2-Propandiol
62	N,N-Dimethylformamid	107	Isochinolin
64	N,N-Diethylformamid	110	Triethylenglycoldimethylether
66	N,N-Dimethylacetamid	111	Ethylenglycol
66	1,2-Dichlorbenzol	116	Triethylphosphat
66	1,4-Dichlorbenzol	116	[2-(2-Butoxyethoxy)-ethyl]-acetat
67	2-Amino-2-methyl-1-propanol		
68	Cyclohexanol	118	Diethylenglycoldibutylether
69	Ameisensäure	121	Ethylenglycolmonophenyl-ether
70	Diethylenglycoldimethylether		
70	Diethylacetamid	124	Ethylenglycoldiacetat
70	Benzonitril	127	2-Ethylhexansäure
73	Tetrahydrofurfurylalkohol	132	Dibenzylether
75	Furfurylalkohol	135	Propylencarbonat
76	2-Ethylhexan-1-ol	138	Diethanolamin
76	Anilin	138	Dipropylenglycol
77	Dihexylether	140	Diethylenglycol
78	1,2,3,4-Tetrahydronaphthalin	146	Tributylphosphat
78	(2-Butoxyethyl)-acetat	155	Formamid
>79,4	1,3-Propandiol	163	3-Methylsulfolan
82	Acetophenon	165	Triethylenglycol
82	Diethylenglycoldiethylether	166	Sulfolan
85	o-Toluidin	176	Glycerin
85	Ethanolamin	180	Triethanolamin
87	Diethylenglycolmonomethyl-ether	182	Tetraethylenglycol
		327	2-Pyrrolidon

Tabelle 5.35. Nicht entflammbare Lösemittel

Chloroform
Dichlormethan
1,1,1-Trichlorethan
Trichlorethylen
Trichlorfluormethan
Tetrachlorkohlenstoff
Hexafluoraceton · 1,5 H_2O

1,2752	1,1,1,3,3,3,-Hexafluor-2-propanol/25 °C	1,388	Isopropylmethylketon
1,2850	Trifluoressigsäure	1,3895	Methylpropylketon
1,2907	2,2,2-Trifluorethanol	1,3898	Acetylchlorid
1,3251	Methanol-d$_4$	1,3905	Diethylketon/25 °C
1,328	Deuteriumoxid	1,3915	Isooctan
1,3288	Methanol	1,3917	Nitroethan
1,333	Wasser	1,3922	Ethylenglycoldiethylether/25 °C
1,342	Acetonitril-d$_3$	1,3941	n-Butylacetat
1,3433	Methylformiat	1,3944	2-Nitropropan
1,3442	Acetonitril	1,3955	Isobutanol
1,35–1,38	Petrolether, Petroleum, Petroleumbenzin	1,3962	Isobutylmethylketon
		1,3967	Trimethylphosphat
1,3505	Diethylether-d$_{10}$	1,3974	n-Octan
1,3526	Diethylether	1,3978	2-Butanol
1,3557	1,1,2-Trichlortrifluorethan	1,3992	Amylformiat
1,3565	Aceton-d$_6$	1,3992	Dibutylether
1,3575	n-Pentan	1,3993	1-Butanol
1,3579	2-Methylbutan/15 °C	1,3999	Dibromdifluormethan/12 °C
1,3582	Ethanol-d$_6$	1,4015	1-Chlorbutan
1,3588	Aceton	1,4016	1-Nitropropan
1,3597	Ethylformiat	1,4019	(2-Methoxyethyl)-acetat
1,3611	Ethanol	1,4021	Ethylenglycolmonomethylether
1,3622	Methylacetat		
1,3679	Diisopropylether	1,4031	n-Amylacetat
1,3680	Essigsäure-d$_4$	1,4035	1-Methoxy-2-propanol
1,3684	Ameisensäure-d$_2$	1,4043	Tetrahydrofuran-d$_8$
1,3688	2,2-Dimethylbutan	1,4050	Tetrahydrofuran
1,3688	Dimethylcarbonat	1,4052	tert-Amylalkohol
1,369	tert-Butylmethylether	1,4053	Isoamylalkohol
1,3714	Ameisensäure	1,4053	Triethylphosphat
1,3715	2-Methylpentan	1,4054	n-Nonan
1,3716	Essigsäure	1,4068	(2-Ethoxyethyl)-acetat
1,3723	Ethylacetat	1,407	Diethylenglycoldimethylether
1,3737	2-Propanol-d$_8$		
1,3750	n-Hexan	1,4073	Diisopropylketon/22 °C
1,3770	Isopropylacetat	1,4075	Ethylenglycolmonoethylether
1,3776	2-Propanol		
1,3788	Ethylenmethylketon	1,4088	2-Heptanon
1,3813	Ethylenglycoldimethylether	1,4092	3-Methyl-2-butanol
1,3817	Nitromethan	1,4093	Cyclopentan
1,3832	Dipropylether/14,5 °C	1,4100	Ethylenglycolmonoisopropylether
1,3843	tert-Butanol		
1,3843	Diethylcarbonat	1,4101	n-Amylalkohol
1,3847	Propylacetat	1,4107	Diisobutylether
1,3850	1-Propanol	1,4115	Diethylenglycoldiethylether
1,3870	tert-Butylacetat	1,4119	Di-n-amylether
1,3877	n-Heptan	1,4138	(2-Butoxyethyl)-acetat
1,3877	Isobutylacetat	1,4143	Diisobutylketon

1,415	Ethylenglycoldiacetat	1,4480	1-Ethylpiperidin
1,4158	Ethylencarbonat/50 °C	1,449	2-Amino-2-methyl-1-pro-panol
1,4184	Undecan		
1,419	n-Decan	1,4496	Tetramethylharnstoff
1,4192	2-Methyl-1-butanol	1,4517	Tetrahydrofurfurylalkohol
1,4193	Ethylenglycolmonobutyl-ether	1,4522	Cyclohexanon
		1,4530	Piperidin
1,4196	Dioxan-d_8	1,4537	Acetylbromid/16 °C
1,4198	1,1-Dichlorethan/15 °C	1,4538	Ethanolamin
1,4209	Propylencarbonat	1,4540	Ethylendiamin
1,4211	Tetrahydropyran	1,4548	Morpholin
1,4220	Cyclohexan-d_{12}	1,4559	Triethylenglycol
1,4224	1,4-Dioxan	1,457	Bis-(2-chlorethyl)-ether
1,4230	Dichlormethan-d_2	1,457	Tetraethylenglycol/25 °C
1,4230	N,N-Dimethylacetamid	1,4582	Hexamethylphosphorsäure-triamid
1,4233	Diethylenglycoldibutylether		
1,4233	Triethylenglycoldimethyl-ether	1,4601	Tetrachlorkohlenstoff
		1,4622	Cyclosilan-d_{18}
1,4241	2-Ethylhexansäure	1,465	Cyclohexanol
1,4242	Dichlormethan	1,4684	1-Methyl-2-pyrrolidon
1,4262	[2-(2-Butoxyethoxy)-ethyl]-acetat	1,4697	trans-Decahydronaphthalin
		1,4740	Dimethylsulfoxid-d_6
1,4263	Diethylenglycolmono-methylether	1,4746	Glycerin
		1,4753	Diethanolamin/30 °C
1,4266	Cyclohexan	1,4773	Trichlorethylen
1,4278	N,N-Dimethylformamid-d_7	1,4783	Dimethylsulfoxid
1,4293	Diethylenglycolmonoethyl-ether	1,4806	2-Pyrrolidin/30 °C
		1,4811	cis-Decahydronaphthalin
1,4305	N,N-Dimethylformamid	1,4840	Sulfolan
1,4316	Diethylenglycolmonobutyl-ether	1,4845	Furfurylalkohol
		1,4852	Triethanolamin
1,4318	Ethylenglycol	1,4915	Cumol
1,4319	N-Methylformamid	1,4936	Toluol-d_8
1,4321	Tributylphosphat/25 °C	1,4942	1,1,2,2,-Tetrachlorethan
1,4324	1,2-Propandiol	1,4950	1-Brom-3-chlorpropan
1,4328	2-Ethyl-1-hexanol	1,4958	p-Xylol
1,4355	γ-Butyrolacton	1,496	Ethylbenzol
1,4379	1,1,1-Trichlorethan	1,4961	Toluol
1,4389	1,3-Propandiol	1,4972	m-Xylol
1,4400	4-Ethylmorpholin	1,4977	2,4,6-Trimethylpyridin/22 °C
1,441	Dipropylenglycol	1,498	Mesitylen/17,5 °C
1,4431	Pyrrolidin	1,4991	Benzol-d_6
1,4448	1,2-Dichlorethan	ca. 1,50	Xylol (Isomerengemisch)
1,445	Acetylaceton	1,5011	Benzol
1,445	Chloroform-d_1	1,5040	3-Methylpyridin
1,4459	Chloroform	1,5053	Tetrachlorethylen
1,4472	Formamid	1,5054	o-Xylol
1,4475	Diethylenglycol	1,5057	Ethylbenzoat

1,5077	Pyridin-d$_5$	1,5419	Dibrommethan
1,5095	Pyridin	1,5457	1,3-Dichlorbenzol
1,5127	1,2-Dibromethan	1,5515	1,2-Dichlorbenzol
1,5168	Anisol	1,5542	Hexachlor-1,3-butadien
1,517	Methylbenzoat	1,5562	Nitrobenzol
1,5229	Benzonitril	1,557	Brombenzol
1,5248	Chlorbenzol	1,5688	o-Toluidin
1,5267	1,4-Dichlorbenzol/70 °C	1,571	1,2,4-Trichlorbenzol
1,5289	Thiophen	1,5863	Anilin
1,5339	Acetophenon	1,5976	Bromoform
1,536	Ethylenglycolmonophenyl-ether/25 °C	1,6208	Isochinolin/30 °C
		1,6258	Schwefelkohlenstoff
1,5396	Benzylalkohol	1,6268	Chinolin
1,5406	Dibenzylether	1,6353	1,1,2,2-Tetrabromethan
1,5413	1,2,3,4-Tetrahydronaphthalin	1,7425	Diiodmethan/15 °C

5.5.3 Mischbarkeit von Lösemitteln

Tabelle 5.37. Mischbarkeit organischer Lösemittel

	Acetessigester	Aceton	Acetonitril	Acetonylaceton	Ethanol	Ethylenchlorhydrin	Ameisensäure	Anilin	Benzaldehyd	Benzylalkohol	1,4-Butandiol	n-Butanol	Butylacetat	Chinolin	Cyclohexanol	Diethylether	1,4-Dioxan	Essigsäure	Formamid	Furfural	Glycerin	Glykol	Hexanol	Isoamylalkohol	Isopropylalkohol	Methanol	Monochloressigsäure	Nitromethan	Phenol	Piperidin	Propionsäure	Pyridin	Tetrachlorkohlenstoff	Tetrahydrofuran	Triethanolamin	Wasser
Acetophenon	+	+	+		+	+	+	+	+	+	+	+	+	+	+	+	+	+	−	+	−	−	+		+	+	+	+	+	+	+	+	+	+	+	−
Anisol	+	+	+	−	+	+	−	+	+	+	−	+	+	+	+	+	+	+	−	+	−	−	+		+	+	+	+	+	+	+	+	+	+	−	−
Benzin (Kp.: 150–200 °C)	−	+	−		+	−	−	−	+	−	−	+	+	+	+	+	+	+	−	−	−	−	+	+	+	+	−	−	−	+	+	+	+	+	−	−
Benzol	+	+	+	−	+	+	−	+	+	+	−	+	+	+	+	+	+	+	−	+	−	−	+	+	+	+	+	−	+	+	+	+	+	+	−	−
Benzonitril	+	+		+	+		+	−	+	+		+	+	+		+	+	+	−	+	−	−		+	+	+			+	+	+	+	+	+	+	−
Butylacetat	+	+	+	−	+	+	+	+	+	+	−	+	0	+	+	+	+	+	−	+	−	×	+	+	+	+	+	+	+	+	+	+	+	+	−	−
Chlorbenzol	+	+	+	−	+	+	−	+	+	+	−	+	+	+	+	−	+	+	−	+	−	−	+		+	+	+	+	+	+	+	+	+	+	+	−
Chloroform	+	+	+	−	+	+	−	−	+	+	+	+	+	+	+	+	+	+	−	+	−	+	+	+	+	+	+	+	+	+	+	+	+	+	+	−
Cyclohexanon	+	+	+	−	+	+	+	+	+	+	+	+	+	+	+	+	+	+	−	+	−	+	+		+	−		+		+	+	+	+	+	+	−
Dekalin	−	+	−	−	+	−	−	−	−	+		+	+	+	+	+	+	−	−	−	−	−	+	+	+	−	+	−	+	+	+	+	+	+	−	−
Diethylether	+	+	+	+	+	+	+	+	+	+	−	+	+	+	+	0	+	+	−	+	−	−	+	+	+	+	+	+	+	+	+	+	+	+	−	−
Dimethylanilin	+	+	+		+	+	+	+	+	+	−	+	+	+	+	+	+	+	−	+	−	−	+		+	+	+	+	+	+	+	+	+	+	+	−
Essigsäureethylester	+	+	+		+	+	+	+	+	+	+	+	+	+	+	+	+	+	−	+	−	−	+		+	+	+	+	+	+	+	+	+	+	+	−
Formamid	+	+	+	+	+	+	+	+	+	+	+	+	−	+	+	+	+	+	0	−	+	+	−	+	+	+	+	+	+	+	+	+	−	+	+	+

Glycerin	−	−	−		+	+	+	−	+	−	+	+	−	+	−	−	+	+	−	−	−	0	+	−	−	+	+	+	−	+	+	+	+	−	+	+	+	+
Glykol	−	+	+	+	+	+	+	+	+	+	+	+	×	+	−	+	+	−	+	−	+	+	0	+	+	+	+	+	−	−	+	+	+	−	+	+	+	+
n-Heptan	−	+	−	−	+	−	−	−	+	+		+	−	+	+	+	+	+	−	−	−	−	+		+	−	−	−	−	+	−	+	+	+	+	−	−	−
n-Hexan	−	+	−	−	+	−	+	−	+	−		+	+	+	+	+	+	+	−	−	−	−	+		+	−	−	−	−	+	+	+	+	+	+	−	−	−
Isooctan	−	+	−	−	+	−		−	+	−			+		+	+	+	+	+	−			+		+	−	−			−	+	+				−	+	
Methylenchlorid	+	+	+	−	+	+	+	+	+	+	−	+	+	+	+	+	+	+	−	+	−	−	+		+	+	−	+	−	+	+	+	+	+	+	+	+	−
Nitrobenzol	+	+	+	−	+	+	+	×	+	+	−	+	+	+	+	+	+	+	−	+	−	−	+		+	+	+	+	+	+	+	+	+	+	+	+	+	−
Nitromethan	+	+	+	+	+	+	+	+	+	+	−	+	+	+	−	+	+	+	−	+	−	−	×	+	+	+	+	0	+	+	+	+	+	+	+	+	+	+
Schwefelkohlenstoff	+	+	−	−	+	×	−	+	+	+	−	+	+	+	+	+	+	+	−	+	−	−	+	+	+	−	+	−	+	+	+	+	+	+	−	+	+	−
Tetrachlorethylen		+	+		−	−		+	+	+	−	+		+	+	+	−	+	−	−	+		+			−	−	+	+	+	+		+	−	−		+	−
Tetrachlorkohlenstoff	+	+	+	−	+	+	−	+	+	+	−	+	+	+	+	+	+	+	−	+	−	−	+	+	+	+	−	+	+	+	+	+	+	0	+	−	−	
Tetralin	+	+	+	−	+	+	−	+	+	+	−	+	+	+	+	+	+	+	−	+	−	−	+		+	+	+	+	+	+	+	+	+	+	−	−		
Toluol	+	+	+	−	+	+	−	+	+	+	−	+	+	+	+	+	+	+	−	+	−	−	+		+	+	+	+	+	+	+	+	+	+	+	−		
Triethylamin	+	+	+	+	+	+	+	+	+	+	−	+	+	+	+	+	+	+	−	+	−	+	+		+	+	+	+	+	+	+	+	−	+	−	+		
Trichlorethylen	+	+	+	−	+	+	−	+	+	+	−	+	+	+	+	+	+	+	−	+	−	−	+		+	+	+	+	+	+	+	+	+	+	+	+	−	
m-Xylol	+	+	+		+	+	−	+	+	+	−	+	+	+	+	+	+	+	−	+	−	−	+		+	+	+	+	+	+	+	+	+	+	−	−		
Wasser	−	+	+	−	+	+	+	−	−	−	+	−	−	−	−	−	+	+	−	−	+	+	−	−	+	+	+	−	×	+	+	+	−	+	+	0		

+ mischbar;   × begrenzt mischbar;   − nicht oder nur wenig mischbar

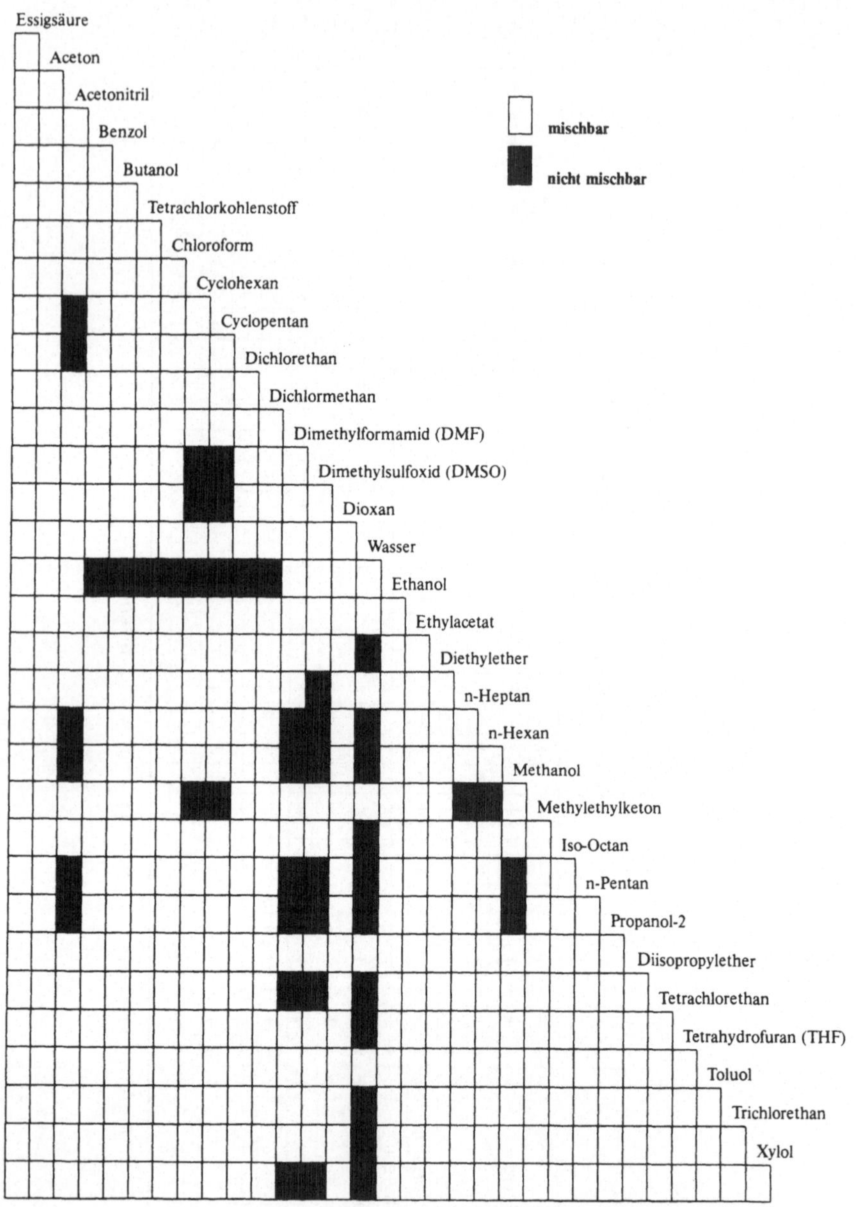

Abb. 5.2. Nach N. B. Godfrey, J. H. Hildebrand und R. L. Scott erarbeitete Leiter der Mischbarkeit von Lösemitteln. Von Hanns Benninghoff

5.5.4 Trocknen von Lösemitteln

5.5.4.1 Allgemeine Trocknungsverfahren

Trocknung über Aluminiumoxid

Bei einigen Lösemitteln ist eine Säulenfiltration über aktiviertes Aluminiumoxid möglich.
Praktisch geht man dabei so vor, daß man eine Chromatographiesäule (Länge ca. 600mm; $\emptyset$ ca. 25 mm) mit Aluminiumoxid der Aktivitätsstufe I füllt und durch Klopfen etwas verdichtet. Das Lösemittel wird auf die Säule gegeben und durchlaufen lassen. Die Durchlaufgeschwindigkeit soll nicht über 20 ml pro Min. betragen. Die ersten 100 ml des durchgelaufenen Lösemittels sind noch wasserhaltig (durch die Adsorptionswärme, die bei der ersten Benetzung des Aluminiumoxids frei wird, ist die Aktivität etwas vermindert; nach dem Abkühlen der Säule wird die volle Trocknungsintensität erreicht). Das wasserhaltige Eluat wird noch einmal auf die Säule gegeben.
Es ist empfehlenswert, am unteren Ende der Säule einen Indikator mit einzubauen, z.B. wasserfreies Kupfersulfat, das sich beim Durchbruch der Wasserfront blau färbt.

Anwendbar ist diese Trocknung für folgende Lösemittel:

Alkane, Ether, aromatische Kohlenwasserstoffe,
halogenierte Kohlenwasserstoffe, Acetonitril und
Propionitril.

Nicht geeignet für Alkohole, Aceton, Ester, Carbonsäuren sowie Schwefelkohlenstoff und Dimethylsulfoxid.

Dynamische Trocknung über Molekularsieb

Eine Säule von 600 mm Länge und 25 mm Durchmesser wird mit einem Molekularsieb geeigneter Porenweite gefüllt. Die ersten 250 ml Eluat müssen noch einmal gesondert aufgefangen werden, da sie noch geringe Wasseranteile enthalten können. Den Vorlauf kann man noch einmal auf die Säule geben. Es empfiehlt sich auch hier, einen Indikator in die Säule einzubauen, um einen Wasserdurchbruch feststellen zu können. Dazu ist Molekularsieb mit Feuchtigkeitsindikator geeignet.

Geeignete Molekularsiebe

Porenweite 0,3 nm: Ethanol, Methanol, Propanol, Acetonitril,
(Aceton)

Porenweite 0,4 nm: Halogenierte Kohlenwasserstoffe,
Alkane, aromatische Kohlenwasserstoffe,
Tetrahydrofuran, Diethylether, Dioxan, Diiso-
propylether
Dimethylformamid, Dimethylsulfoxid
Pyridin.

Porenweite 1,0 nm: Hexamethylphosphorsäuretriamid

Im allgemeinen *nicht* geeignet für eine Trocknung mit Molekularsieben sind hochviskose Lösungsmittel.

Tabelle 5.38. Kritische Moleküldurchmesser [nm] für die Molekularsiebtrennung

Acetylen	0,24	Kohlendioxid	0,28
Ammoniak	0,36	Kohlenmonoxid	0,28
Argon	0,38	Methan	0,4
1,3-Butadien	0,52	Methanol	0,44
i-Butan bis i-$C_{22}H_{46}$	0,56	Propan	0,49
n-Butan bis n-$C_{22}H_{46}$	0,49	Propen	0,5
Benzol	0,67	Schwefelwasserstoff	0,36
Buten	0,51	Sauerstoff	0,28
Chlordifluormethan (R-22)	0,53	Stickstoff	0,3
Chlor	0,82	Tetrachlorkohlenstoff	0,69
Chloroform	0,69	Toluol	0,67
Cyclohexan	0,61	Triethylamin	0,84
Dichlordifluormethan (R-12)	0,57	Wasser	0,28
Ethan	0,44	Wasserstoff	0,24
Ethanol	0,44	m-Xylol	0,71
Ethen	0,42	o-Xylol	0,74
Ethylenoxid	0,42	p-Xylol	0,67
Helium	0,2		

Der kritische Moleküldurchmesser ist der Durchmesser der Moleküle in Bezug auf die Molekularsieb-Trennung. Er wird erhalten durch Addition der van der Waals Atomradien. Er ist für die Trennwirkung des Molekularsiebs wichtig, denn es werden nur Moleküle adsorbiert, deren krit. Moleküldurchmesser *kleiner* als der Porendurchmesser des Molekularsiebs ist.

5.5.4.2 Trocknen von Lösemitteln –
Labormethoden für spezielle Lösemittel

Zur Feinreinigung von Lösemitteln für analytische Zwecke wird auf spezielle Literatur verwiesen. Auch sind im Chemikalienhandel entsprechend vorbehandelte Lösemittel im Angebot.
Dieser Abschnitt behandelt die laborüblichen Methoden zur Herstellung möglichst *wasserfreier* Lösemittel.

Kohlenwasserstoffe (halogenfrei)

Petrolether

Petrolether sind Mischungen von verschiedenen Alkanen mit bestimmten Siedebereichen (z.B. Petrolether 60/70 hat einen Siedebereich von 60 °C bis 70 °C). Die Trocknungsvorschriftem gelten natürlich auch für die reinen Alkane.
Einpressen von Natriumdraht und mehrstündiges Kochen unter Rückfluß. Dieser Vorgang muß solange wiederholt werden, bis eingepreßter Natriumdraht blank bleibt. Anschließend abdestillieren. Möglich ist auch eine Verwendung von Na/K-Legierung oder einer Na/Pb-Legierung.
Bei hochsiedenden Alkanen (über dem Schmelzpunkt von Natrium) empfiehlt es sich, die Mischung gut zu rühren, auch beim Abkühlen, damit das Natrium nicht in einem Stück sondern in kleineren Kugeln erstarrt, die sich relativ gefahrlos vernichten lassen.

Aufbewahrung: Über Molekularsieb 0,4 nm.

Benzol

Wasserhaltiges Benzol wird azeotrop destilliert (ca. 10 % Vorlauf verwerfen). Nach dem Abkühlen wird Natriumdraht eingepreßt und mit Benzophenon bis zur Blaufärbung gekocht. Danach vom Natrium abdestillieren.

Aufbewahrung: Über Molekualrsieb 0,4 nm

Toluol, Xylol, Ethylbenzol

Azeotrope Destillation (ca. 10 % Vorlauf verwerfen). Nach dem Abkühlen werden Natrium und Benzophenon zugegeben und unter Rühren zum Rückfluß erhitzt. Den Destillationsrückstand läßt man unter Rühren abkühlen, damit das Natrium in kleineren Kugeln erstarrt, die sich dann relativ gefahrlos vernichten lassen.

Aufbewahrung: Über Molekularsieb 0,4 nm

Halogenierte Kohlenwasserstoffe

Niemals über Alkalimetallen sowie Alkalimetall- und Erdalkalimetallhydriden trocknen! **Explosionsgefahr!**

Dichlormethan

Azeotrope Destillation (ca. 10 % Vorlauf verwerfen). Einige Stunden über Calciumchlorid stehen lassen. Nach dem Abfiltrieren destillieren.

Aufbewahrung: In braunen Flaschen über Molekularsieb 0,4 nm

Trichlormethan, Tetrachlormethan

Azeotrope Destillation (ca. 10 % Vorlauf verwerfen). Einige Stunden über Calciumchlorid oder Phosphorpentoxid stehen lassen. Nach dem Abfiltrieren über Phosphorpentoxid destillieren.

Aufbewahrung: In braunen Flaschen über Molekularsieb 0,4 nm und unter Schutzgasatmosphäre

1,1,2-Trichlorethen, Tetrachlorethen

Zur Reinigung werden diese beiden Lösemittel mit Kaliumcarbonatlösung gewaschen. Nach dem Waschen mit Wasser wird über Calciumchlorid getrocknet. Calciumchlorid abfiltrieren und unter Schutzgas destillieren.

Aufbewahrung: In braunen Flaschen unter Schutzgasatmosphäre und Molekularsieb 0,4 nm

Alkohole

Methanol

Trocknung erfolgt durch Auflösen von Magnesiumspänen in Methanol und anschließende Destillation. Bei Wassergehaiten über 1 % muß das Methanol fraktioniert vordestilliert werden, da Magnesium mit wasserhaltigem Methanol schlecht reagiert. In weitgehend wasserfreiem Methanol reagiert Magnesium dagegen sehr heftig.

Aufbewahrung: Über Molekularsieb 0,3 nm

Ethanol

Aus steurrechtlichen Gründen wird Ethanol mit Vergällungsmitteln wie Pyridin, Methylethylketon oder Petrolether versetzt. Für präparative Arbeiten ist das mit Petrolether vergällte Ethanol im allgemeinen besser geeignet. Liegt Ethanol als azeotropes Wassergemisch vor (95 %ig), kann man durch Zufügen von wenig Benzol ein ternäres Azeotrop mit einem Sdp. von 64,5 °C überdestillieren.
Überschüssiges Benzol destilliert als binäres Azeotrop mit einem Sdp. von 68,5 °C ab. Der Rückstand (fast wasserfreies Ethanol) kann mit Magnesiumspänen vollständig entwässert werden.
Bei handelsüblichem „absolutem" Ethanol kann man auf eine azeotrope Destillation verzichten und sofort über Magnesiumspänen destillieren.

Aufbewahrung: Über Molekularsieb 0,3 nm

Propanole

Auflösen von Magnesiumspänen und anschließende Destillation. Isopropanol kann Peroxide bilden, die vor der Trocknung durch Zinn(II)-chlorid zerstört werden.

Aufbewahrung: Über Molekularsieb 0,3 nm

Ethylenglykol

Ethylenglykol bildet mit Wasser kein Azeotrop. Es läßt sich durch eine fraktionierte Vakuumdestillation trocknen. Zur weiteren Trocknung wird die Mittelfraktion mit Natriumsulfat behandelt und noch zweimal im Vakuum destilliert.

Aufbewahrung: In gut verschlossenen Gefäßen, da Ethylenglykol sehr hygroskopisch ist.

Ether

Diethylether

Vortrocknen über Kaliumhydroxid. Nach dem Abfiltrieren preßt man Natriumdraht ein und gibt ca. 1 g Benzophenon/Liter Ether zu. Es wird bis zur Blaufärbung gekocht und dann destilliert. Obwohl die Peroxide durch Natrium vernichtet sein sollten, ist es ratsam nicht zu stark einzuengen.

Aufbewahrung: Über Molekularsieb 0,4 nm. Um einer Peroxidbildung vorzubeugen, lagert man am besten unter Schutzgasatmosphäre in einer dunklen Flasche.

Diisopropylether

Dieser Ether bildet sehr leicht Peroxide. Zur Beseitigung der Peroxide empfiehlt sich eine Säulenfiltration über aktiviertem Aluminiumoxid. Dabei werden die Peroxide allerdings nicht zerstört, sondern im Aluminiumoxid zurückgehalten. Das Aluminiumoxid darf deswegen unter *keinen* Umständen regeneriert werden!

Obwohl der auf diese Weise behandelte Diisopropylether für die meisten Zwecke trocken genug ist, kann man ihn noch über Natrium und Benzophenon destillieren.

Aufbewahrung: Über Molekularsieb 0,4 nm. Um einer Preoxidbildung vorzubeugen, lagert man ihn am besten unter Schutzgasatmosphäre in einer dunklen Flasche.

Tetrahydrofuran

Auch dieser cyclische Ether bildet sehr leicht Peroxide. Stark peroxidhaltiges Tetrahydrofuran darf nicht über Kaliumhydroxid vorgetrocknet werden, da dies unter Umständen zu einer Explosion führen kann.
Die Beseitigung von Peroxiden erfolgt durch Kochen von Tetrahydrofuran mit Kupfer(I)chlorid (ca. 4 g CuCl auf 1000 ml THF). Reines Kupfer(I)chlorid wirkt besser als technische Ware. Anschließend abdestillieren (ca. 10 % Vorlauf verwerfen). Mit Kaliumhydroxid vortrocknen. Nach dem Abfiltrieren erfolgt die endgültige Trocknung mit Natriumdraht und Benzophenon. Unter Umständen muß man mehrere Tage kochen, bis sich das Tetrahydrofuran blau färbt. Obwohl durch Natrium die Peroxide vernichtet sein sollten, ist es ratsam, nicht zu stark einzuengen.

Aufbewahrung: Über Molekularsieb 0,4 nm. Um einer Peroxidbildung vorzubeugen, lagert man Tetrahydrofuran am besten unter Schutzgasatmosphäre in einer dunklen Flasche.

Dioxan

Auch dieser Ether bildet sehr leicht Peroxide. Eine Säulenfiltration über aktiviertes Aluminiumoxid beseitigt die Peroxide. Diese werden allerdings nicht zerstört, sondern am Aluminiumoxid gebunden. Aus diesem Grund darf das Aluminiumoxid *nicht* mehr regeneriert werden. Obwohl das so behandelte Dioxan für die meisten Zwecke trocken genug ist, kann man es noch über Natrium und Benzophenon destillieren. Unter Umständen muß man mehrere Tage kochen, bis sich das Dioxan blau färbt. Obwohl durch Natrium alle Peroxide vernichtet sein sollten, ist es ratsam, aus Sicherheitsgründen nicht zu sehr einzuengen.

Aufbewahrung: Über Molekularsieb 0,4 nm. Zur Vermeidung von Peroxiden empfiehlt sich eine Lagerung unter Schutzgasatmosphäre.

Diethylenglykoldimethylether (Diglyme)

Trocknen über Calciumchlorid und nach dem Abfiltrieren Destillation unter vermindertem Druck.

Aufbewahrung: In gut verschlossenen Gefäßen.

Ethylenglykolmonomethylether

In diesem Fall genügt eine fraktionierte Vakuumdestillation. Die Mittelfraktion kann noch über Natriumsulfat getrocknet und nach dem Abfiltrieren noch einmal destilliert werden.

Aufbewahrung: In gut verschlossenen Gefäßen.

Ketone

Aceton

Aceton geht sehr leicht Kondensationsreaktionen ein, die durch Alkali oder Säuren katalysiert werden. Aus diesem Grund ist eine Verwendung der üblichen Trockenmittel wie Phosphorpentoxid, Kaliumhydroxid, Kaliumcarbonat und Calciumchlorid nicht angebracht. Selbst Aluminiumoxid löst diese Nebenreaktion aus, die durch das dabei freiwerdende Wasser zu einer Erhöhung des Wassergehaltes führt.
Das geeignete Trockenmittel für Aceton ist Calciumsulfat-Hemihydrat $CaSO_4 \cdot \frac{1}{2} H_2O$. Nach zweimaliger Destillation über Calciumsulfat hat Aceton noch einen Wassergehalt von 0,001%.

Aufbewahrung: Am besten nur in gut verschlossenen Gefäßen.

Methylethylketon (Butanon)

Ebenso wie Aceton geht Butanon Kondensationsreaktionen ein, so daß auch hier nur mit Calciumsulfat-Hemihydrat ($CaSO_4 \cdot \frac{1}{2} H_2O$)

gute Ergebnisse erhalten werden können. Da Methylethylketon ein Azeotrop mit Wasser bildet, kann eine Vorreinigung auch durch eine azeotrope Destillation erfolgen (10 % Vorlauf verwerfen).

Aufbewahrung: In gut verschlossenen Gefäßen.

Carbonsäuren

Ameisensäure

Ameisensäure zerfällt bei Raumtemperatur sehr langsam in Kohlenmonoxid und Wasser. Durch wasserentziehende Mittel wird die Zersetzung beschleunigt (Darstellung von Kohlenmonoxid im Labormaßstab!). Phosphorpentoxid und selbst Calciumchlorid scheiden deshalb als Trockenmittel aus. Durch mehrtägiges Behandeln mit Borsäureanhydrid (B_2O_3) und anschließender Vakuumdestillation kann eine weitgehend wasserfreie Säure erhalten werden.

Aufbewahrung: Kühllagerung

Essigsäure

Geeignete Trockenmittel für Essigsäure sind Phosphorpentoxid, Bortriacetat und Essigsäureanhydrid. Nach dem Trocknen destilliert man ab. Wenn ein geringer Gehalt an Essigsäureanhydrid nicht stört, ist diesem Trockenmittel der Vorzug zu geben.

Aufbewahrung: In gut verschlossenen Gefäßen.

Ester

Essigsäureethylester (Ethylacetat)

Essigsäureethylester enthält noch Hydrolyseprodukte in Form von Essigsäure und Ethanol. Zur Entfernung der Säure wird mit gesättigter Natriumcarbonatlösung gewaschen und über Calciumchlorid, das gleichzeitig mit Ethanol einen Komplex bildet, getrocknet. Nach dem Abfiltrieren des Calciumchlorids wird fraktioniert destilliert.

Aufbewahrung: Über Molekularsieb 0,4 nm.

Propylencarbonat

Die Reinigung von Propylencarbonat erfolgt am besten durch eine zweimalige fraktionierte Vakuumdestillation (Sdp. 110 °C bei 133 Pa). Eine Destillation unter Normaldruck führt zu einer teilweisen Zersetzung des Propylencarbonats.

Aufbewahrung: Über Molekularsieb 0,4 nm und Schutzgasatmosphäre.

Nitroverbindungen

Nitromethan

Durch fraktionierte Destillation läßt sich Nitromethan weitgehend wasserfrei erhalten. (Nitromethan bildet mit Wasser ein Azeotrop, das bei 83 °C übergeht). Eine vollständigere Trocknung erfolgt durch Natriumsulfat oder Calciumchlorid.
Niemals mit Natrium oder Reduktionsmitteln behandeln! *Explosionsgefahr*! Auch alkalisch reagierende Trockenmittel können unter Umständen zu einer heftigen Reaktion führen.
Vorsicht: Nitromethan läßt sich durch Erhitzen auf 150 °C (im Autoklaven) zur Explosion bringen.

Aufbewahrung: Kühllagerung

Nitroethan, Nitropropane

Durch fraktionierte Vakuumdestillation lassen sich Nitroethan und Nitropropane ausreichend wasserfrei erhalten. Bei längerem Erhitzen auf den Siedepunkt bei Normaldruck tritt Zersetzung ein. *Niemals* mit Natrium oder Reduktionsmitteln behandeln! *Explosionsgefahr*! Alkalisch reagierende Trockenmittel können zu einer heftigen Reaktion führen.

Aufbewahrung: Kühllagerung

Nitrobenzol

Nitrobenzol läßt sich über Calciumchlorid ausreichend trocknen. Danach wird im Vakuum destilliert.
Nitrobenzol darf nicht mit Natrium oder Reduktionsmitteln behandelt werden. Mit Alkalien darf Nitrobenzol nicht über 100 °C erhitzt werden.

Aufbewahrung: Kühllagerung

Amine

Aliphatische Amine

Aliphatische Amine lassen sich über Kaliumhydroxid ausreichend trocknen.

Aufbewahrung: In gut verschlossenen Gefäßen.

Anilin

Die Trocknung von Anilin erfolgt am besten durch eine Destillation in Schutzgasatmosphäre.

Aufbewahrung: In gut verschlossenen Gefäßen unter Schutzgasatmosphäre.

Pyridin

Man trocknet mehrere Tage über Kaliumhydroxid und destilliert nach dem Abfiltrieren über eine wirksame Kolonne.

Aufbewahrung: Über Molekularsieb 0,4 nm.

Nitrile

Acetonitril

Vortrocknen über Calciumchlorid. Nach dem Abfiltrieren Destillation über Phosphorpentoxid. Dabei muß gut gerührt werden, weil leicht

Siedeverzüge entstehen. Um Säurespuren zu beseitigen, kann man nochmals über Kaliumcarbonat destillieren.

Aufbewahrung: Über Molekularsieb 0,3 nm.

Propionitril

Vortrocknen über Calciumchlorid. Nach dem Abfiltrieren Destillation über Phosphorpentoxid. Dabei muß gerührt werden, um Siedeverzüge zu vermeiden. Eine Destillation über Kaliumcarbonat beseitigt geringe Säurespuren.

Aufbewahrung: Über Molekularsieb 0,3 nm.

Amide

N,N-Dimethylformamid

Die Reinigung erfolgt durch Zugabe von 10 % Benzol und 3 % Wasser. Bei Normaldruck destillieren Wasser, Benzol, Amine und Ammoniak über. Der Rest wird einer fraktionierten Vakuumdestillation unterworfen. Dimethylformamid zersetzt sich an Licht sehr leicht.

Aufbewahrung: Lichtgeschützt über Molekularsieb 0,4 nm.

Hexamethylphosphorsäuretriamid

Hier genügt eine zweimalige fraktionierte Vakuumdestillation, um es ausreichend wasserfrei zu erhalten.

Aufbewahrung: Über Molekularsieb 1,0 nm.

Schwefelhaltige Lösemittel

Schwefelkohlenstoff

Als Trockenmittel kommen hier Calciumchlorid oder Phosphorpentoxid in Betracht.

Vor dem Zusatz von Alkalimetallen muß gewarnt werden, da unter Umständen ein explosionsartiger Zerfall eintreten kann.
Auf den niedrigen Flammpunkt und die niedrige Zündtemperatur sei hingewiesen.

Aufbewahrung: In gut verschlossenen Gefäßen.

Dimethylsulfoxid (DMSO)

Dimethylsulfoxid ist ein sehr hygroskopisches Lösungsmittel, das sich nur sehr schwer trocknen läßt. Mit einigen der üblichen Trockenmittel (Calciumhydrid, Alkalimetallhydride und Phosphorpentoxid) kann DMSO unter Zersetzung reagieren. Die Trocknung erfolgt am besten durch Zugabe von ca. 10% Benzol und azeotroper Abtrennung des Wassers durch Abdestillieren des Benzols bei Normaldruck. Das übriggebliebene DMSO wird durch eine fraktionierte Vakuumdestillation gereinigt. Eine weitergehende Trocknung erfolgt über Molekularsieb 0,4 nm.

Aufbewahrung: Über Molekularsieb 0,4 nm und unter Schutzgasatmosphäre.

5.6 Literatur

Houben Weyl (1959) Methoden der Organischen Chemie, Bd I/2, 4. Auflage. Thieme, Stuttgart
Organikum (1977) 15. Auflage, VEB Deutscher Verlag der Wissenschaften, Berlin
Charles K. Mann "Nonaqueous Solvents for Electrochemical Use". In: Bard A (1969) Electroanalytical Chemistry, Vol. 3. Marcel Dekker, INC. New York
Hampel B, Maas K (1971) Chemiker-Ztg, 95, 316
,,Trocknen im Labor" u. a. Broschüren der Firma E. Merck, Darmstadt

Kapitel VI

Analytik-Hilfen
Chromatographie

6.1 Analytik-Hilfen

6.1.1 Herstellung von Lösungen (Mischungskreuz, Kreuzregel)

Hat man für die Herstellung einer Lösung mit gewünschtem Gehalt zwei Lösungen mit unterschiedlichem Gehalt zur Verfügung und tritt beim Mischen keine Volumenkontraktion ein, so kann man das sog. **Mischungskreuz** benutzen.

Beispiel 1

Vorhanden sind zwei Lösungen mit 85 Gew.% und 60 Gew.%. Gebraucht wird eine Lösung mit 70 Gew.%.

Anwendung des Mischungskreuzes:

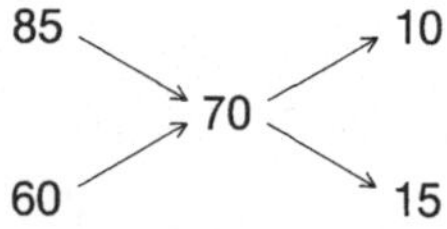

Man mischt also 10 Massenteile von der Lösung mit 85 Gew.% und 15 Massenteile von der Lösung mit 60 Gew.%.

Beispiel 2

Vorhanden ist eine Lösung mit 85 Gew.% und als zweite „Lösung" reines Lösungsmittel. Benötigt wird eine Lösung mit 70 Gew.%.

Anwendung des Mischungskreuzes:

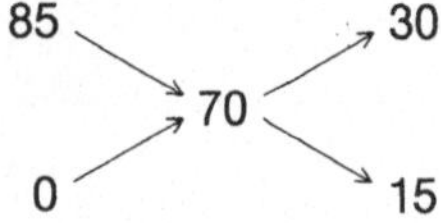

Man mischt also 30 Massenteile von der Lösung mit 85 Gew.% und 15 Massenteile reines Lösungsmittel.

6.1.2 Herstellung verdünnter Säuren und Basen

Zur Herstellung von 1000 ml Lösung eines bestimmten Prozentgehaltes bzw. einer bestimmten Äquivalentkonzentration (in mol/l) (bisher „Normalität N") werden die angegebenen Mengen der handelsüblichen konzentrierten Säure bzw. des konzentrierten Ammoniaks benötigt. Die hierbei erzielbare Genauigkeit ist von den gegebenen experimentellen Möglichkeiten abhängig. Zugrunde gelegt wurden folgende Konzentrationen:

Schwefelsäure	96%ig	Salpetersäure	65%ig
Salzsäure	37%ig	Ammoniaklösung	37%ig an NH_3

Schwefelsäure

Konz.	Menge in ml
25%	167,2
10%	60,5
5%	29,3
1 mol/l $\triangleq$ 2 N	55,7
0,5 mol/l $\triangleq$ 1 N	27,8

Salpetersäure

Konz.	Menge in ml
25%	317,1
10%	116,2
5%	56,7
2 mol/l $\triangleq$ 2 N	139,3
1 mol/l $\triangleq$ 1 N	69,6

Salzsäure

Konz.	Menge in ml
25%	641,5
10%	239,1
5%	116,8
2 mol/l $\triangleq$ 2 N	166,5
1 mol/l $\triangleq$ 1 N	83,3

Ammoniaklösung

Konz.	Menge in ml
10%	422,3
5%	215,4
2 mol/l $\triangleq$ 2 N	150,2
1 mol/l $\triangleq$ 1 N	75,1

Verdünnungsformel für 1 l definierter Äquivalentkonzentration aus konz. Lösungen

$$V = \frac{100 \cdot M \cdot c}{p \cdot d}$$

M = Molmasse

c = gewünschte Äquivalentkonzentration

p = Prozentgehalt der konz. Lösung

d = spez. Gewicht der konz. Lösung

Beispiel: Wieviel ml einer konz. H_3PO_4 werden benötigt, um 1 l einer Lösung mit $c_{eq} = 0,33$ mol $\cdot$ l^{-1} ($\hat{=}$ 1 N) herzustellen?
M (H_3PO_4) = 98 g mol^{-1}; d = 1,69 g ml^{-1}; p = 85 %;
$c_{eq} = 0,33$ mol $\cdot$ l^{-1}

$$V = \frac{100 \cdot 98 \cdot 0,33}{85 \cdot 1,69} = 22,5 \text{ ml}$$

6.2 Auswertung von Analysen, Rechenhilfen

6.2.1 Berechnung der empirischen Formel einer chemischen Verbindung

Aus der quantitativen Analyse einer chemischen Verbindung, die z. B.

32,79% Na, 13,02% Al, 54,19% F

ergab, läßt sich deren Zusammensetzung wie folgt ermitteln (AM = Atommasse):

$$x = \frac{32,79}{AM_{Na}} = 1,43; \quad y = \frac{13,02}{AM_{Al}} = 0,48; \quad z = \frac{54,19}{AM_{F}} = 2,86.$$

Die Division durch den kleinsten Wert (0,48) ergibt folgende Atomverhältnisse: $x = 2,96$, $y = 1$, $z = 5,91$. Durch Abrunden der gefundenen Atomverhältnisse ergibt sich die gesuchte Formel: Na_3AlF_6.

6.2.2 Gewichtsanalytische Berechnungen

a) Gehalt W (Massenanteil) der Analysenprobe an der zu bestimmenden Komponente in %:

$$W = \frac{A \cdot 100}{B} \%$$

A = Masse der zu bestimmenden Komponente
B = Masse der Analysenprobe

b) Gehalt W der Analysenprobe an der zu bestimmenden Komponente, die aber in einer anderen Wägeform vorliegt, in %:

$$A = a \cdot F; \quad W = \frac{a \cdot F \cdot 100}{B} \%$$

a = Masse des Niederschlags

F = Umrechnungsfaktor (analytischer Faktor) von der Wägeform (z. B. ZnS) in die gesuchte Form (z. B. Zn)

c) Feuchtigkeitsgehalt W der Analysenprobe in %:

$$W = \frac{(x - y) \cdot 100}{x} \%$$

x = Masse der Probe vor dem Trocknen

y = Masse der Probe nach dem Trocknen

6.2.3 Maßanalytische Berechnungen

6.2.3.1 Titer einer Maßlösung (früher: Faktor) zur rechnerischen Korrektur einer nur angenähert eingestellten Äquivalentkonzentration in die genaue Äquivalentkonzentration der Maßlösung

$$t = \frac{c_{eq}(i)}{c_{eq}^{*}(i)}$$

$c_{eq}(i)$ = tatsächliche Äquivalentkonzentration (Ist-Wert), z. B. $c_{eq} = 0{,}1013 \; mol \cdot l^{-1}$

$c_{eq}^{*}(i)$ = angestrebte Äquivalentkonzentration (Soll-Wert), hier im Beispiel $c_{eq} = 0{,}1 \; mol \cdot l^{-1}$

6.2.3.2 Gehalt w der Analysenprobe an der zu bestimmenden Komponente mit Hilfe von Umrechnungsfaktoren (maßanalytische Äquivalente) F

$$m = V_M \cdot F; \qquad w = \frac{V_M \cdot F \cdot 100}{m_E}\ \%$$

m = Masse der zu bestimmenden Substanz

V_M = Volumen der verbrauchten Maßlösung (Titrator)

F = maßanalytisches Äquivalent, Umrechnungsfaktor

m_E = Masse der Einwaage (Probe oder Probelösung)

Bei Berücksichtigung des Titers der Maßlösung lautet die Beziehung

$$m = V_M \cdot F \cdot t; \qquad w = \frac{V_M \cdot F \cdot t}{m_E} \cdot 100\,\%$$

Beachte: Wurde nur ein aliquoter Teil der Gesamtprobe bestimmt, ist noch auf die Gesamtprobe umzurechnen!

6.2.3.3 Äquivalente bei chelatometrischen Titrationen

Kationen reagieren bei chelatometrischen Titrationen immer im molaren Verhältnis 1 : 1. Bei der praktischen Konzentration der Maßlösung von $c = 0{,}02\,mol/l$ zeigt daher bei direkter Titration 1 ml Maßlösung 0,02 mmol des zu bestimmenden Stoffes an.

Gravimetrie

Ergebnisse gravimetrischer Analysen lassen sich mit Hilfe analytischer Faktoren F aus der nachfolgenden Beziehung berechnen

$$m = m_A \cdot F$$

6.2.3.4 Äquivalente bei Redox-Titrationen

Bei Redox-Titrationen ändern sich die Oxidationszahlen beim zu bestimmenden Stoff wie beim Titrator, dem wirksamen Stoff in der Maßlösung; Elektronen werden abgegeben und aufgenommen.

Beim Elektronenaustausch soll bei der Titration das molare Verhältnis der Reaktionspartner eingehalten werden. Daher bestimmt die Änderung der Oxidationszahl beim Titranden, dem wirksamen Stoff in der Probe, die Konzentration der Maßlösung.

Enthält eine Maßlösung z. B. 0,1 mol/l eines Titrators, der bei der Reaktion pro Teilchen **ein** Elektron austauscht, so steht das maßanalytische Äquivalent im molaren Verhältnis.

Tauscht dagegen der Titrator **zwei** Elektronen aus, so kommt auf z. B. 1 ml Maßlösung die doppelte Anzahl an Elektronen. Damit steht im molaren Verhältnis zum Reaktionspartner nur $\frac{1}{2}$ ml Maßlösung oder 1 ml Maßlösung der Konzentration $\frac{0,1}{2}$ mol/l. Bei einem Austausch von **drei** Elektronen verringert sich die zweckmäßige, weil vergleichbare Konzentration der Maßlösung auf $\frac{0,1}{3}$ mol/l ... .

Die Zahl der ausgetauschten Elektronen läßt sich leicht aus der jeweiligen Redoxgleichung entnehmen. Man beachte vor allem in der Manganometrie die pH-Abhängigkeit des Redoxpotentials.

6.2.3.5 Reaktionsgleichungen bei Redox-Titrationen

Titrationen mit $KMnO_4$

$$MnO_4^- + (COOH)_2 + 6\,H^+ \;\rightarrow\; Mn^{2+} + 2\,CO_2 + 4\,H_2O$$
$\qquad$ Oxalsäure

$$MnO_4^- + (COO)_2Ca + 8\,H^+ \;\rightarrow\; Mn^{2+} + 2\,CO_2 + Ca^{2+} + 4\,H_2O$$
$\qquad$ Calciumoxalat

$$MnO_4^- + 5\,Fe^{2+} + 8\,H^+ \;\rightleftharpoons\; Mn^{2+} + 5\,Fe^{3+} + 4\,H_2O$$
Titration nach Zimmermann und Reinhardt

$$2\,Fe^{3+} + Sn^{2+} \;\rightarrow\; 2\,Fe^{2+} + Sn^{4+}$$

$$\text{Überschuß } Sn^{2+} + 2\,HgCl \;\rightleftharpoons\; Sn^{4+} + Hg_2Cl_2 + 2\,Cl^-$$

$$2\,MnO_4^- + 5\,H_2O_2 + 6\,H^+ \;\rightarrow\; 2\,Mn^{2+} + 5\,O_2 + 8\,H_2O$$

$$2\,MnO_4^- + 3\,Mn^{2+} + 2\,H_2O \;\rightarrow\; 5\,MnO_2 + 4\,H^+$$

$$2\,MnO_4^- + 5\,NO_2 + 6\,H^+ \;\rightarrow\; 2\,Mn^{2+} + 5\,NO_3^- + 3\,H_2O$$

$$MnO_2 + (COO)_2^{2-} + 4\,H^+ \;\rightarrow\; Mn^{2+} + 2\,H_2O + 2\,CO_2$$

Titrationen mit $KI \cdot I_2$ oder $Na_2S_2O_3$

$$2\,I^- \;\rightleftharpoons\; I_2$$
Titerstellung

$$I_2 + AsO_3^{3-} + H_2O \;\rightleftharpoons\; 2\,I^- + AsO_3^{3-} + 2\,H^+$$

$$I_2 + 2\,S_2O_3^{2-} \;\rightarrow\; 2\,I^- + S_4O_6^{2-}$$
Titerstellung

$$5\,I^- + IO_3^- + 6\,H^+ \;\rightarrow\; 3\,I_2 + 3\,H_2O$$

$$3\,I_2 + 6\,S_2O_3^{2-} \;\rightarrow\; 6\,I^- + 3\,S_4O_6^{2-}$$

$$I_2 + 6\,I^- + Hg_2^{2+} \;\rightarrow\; 2\,[HgI_4]^{2-}$$

$$I_2 + S^{2-} \;\rightarrow\; S + 2\,I^-$$

$$I_2 + SO_3^{2-} + H_2O \;\rightarrow\; 2\,I^- + SO_4^{2-} + 2\,H^+$$

$$6\,I^- + ClO_3^- + 6\,H^+ \;\rightarrow\; 3\,I_2 + Cl^- + 3\,H_2O$$

$$6\,I^- + 2\,CrO_4^{2-} + 16\,H^+ \;\rightarrow\; 3\,I_2 + 2\,Cr^{3+} + 8\,H_2O$$

$$4\,I^- + 2\,Cu^{2+} \;\rightleftharpoons\; I_2 + 2\,CuI$$

$$2\,I^- + H_2O + 2\,H^+ \;\rightarrow\; I_2 + 2\,H_2O$$

6.3 Konzentrationsmaße

Für die Konzentrationen von Lösungen sind verschiedene Angaben gebräuchlich:

1. Die **Stoffmenge n (X)** des Stoffes X ist der Quotient aus der *Masse m* einer Stoffportion und der *molaren Masse* von X:

$$n(X) = \frac{m}{M(X)} \qquad \text{SI-Einheit: mol}$$

2. a) Die **Stoffmengenkonzentration** (Konzentration) c (X) eines Stoffes X in einer Lösung ist der Quotient aus einer *Stoffmenge n (X)* und dem *Volumen V* der Lösung:

$$c(X) = \frac{n(X)}{V} \qquad \text{SI-Einheit: mol/m}^3$$

Beachte: Die Stoffmengenkonzentration bezogen auf *1 Liter Lösung* wurde früher *Molarität* genannt und mit *M abgekürzt.*
b) Die **Molarität b** eines gelösten Stoffes X ist der Quotient aus seiner *Stoffmenge n (X)* und der *Masse m (L m)* des Lösungsmittels:

$$b(X) = \frac{n(X)}{m(Lm)} \qquad \text{SI-Einheit: mol} \cdot \text{kg}^{-1} \text{ (Lösungsmittel)}$$

3. Die **Äquivalentstoffmenge** (früher = Molzahl) *n (eq)* eines Stoffes X ist der Quotient aus der *Masse einer Stoffportion* und der *molaren Masse* des Äquivalents:

$$n(eq) = \frac{m}{M[(1/z)\,X]} \qquad \text{SI-Einheit: mol}$$

4. Die **Äquivalentkonzentration c(eq)** eines Stoffes X ist der Quotient aus der *Äquivalentstoffmenge n (eq)* und dem *Volumen V* der Lösung:

$$c\,(eq) = \frac{n\,(eq)}{V} \qquad \text{SI-Einheit: mol/m}^3$$

Zusammenhang zwischen der Stoffmengenkonzentration c(X) und der Äquivalentkonzentration c(eq):

$$c\,(eq) = c\,(X) \cdot z^*$$

Zusammenhang zwischen Stoffmenge n(X) und der Äquivalentstoffmenge n(eq):

$$n\,(eq) = n\,(X) \cdot z^*$$

Beachte: Die Äquivalentkonzentration c(eq) eines Stoffes X bezogen auf *1 Liter Lösung* wurde früher *Normalität* genannt und mit *N* abgekürzt.

Mit dem Mol als Stoffmengeneinheit ergibt sich:

Die Äquivalentkonzentration c(eq) = 1 mol $\cdot$ l^{-1}

- einer <u>Säure</u> (nach Brönsted) ist diejenige Säuremenge, die 1 mol Protonen *abgeben* kann,
- einer <u>Base</u> (nach Brönsted) ist diejenige Basenmenge, die 1 mol Protonen *aufnehmen* kann,
- eines <u>Oxidationsmittels</u> ist diejenige Substanzmenge, die 1 mol Elektronen *aufnehmen* kann,
- eines <u>Reduktionsmittels</u> ist diejenige Substanzmenge, die 1 mol Elektronen *abgeben* kann.

---

* „z" bedeutet die *Äquivalentzahl.* Sie ergibt sich aus einer Äquivalenzbeziehung (z.B. einer definierten chem. Reaktion). Bei Ionen entspricht sie der Ionenladung

5. Der **Massenanteil w** eines Stoffes X in einer Mischung ist der Quotient aus seiner *Masse m(X)* und der *Masse der Mischung*

$$w(X) = \frac{m(X)}{m}$$

Die Angabe des Massenanteils erfolgt durch die Größengleichung; z. B. $w(NaOH) = 0{,}32$ oder *in Worten*: Der Massenanteil an NaOH beträgt 0,32.

6. Der **Volumenanteil** eines Stoffes X in einer Mischung aus den Stoffen X und Y ist der Quotient aus einem *Volumen V(X)* und der *Summe der Volumina V(X) und V(Y)* vor dem Mischvorgang

$$(X) = \frac{V(X)}{V(X) + V(Y)}$$

Bei mehr Komponenten gelten entsprechende Gleichungen.
Die Angabe des Volumenanteils erfolgt meist durch die Größengleichung, z. B. $(H_2) = 0{,}25$ oder *in Worten*: Der Volumenanteil an H_2 beträgt 0,25.

Beachte: Der Volumenanteil wurde früher auch *Volumenbruch* genannt. Man sprach aber meist von einem Gehalt in *Volumen-Prozent (Vol.-%)*.

7. Der **Stoffmengen-Anteil x** eines Stoffes X in einer Mischung aus den Stoffen X und Y ist der Quotient aus seiner *Stoffmenge n(X)* und der *Summe der Stoffmengen n(X) und n(Y)*

$$x(X) = \frac{n(X)}{n(X) + n(Y)}$$

Bei mehr Komponenten gelten entsprechende Gleichungen. *Die Summe aller Stoffmengenanteile einer Mischung ist 1.*
Die Angabe des Stoffmengen-Anteils x erfolgt meist durch die Größengleichung, z. B. $x(X) = 0{,}5$ oder *in Worten*: Der Stoffmengenanteil an X beträgt 0,5.

Beachte: Der Stoffmengen-Anteil wurde früher *Molenbruch* genannt. Man sprach aber meist von *Atom-%* bzw. *Mol-%*.

6.4 Glasfiltergeräte

Glasfiltergeräte sind mit unterschiedlicher *Porenweite* erhältlich. Man unterscheidet *Porositätsklassen* von 0 bis 5. Die Porenweite bezieht sich dabei auf die größte Pore einer Platte. Zur Filtration wählt man zweckmäßigerweise die maximale Porenweite etwas kleiner als die kleinsten abzutrennenden Teilchen.

Tabelle 6.1. (Aus Firmenschrift: Glasfiltergeräte der Fa. Schott, Mainz)

Poren-größe	Neue Kenn-zeichnung	Nennwerte der max. Porenweite µm	Anwendungsgebiete, Beispiele
⓪	P 250	160 bis 250	Gasverteilung Gasverteilung in Flüssigkeiten bei geringem Gasdruck Filtration gröbster Niederschläge
①	P 160	100 bis 160	Grobfiltration, Filtration grober Niederschläge, Gasverteilung in Flüssigkeiten Flüssigkeitsverteilung, grobe Gasfilter, Extraktionsapparate für grobkörniges Material Unterlagen für lose Filterschichten gegen gelatinöse Niederschläge
②	P 100	40 bis 100	Präparative Feinfiltration Präparatives Arbeiten mit kristallinen Niederschlägen Quecksilberfiltration
③	P 40	16 bis 40	Analytische Filtration, Analytisches Arbeiten mit mittelfeinen Niederschlägen Präparatives Arbeiten mit feinen Niederschlägen Filtration in der Zellstoffchemie, feine Gasfilter. Extraktionsapparate für feinkörniges Material
④	P 16	10 bis 16	Analytische Feinfiltration Analytisches Arbeiten mit sehr feinen Niederschlägen (z. B. $BaSO_4$, Cu_2O) Präparatives Arbeiten mit entsprechend feinen Niederschlägen Rückschlag- und Sperrventile für Quecksilber
⑤	P 1,6	1,0 bis 1,6	Bakterienfiltration

Hinweise für die chem. Reinigung (aus: Firmenschrift von Schott)

Achtung: stark ätzende Lösungen. Schutzausrüstung benutzen! Glasfritten nicht mit Natronlauge (Korrosion) oder Chromschwefelsäure (Chromsalzbildung) reinigen.

Entfernung von:

$BaSO_4$:	heiße konz. H_2SO_4
$AgCl$:	heiße NH_3-Lösung
Quecksilberrückstand:	heiße konz. HNO_3
HgS:	heißes Königswasser
Eiweiß:	heiße NH_3-Lösung, Salzsäure, Laborreiniger
Fett, Öl:	Laborreiniger
org. Stoffe:	heiße konz. H_2SO_4 + HNO_3, $NaNO_3$; Laborreiniger
Tierkohle:	vorsichtiges Erhitzen mit einer Mischung aus 5 Teilen konz. H_2SO_4 + 1 Teil HNO_3

Tabelle 6.2. Wichtige Glassorten im Labor

Glassorte	linearer Ausdehnungskoeffizient a × 10^{-6}/°C mit a =	Erweichungspunkt [°C]	zulässige Temperatur [°C]
AR-Glas	9,0	712	460
Duran, Pyrex, Solidex	3,2	817	490 (chemisch hochresistent, beständig gegen Temperaturwechsel)
Fiolax	4,9	773	500
Supremax	4,1	940	700
Quarzglas	0,5–0,8	1400	1200

Beachte: Eine Kombination der Gläser (Verschmelzen) ist wegen unterschiedlicher Ausdehnungskoeffizienten nicht möglich. Hierzu ist die Verwendung von „Zwischengläsern" erforderlich.

Tabelle 6.3. Hinweise zu Porzellanfiltertiegeln

Porengröße	Porendurchmesser	Filtrationsgeschwindigkeit (Wasser von 20 °C)
①	ca. 6 μm (fein)	100 ml in 3 min
②	ca. 7 μm (mittel)	100 ml in 2 min
③	ca. 8 μm (grob)	100 ml in 1 min

Vor dem Ausglühen Porzellanfiltertiegel im Trockenschrank vortrocknen (Zerstörungsgefahr der Porzellanfritte durch Dampfdruck des Wassers)

Tabelle 6.4. Filterpapiere für quantitative Analysen (Glührückstand 0,01 %)

Bezeichnung	Filtrierwirkung	Filtriergeschwindigkeit (sec, DIN 53137)	Anwendungsbeispiele
Graupackung	sehr schnell	5	Si-Schnellbestimmung
Graupackung	schnell	9	$Fe(OH)_3$, $Al(OH)_3$ Bi_2S_3, CuS, FeS_2 Ni-Diacetyldioxim
Weißpackung	mittelschnell	27	Sulfide, $PbCrO_4$, CaC_2O_4
Gelbpackung	mittel bis langsam	55	ZnS, $MgNH_4$-Phosphat
Blaupackung	langsam	85	$BaSO_4$, $PbSO_4$, CaC_2O_4
Grünpackung	langsam	140	sehr feine Niederschläge
Grünpackung	sehr langsam	195	Metazinnsäure, kalt gefälltes $BaSO_4$

Unlösliche Substanz	Aufschlußmittel	Reaktionspunkt
AgCl, AgBr, AgI	1	Ag
	2	Ag
Al_2O_3	2	$NaAlO_2$
	15 + 2	$NaAlO_2$
	3 + 2	$NaAlO_2$
	8	$AlCl_3$
	14	$Al_2(SO_4)_3$
Aluminate	3	Metallsulfat + $Al_2(SO_4)_3$
Arsenide	4	Metalloxid + Na_3AsO_4
$BaSO_4$	2	$BaCO_3$
BeO	3	$BeSO_4$
	12	BeF_2
$CaSO_4$	2	$CaCO_3$
CaF_2	11 + 2	$CaCO_3$
CeO_2	3	$Ce(SO_4)_2$
CoO	2	$CoCO_3$
Cr_2O_3	4	K_2CrO_4
Cyanid-Komplexe	11	Metallsulfate
	16	Metallcarbonate
Fe_2O_3	3	$Fe_2(SO_4)_3$
	14	$FeCl_3$
Fluoride	11	Metallsulfate
Ga_2O_3	3	$Ga_2(SO_4)_3$
GeO_2	2	Na_2GeO_3
	13	Na_2GeO_3
Nb_2O_5	2	$NaNbO_3$
	9	$KNbO_3$
NiO	2	$NiCO_3$
$PbSO_4$	2	$PbCO_3$
	6	Komplexbildung
Sb_2O_4	5	K_3SbS_3
Antimonate	5	Metallsulfid + K_3SbS_3
Seltenerdoxide	3	Seltenerdsulfate
	7	Seltenerdsulfate
SiO_2	8	$SiCl_4$
Silicate	2	Metallcarbonate + Na-Silicat
	9	Metalloxide + Na-Silicat
	13	Metalloxide oder -carbonate + Na-Silicate
	7	Metallsulfate oder -fluoride

Tabelle 6.5 (Fortsetzung)

Unlösliche Substanz	Aufschlußmittel	Reaktionspunkt
SiC	9	Na-Silicat
$SrSO_4$	2	$SrCO_3$
SnO_2	5	K_2SnS_3
	9	Na_2SnO_3
	14	SnI_4
Sulfide	10	Metallchloride
	4	Metalloxide
	13	Metalloxide
Ta_2O_5	2	$NaTaO_3$
	9	$KTaO_3$
ThO_2	3	$Th(SO_4)_2$
TiO_2	$15 + 2$	Na_2TiO_3
	3	$TiOSO_4$
	8	$TiCl_4$
	17	$TiOSO_4$
U_3O_8	8	UCl_3
ZrO_2	3	$Zr(SO_4)_2$
$Zr_3(PO_4)_2$	3	$Zr(SO_4)_2$

6.5 Aufschlußmittel

1 *Zn + verd. H_2SO_4*

2 *Soda-Pottasche-Aufschluß*
Substanz + vier- bis sechsfache Menge einer wasserfreien Mischung von $K_2CO_3 + Na_2CO_3$ (1 : 1) schmelzen (Nickel-, Eisen-, Porzellan- oder Platintiegel; bei Silberhalogeniden keinen Platintiegel verwenden), die erkaltete Schmelze in H_2O lösen, nach dem Filtrieren im Rückstand verbleibende Carbonate in HCl lösen

3 *Saurer Aufschluß*
Substanz + sechsfache Menge $KHSO_4$ schmelzen (Platintiegel), die erkaltete Schmelze in verd. H_2SO_4 lösen

4 *Oxydationsschmelze*
Substanz + dreifache Menge eines Gemisches von $Na_2CO_3 + KNO_3$ oder $NaNO_3$ (1 : 1) schmelzen (Porzellantiegel), die erkaltete Schmelze in H_2O lösen

5 *Freiberger Aufschluß*
Substanz + sechsfache Menge eines Gemisches von K_2CO_3 + S
(1 : 1) schmelzen (Porzellantiegel), die erkaltete Schmelze in H_2O
lösen

6 *ammoniakalische Weinsäurelösung*

7 *Flußsäureaufschluß*
Substanz + Gemisch von konz. H_2SO_4 + CaF_2 (1 : 5 Volumenteile)
im Wasserbad erhitzen (Platin- oder Bleitiegel), Tiegelinhalt in
verd. HCl lösen

8 *Substanz mit Kohlepulver* vermischt im Chlorstrom erhitzen; oder
über die erhitzte Substanz einen CCl_4 + Cl_2-Strom leiten

9 *Substanz + festes NaOH oder KOH schmelzen* (Nickel-, Eisen-
oder Silbertiegel), Rückstand in H_2O lösen

10 *Substanz mit der zweifachen Menge NH_4Cl vermischen,* in ein
Porzellanschiffchen füllen, dieses in einem Reaktionsrohr unter
Durchleiten von HCl erhitzen; nach 45–60 min sind V, Mo, As, S,
Se, Te, Sb, Hg, teilweise Fe als Chloride absulblimiert; im Schiff-
chen befinden sich die schwerer flüchtigen Chloride

11 *Substanz mit konz. H_2SO_4 abrauchen* (Becherglas)

12 *Substanz + KHF_2 (1 : 2) schmelzen* (Platintiegel), erkaltete
Schmelze in H_2O lösen

13 *Substanz + Gemisch von Na_2CO_3 + Na_2O_2 (2 : 1) schmelzen* (Silbertiegel), erkaltete Schmelze in H_2O lösen

14 *Substanz + Ammoniumsalz (NH_4Cl, NH_4I oder $(NH_4)_2SO_4$) erhitzen,* erkaltete Schmelze und/oder Sublimat in H_2O lösen

15 *Substanz + Gemisch von $Na_2B_4O_7$ + Na_2CO_3 (1 : 2) schmelzen*
(Platintiegel), Filterrückstand nach 2 aufschließen

16 *Substanz + konz. Na_2CO_3-Lösung kochen* (Porzellanschale)

17 *Substanz + konz. H_2SO_4 + Na_2SO_4 kochen* (Becherglas)

6.6 Säurekonstanten, Basekonstanten

Betrachtet man die Reaktion einer _Säure HA_ mit H_2O und formuliert für diese _Protolyse_ das MWG, ergibt sich:

$$HA + H_2O \rightleftharpoons H_3O^+ + A^-; \quad \frac{c(H_3O^+) \cdot c(A^-)}{c(HA) \cdot c(H_2O)} = K_c \, {}^*$$

Solange mit verdünnten Lösungen der Säure gearbeitet wird, kann $c(H_2O)$ als konstant angenommen und in die Gleichgewichtskonstante K_c einbezogen werden. Die neue Gleichgewichtskonstante K_s heißt _Säurekonstante_

$$K_s = K_c \cdot c(H_2O) = \frac{c(H_3O^+) \cdot c(A^-)}{c(HA)}$$

Beachte: Manchmal findet man für K_s auch K_a, a von acid.

Für die Reaktion einer _Base B_ mit H_2O gilt analog:

$$B + H_2O \rightleftharpoons OH^- + BH^+$$

$$\frac{c(OH^-) \cdot c(BH^+)}{c(H_2O) \cdot c(B)} = K_c$$

$$K_c(H_2O) = K_b = \frac{c(OH^-) \cdot c(BH^+)}{c(B)} \, {}^*$$

---

* Für genaue Berechnungen ist statt der Konzentration die Aktivität einzusetzen

Die Konstanten K_s bzw. K_b sind ein Maß für die Stärke einer Säure bzw. Base.

Analog zum pH-Wert verwendet man statt der Säure- bzw. Basekonstante den pK_s- bzw. pK_b-Wert:

Der pK_s-Wert ist der negative dekadische Logarithmus des Zahlenwertes der Säurekonstante K_s:

$$pK_s = - \lg K_s\,^*$$

Der pK_b-Wert ist der negative dekadische Logarithmus des Zahlenwertes der Basekonstante K_b:

$$pK_b = - \lg K_b$$

Beachte: Je höher der pK_s-Wert, um so schwächer ist die Säure und umso stärker ist die Base eines korrespondierenden Säure-Base-Paares.

Zwischen dem pK_s- und pK_b-Wert korrespondierender Säure-Base-Paare gilt die Beziehung:

$$pK_s + pK_b = 14 \ (25\,^\circ C)$$

Es ist üblich sowohl die Stärken einer Säure als auch die Stärke einer Base mit dem pK_s-Wert anzugeben. Für die Base ermittelt man ihn mit vorstehender Gleichung.

Nach den pK-Werten unterscheidet man zwischen starken und schwachen Säuren bzw. Basen.

Tabelle 6.6. Stärke von Säuren und Basen

$pK < 0$	sehr starke Säuren bzw. Basen
$0 < pK < 4,5$	starke Säuren bzw. Basen
$4,5 < pK < 9,5$	schwache Säure bzw. Basen
$14 < pK$	sehr schwache Säuren bzw. Basen

---

* pK_s heißt auch „Säureexponent", „Säurezahl"
  pK_b heißt „Baseexponent"

Tabelle 6.7. Säurekonstanten (Anorg. Säuren und Basen)

Säure	Korrespondierende Base	pK_s
$HClO_4$	ClO_4^-	-9
HI	I^-	-8
HCl	Cl^-	-6
HBr	Br^-	
H_2SO_4	HSO_4^-	-3
H_3O^+	H_2O	$-1,76^*$
HNO_3	NO_3^-	$-1,32$
PH_4^+	PH_3	0
$HClO_3$	ClO_3^-	0
HIO_3	IO_3^-	0
$HBrO_3$	BrO_3^-	0
H_3PO_3	$H_2PO_2^-$	$1,8$
HSO_4^-	SO_4^{2-}	$1,92$
H_2SO_3	HSO_3^-	$1,96$
H_3PO_4	$H_2PO_3^-$	$1,96$
H_3PO_2	$H_2PO_2^-$	$2,0$
$HClO_2$	ClO_2^-	$2,0$
$[Fe(H_2O)_6]^{3+}$	$[Fe(H_2O)_5OH]^{2+}$	$2,2$
HF	F^-	$3,1$
HNO_2	NO_2^-	$3,35$
$HCOOH$	$HCOO^-$	$3,75$
$HSCN$	SCN^-	4
CH_3COOH	CH_3COO^-	$4,76$
$[Al(H_2O)_6]^{3+}$	$[Al(H_2O)_5OH]^{2+}$	5
(H_2CO_3)	HCO_3^-	$6,52$
HSO_3^-	SO_3^{2-}	7
H_2S	S^{2-}	7
$H_2PO_4^-$	HPO_4^{2-}	$7,21$
$HClO$	ClO^-	$7,25$
NH_4^+	NH_3	$9,25$

Tabelle 6.7 (Fortsetzung)

Säure	Korrespondierende Base	pK_s
HCO_3^-	CO_3^{2-}	10,4
H_2O_2	HO_2^-	11,6
HPO_4^{2-}	PO_4^{3-}	12,32
H_2O	OH^-	15,74*
HS^-	S^{2-}	12,9
NH_3	NH_2^-	23
OH^-	O^{2-}	24

* Wegen $\dfrac{c(H_3O^+) \cdot c(OH^-)}{c(H_2O)} = \dfrac{10^{-14}}{55,5} = 1{,}8 \cdot 10^{-16}$, um H_3O^+, OH^- und H_2O in die Tabelle aufnehmen zu können. Bei der Ableitung von K_w über die Aktivitäten ist $pK_s(H_2O) = 14$ und $pK_s(H_3O^+) = 0$.

Tabelle 6.8. Säurekonstanten/Basekonstanten (Organische Basen)

Base	Formel	pH_b	pK_s
Ammoniak	NH_3	4,75	9,25
Methylamin	CH_3NH_2	3,36	10,64
Dimethylamin	$(CH_3)_2NH$	3,29	10,71
Trimethylamin	$(CH_3)_3N$	4,26	9,74
Ethylamin	$CH_3CH_2NH_2$	3,25	10,75
Diethylamin	$(CH_3CH_2)_2NH$	3,02	10,98
Triethylamin	$(CH_3CH_2)_3N$	3,24	10,76
Benzylamin	$C_6H_5CH_2NH_2$	4,64	9,36
Pyridin	C_5H_5N	8,77	5,23
Anilin	$C_6H_5NH_2$	9,42	4,58
Harnstoff	H_2NCONH_2	13,82	0,08
Guanidin	$HN=C(NH_2)_2$	0,30	13,7

Tabelle 6.9. Säurekonstanten (Organische Säuren und Basen)

Säure	Formel	pKs
Ameisensäure	$HCOOH$	3,77
Essigsäure	CH_3COOH	4,76
Propionsäure	CH_3CH_2COOH	4,88
Fluoressigsäure	CH_2FCOOH	2,58
Chloressigsäure	$CH_2ClCOOH$	2,86
Bromessigsäure	$CH_2BrCOOH$	2,87
Iodessigsäure	CH_2ICOOH	3,13
Dichloressigsäure	$CHCl_2COOH$	1,25
Trichloressigsäure	CCl_3COOH	0,63
Benzolsulfonsäure	$C_6H_5SO_3H$	0,7
Milchsäure	$CH_3CHOHCOOH$	3,87
Oxalsäure	$HOOC-COOH$	1,46
Malonsäure	$HOOCCH_2COOH$	2,83
Acrylsäure	$CH_2=CHCOOH$	4,26
Benzoesäure	C_6H_5COOH	4,2
Phenylessigsäure	$C_6H_5CH_2COOH$	4,31
Phenol	C_6H_5OH	10,0
Hydrochinon	$C_6H_4(OH)_2$	10,0
o-Nitrophenol	$C_6H_4(OH)-NO_2$	7,21
m-Nitrophenol	$C_6H_4(OH)-NO_2$	8,0
p-Nitrophenol	$C_6H_4(OH)-NO_2$	7,16
Barbitursäure	$\begin{matrix} CO-NH-\ CO \\ \ \ \ \ \vert \ \ \ \ \ \ \ \ \ \ \vert \\ CH_2-CO-NH \end{matrix}$	4,0
Palmitinsäure	$CH_3-(CH_2)_{14}COOH$	5,7
Pikrinsäure	$C_6H_2(NO_2)_3-OH$	0,37
Glycin	$H_3N^+-CH_2-CO_2^-$	2,35
Ethanol	C_2H_5OH	18,0

6.7 pH-Indikatoren (Farbindikatoren)

Farbindikatoren sind Substanzen, deren wäßrige Lösungen in Abhängigkeit vom pH-Wert der Lösung ihre Farbe ändern können. Es sind Säuren (HIn), die eine andere Farbe (Lichtabsorption) haben als ihre korrespondierenden Basen (In$^-$).
Der Umschlagspunkt eines Farbindikators liegt bei seinem pK_s-Wert. Ein brauchbarer Umschlagsbereich ist durch zwei pH-Einheiten begrenzt, da das Auge die Farben erst bei einem 10fachen Überschuß der einzelnen Komponenten erkennt.

$$pH = pK_{s\,HIn} \pm 1$$

Bei der Auswahl geeigneter Farbindikatoren für die *Neutralisationsanalyse* sollten folgende Regeln beachtet werden:

1. Starke Säuren und starke Basen können miteinander unter Verwendung aller Indiaktoren titriert werden, deren Farbumschlag zwischen pH 3 und pH 8 erfolgt.
2. Schwache Säuren lassen sich mit starken Basen am besten titrieren, wenn der Umschlagspunkt des Indikators im schwach alkalischen Bereich liegt.
3. Schwache Basen sollten mit starken Säuren nur in Gegenwart solcher Indikatoren titriert werden, die im schwach sauren Bereich ihre Farbe ändern.
4. Titrationen schwacher Basen mit schwachen Säuren sollten möglichst vermieden werden, da die erhaltenen Resultate mit größeren Fehlern behaftet sind.

Tabelle 6.10. Indikatoren für die Titration von Basen in nichtwäßrigen Lösemitteln (z.B. mit Perchlorsäure 0,1 mol/l in wasserfreier Essigsäure)

Indikator	Lösemittel	Farbwechsel alkalisch	sauer	Ansatz
Bromkresolgrün	Benzol, Chlorbenzol	blau	gelb	0,05 g in 100 ml Ethanol (100%)
Bromphenolblau	Benzol, Chlorbenzol	blau	gelb	0,1 g in 100 ml Eisessig
Chinaldinrot	Eisessig, Propionsäure	dunkelrot	farblos	0,1 g in 100 ml Eisessig
4-(Dimethylamino)-azobenzol	Chloroform, Dichlormethan	gelb	rot	0,1 g in 100 ml Toluol
Kongorot	Dioxan, Chloroform	rot	blau	0,1 g in 100 ml Methanol
Kristallviolett	Eisessig, Benzol, Essigsäureanhydrid, Chloroform, Acetonitril,	violett	blaugrün	0,1–1,0 g in 100 ml Eisessig
	Dioxan, Nitromethan	gelbgrün	gelb	
Malachitgrün-Oxalat	Ameisensäure-Eisessig, Essigsäureanhydrid	blaugrün	gelb	0,1–1,0 g in 100 ml Eisessig
Methylrot	Dioxan	gelb	rosa	0,1–1,0 g in 100 ml Methanol
Methylviolett	Eisessig/Chlorbenzol/ Essigsäureanhydrid, Eisessig, Propionsäure	violett	gelb	0,2 g in 100 ml Eisessig
1-Naphtholbenzoin	Eisessig, Essigsäureanhydrid, Nitromethan/ Essigsäureanhydrid, Aceton, Acetonitril, Ethylmethylketon	gelb	grün	0,1–1,0 g in 100 ml 2-Propanol
Neutralrot	Aceton	gelb	rot	0,2 g in 100 ml Methanol
Oracetblau 2R	Benzol, Eisessig, Essigsäure/Quecksilber(II)-acetat-Lösung	rosa	blau	0,1–0,5 g in 100 ml Eisessig
Thymolblau	Ethylenglycolmonomethylether, Methanol	gelb	rot	0,3 g in 100 ml Methanol
Triphenylmethanol	Eisessig/Essigsäureanhydrid, Essigsäureanhydrid, Nitromethan/ Essigsäureanhydrid	farblos	gelb	0,1 g in 100 ml Ethanol (100%)

Tabelle 6.11. Indikatoren und ihre Farbumschlagsbereiche

Name	Umschlags-bereich (pH)	Ansatz
Kresolrot	0,2– 1,8	0,1% in 20% Ethanol
Tropäolin 00	1,0– 2,8	0,04% in 50% Ethanol
Metanilgelb	1,2– 2,3	0,1% in Wasser
Thymolblau	1,2– 2,8	0,04%-Na-Salz in Wasser
m-Kresolpurpur	1,2– 2,8	0,04%-Na-Salz in Wasser
2,6-Dinitrophenol	1,7– 4,4	0,05–0,1% in 70% Ethanol
2,4-Dinitrophenol	2,0– 4,7	0,05–0,1% in 70% Ethanol
4-(Dimethyl-amino)azobenzol	2,9– 4,0	0,04–0,1% in Ethanol
Bromphenolblau	3,0– 4,6	0,1% in 20% Ethanol
Kongorot	3,0– 5,2	0,1% in Wasser
Methylorange	3,1– 4,4	0,04% in Wasser
Bromkresolgrün	3,8– 5,4	0,1% in 20% Ethanol
2,5-Dinitrophenol	4,0– 5,8	0,05–0,1% in 70% Ethanol
Alizarin S	4,3– 6,3	0,1% in Wasser
Methylrot	4,4– 6,2	0,1% in Ethanol
Lackmus	5,0– 8,0	0,2% in Ethanol
Bromkresolpurpur	5,2– 6,8	0,1% in 20% Ethanol
Bromphenolrot	5,2– 6,8	0,1% in 20% Ethanol
Bromthymolblau	6,0– 7,6	0,1% in 20% Ethanol
Phenolrot	6,4– 8,2	0,1% in 20% Ethanol
Neutralrot	6,8– 8,0	0,1% in 70% Ethanol
Kresolrot	7,0– 8,8	0,1% in 20% Ethanol
m-Kresolpurpur	7,4– 9,0	0,04%-Na-Salz in Wasser
Thymolblau	8,0– 9,6	0,04%-Na-Salz in Wasser
Phenolphthalein	8,2– 9,8	0,1% in Ethanol
Thymolphthalein	9,3–10,5	0,04–0,1% in 50% Ethanol
Alizaringelb GG	10,0–12,1	0,1% in Wasser
Alizaringelb R	10,0–12,1	0,1% in Wasser
Tropäolin 0	11,1–12,7	0,1% in Wasser
Epsilonblau	12,0–13,0	0,1% in Wasser

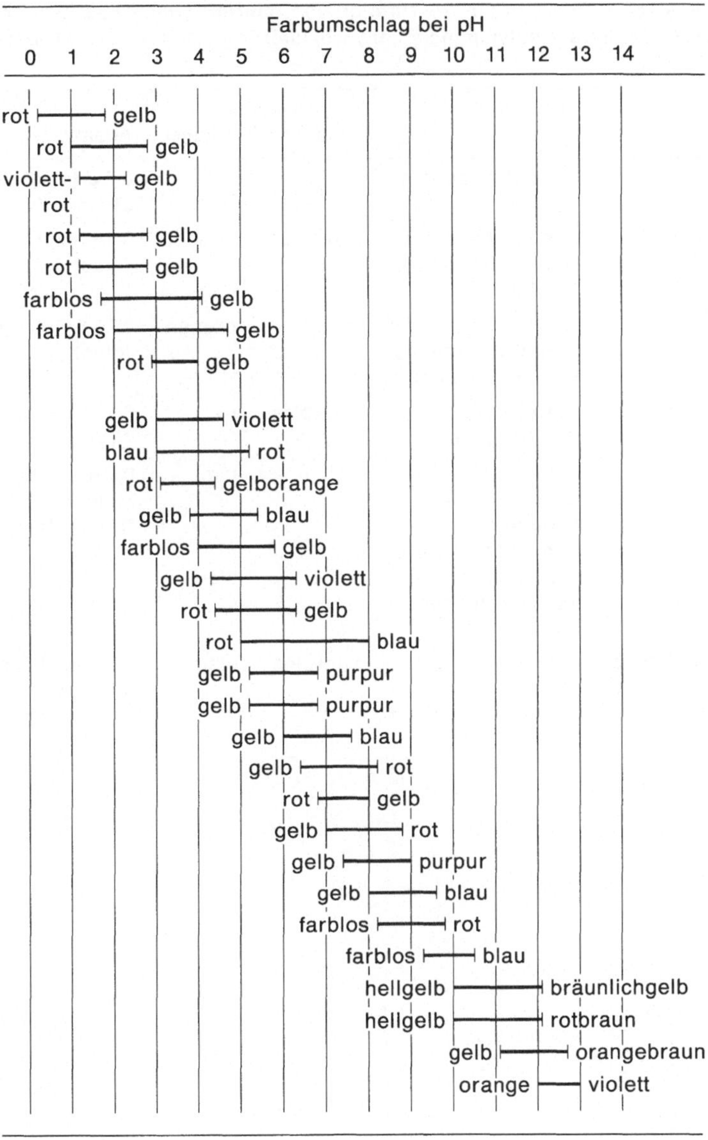

Farbumschlag bei pH

0 1 2 3 4 5 6 7 8 9 10 11 12 13 14

rot ⊢——⊣ gelb
rot ⊢——⊣ gelb
violett-rot ⊢——⊣ gelb
rot ⊢——⊣ gelb
rot ⊢——⊣ gelb
farblos ⊢——⊣ gelb
farblos ⊢——⊣ gelb
rot ⊢——⊣ gelb
gelb ⊢——⊣ violett
blau ⊢——⊣ rot
rot ⊢——⊣ gelborange
gelb ⊢——⊣ blau
farblos ⊢——⊣ gelb
gelb ⊢——⊣ violett
rot ⊢——⊣ gelb
rot ⊢——⊣ blau
gelb ⊢——⊣ purpur
gelb ⊢——⊣ purpur
gelb ⊢——⊣ blau
gelb ⊢——⊣ rot
rot ⊢——⊣ gelb
gelb ⊢——⊣ rot
gelb ⊢——⊣ purpur
gelb ⊢——⊣ blau
farblos ⊢——⊣ rot
farblos ⊢——⊣ blau
hellgelb ⊢——⊣ bräunlichgelb
hellgelb ⊢——⊣ rotbraun
gelb ⊢——⊣ orangebraun
orange ⊢——⊣ violett

Tabelle 6.12. Indikatoren für die Titration von Säuren in nichtwäßrigen Lösemitteln (z.B. mit Tetra-n-butylammoniumhydroxidlösung 0,1 mol/l in 2-Propanol/Methanol)

Indikator	Lösemittel	Farbwechsel sauer	alkalisch	Ansatz
Alkaliblau	Toluol/2-Propanol	blau	rot	0,1 g in 100 ml Ethanol (96%)
4-Hydroxyazo-benzol	Aceton, Acetonitril, Dimethylformamid Ethylendiamin	orange	hellgelb	0,1 g in 100 ml Toluol
2-Nitroanilin	Aceton, tert.-Butanol, Dimethylformamid, Pyridin, Ethylendiamin	gelb	orange	0,2–1,0 g in 100 ml Toluol
Phenolphthalein	Benzol, Aceton, Pyridin, Toluol	farblos	rot	0,1–1,0 g in 100 ml 2-Propanol
Thymolblau	Aceton, Aceton/Pyridin, Acetonitril, Benzol/Methanol	gelb	blau	0,3 g in 100 ml Methanol oder Dimethylformamid
	n-Butylamin, Di-methylformamid, Dioxan	rot	blau	
Thymolphthalein	Aceton	farblos	blau	0,5 g in 100 ml Dimethylformamid

6.8 Redoxpotential und rH-Wert

In Analogie zum pH-Wert wurde zur Beschreibung der Redoxeigenschaften eines Systems der sogenannte rH-Wert eingeführt. Man geht dabei davon aus, daß eine Platinelektrode, die in eine Lösung eines Redoxsystems taucht, auch als Wasserstoffelektrode angesehen werden kann. Unter dem rH-Wert versteht man den negativen Logarithmus des Wasserstoffdruckes, mit dem die Platinelektrode beladen sein müßte, um eine der Lösung entsprechende Reduktionswirkung zu erzeugen.

Zwischen Redoxpotential und rH-Wert besteht demnach bei 25 °C folgender Zusammenhang:

$$E = 0{,}058 \log a_{H\oplus} - 0{,}029 \lg p$$

$a_{H\oplus}$ = Wasserstoffionen-Aktivität

p = Wasserstoffdruck

$$E = -0{,}058 \text{ pH} + 0{,}029 \text{ rH}$$

Redoxpotential und rH-Wert lassen sich bei bekanntem pH-Wert ineinander umrechnen.

Bei Verwendung einer oxidierenden Maßlösung muß das Redoxpotential des Indikators höher sein, als das Potential der Lösung in der Titrationsvorlage.

Bei Verwendung einer reduzierenden Maßlösung muß das Redoxpotential des Indikators niedriger sein, als das der Lösung in der Titrationsvorlage.

Den zu untersuchenden Lösungen sollen die Redoxindikatoren nur in geringer Menge zugesetzt werden, um die vorliegenden Gleichgewichte möglichst wenig zu verschieben.

Wird die Konzentration eines Partners im Redoxsystem durch Komplexierung oder Niederschlagsbildung verringert, so verändert sich das Redoxpotential des Titrationssystems.

Redoxreaktionen verlaufen oft schleppend, die Einstellung des Gleichgewichtes benötigt eine gewisse Zeit.

Tabelle 6.13. Redox-Indikatoren

Bezeichnung	Redoxpotentiale E_0 (pH = 0) (20 °C)	E_0 (pH = 7) (30 °C)	rH-Wert	Farbwechsel oxidierte Form	reduzierte Form	Ansatz
3,3'-Dimethylnaphthidin	−0,78			purpurrot	farblos	1,0 g in 100 ml Eisessig
Neutralrot	+0,24	−0,29	3	violettrot	farblos	0,05 g in 100 ml Ethanol (96 %)
Indigocamin	+0,29	−0,11	10	blau	gelblich	0,05 g in 100 ml Wasser
Nilblausulfat	+0,41	−0,12		blau (sauer) rot (alkalisch)	farblos farblos	0,1 g in 100 ml
Kakothelin	+0,0525		18,1	gelb	rotviolett	gesättigt im Wasser
Methylenblau	+0,58	+0,01	14,5	blau	farblos	0,1−0,5 g in 100 ml Wasser
Amidoschwarz 10 B	+0,57	0,84		gelblich-braun	blau	0,2 g in 100 ml Wasser
2,6-Dichlorphenolindo-phenol Natriumsalz	+0,67	+0,23	22	blau	farblos	0,02 g in 100 ml Wasser
Variaminblausalz B	+0,712	+0,31		blauviolett (sauer) gelb (alkalisch)	farblos farblos	1,0 g in 100 ml Wasser oder Verreibung mit NaCl bzw. $NaSO_4$ (Wasserfrei)

N,N-Dimethyl-1,4-phenyl-endiammonium-dichlorid	$+0,751$			dunkelblau	farblos	0,2 g in 100 ml Wasser
Diphenylamin-4-sulfon-säure Bariumsalz (in Schwefelsäure 0,5 mol/l)	$+0,84$ in H_2SO_4 1 mol/l		28,5	rotviolett	farblos	0,2 g in 100 ml
N-Phenylanthranilsäure	$+0,89$	$+1,12$		purpurrot	farblos	0,1 g in 5 ml Natronlauge (0,1 mol/l) lösen und mit Wasser auf 100 ml auffüleen
Ferroin-Indikatorlösung (1,10-Phenanthrolin-Eisen(II)-Komplex) (in Schwefelsäure 0,5 mol/l	$+1,06$	$+1,12$		blau	orange-rot	entfällt
1,10-Phenanthrolin (Monohydrat)	$+1,06$	$+1,12$		blau	orange-rot	0,655 g $FeSO_4 \cdot 7 H_2O + 1,487$ g Indikator in 100 ml Wasser
2,2′ : 6′,2″-Terpyridin (Eisen(II)-Komplex)	$+1,25$			blaßblau	rot	0,232 g $FeSO_4 \cdot 7 H_2O + 0,389$ g Indikator in 100 ml Wasser

6.9 Puffersubstanzen, Pufferlösungen

Der pH-Wert von *Pufferlösungen* ändert sich bei Zusatz kleiner Mengen Säuren und Basen sowie beim Verdünnen nur wenig.

$$\text{Pufferwert:} \quad \beta = \frac{1}{V_0} \cdot \frac{dn}{dpH}$$

V_0 = Volumen der Ausgangslösung
dn = zugesetzte Stoffmenge (in mol) von Säure bzw. Base
dpH = durch den Stoffzusatz verursachte Änderung des pH-Wertes.

Verdünnungseinfluß heißt die Änderung des pH-Wertes ΔpH $(\frac{1}{2})$ bei Verdünnung einer Pufferlösung mit reinem Wasser im Verhältnis 1:1.

ΔpH $(\frac{1}{2})$ ist *positiv* bei Zunahme des pH-Wertes.
ΔpH $(\frac{1}{2})$ ist *negativ* bei Abnahme des pH-Wertes.

Beachte: Änderungen der Temperatur oder die Zugabe von Neutralsalzen beeinflussen den pH-Wert von Pufferlösungen.

Pufferlösungen mit mehrbasigen organischen Säuren und ihren Salzen sind besonders wirksam, da sich in ihnen die Protolysengleichgewichte der einzelnen Protolysenreaktionen überlagern.
Tabelle (6.14) enthält eine Auswahl an gebräuchlichen Puffergemischen.

6.9.1 pH-Standardpufferlösungen

pH-Standardpufferlösungen bilden die Grundlage der praktischen pH-Skala.
Die Lösungen werden bei $25 \pm 1\,°C$ angesetzt. Die Unsicherheit bei dieser Temperatur beträgt $\pm$ 0,005.
Man verwendet CO_2-freies destilliertes oder deionisiertes Wasser mit einer Leitfähigkeit von höchstens $2 \cdot 10^{-6}\ S \cdot cm^{-1}$.

Tabelle 6.14. Standardpufferlösungen

Substanz	Formel	Einwaage (für 1 l Lösung)	Stoffmengenkonzentration mol/l	pH-Wert bei 25°C	Nr. der Pufferlösung bei Tabelle 6.15
Kaliumtetroxalat-2-hydrat	$KH_3(C_2O_4)_2 \cdot 2H_2O$	12,61 g	0,05	1,679	1
Kaliumhydrogentartrat [a]	$KHC_4H_4O_6$	30 g [b]	0,034	3,557	2
Kaliumhydrogencitrat [c, a]	$KH_2C_6H_5O_7$	11,41 g	0,05	3,776	3
Kaliumhydrogenphthalat [d, a]	$KHC_8H_4O_4$	10,21 g	0,05	4,008	4
Kaliumdihydrogenphosphat [d]	KH_2PO_4	3,38 g	0,025	6,885	5
di-Natriumhydrogenphosphat [d]	Na_2HPO_4	3,53 g	0,025		
Kaliumhydrogenphosphat [d]	KH_2PO_4	1,179 g	0,009	7,413	6
di-Natriumhydrogenphosphat [d]	Na_2HPO_4	4,30 g	0,03		
di-Natriumtetraborat-10-hydrat	$Na_2B_4O_7 \cdot 10H_2O$	3,814 g	0,01	9,180	7
Natriumcarbonat [e]	Na_2CO_3	2,640 g	0,025	10,012	8
Natriumhydrogencarbonat [f]	$NaHCO_3$	2,092 g	0,025		
Calciumhydroxid	$Ca(OH)_2$	5 g [b]	0,02	12,454	9

[a] Täglich frisch ansetzen
[b] Rühren bis zur Sättigung bei 25°C und gut filtrieren
[c] 24 h bei Raumtemperatur über $CaCl_2$ trocknen
[d] 2 h bei 110°C bis 130°C trocknen, im Exsikkator über Blaugel abkühlen
[e] 90 min bei 250°C trocknen
[f] 2 Tage über Molekularsieb trocknen

Beachte: Die Lösungen haben eine Haltbarkeit von ca. 1 Monat, wenn sie in gasdichten Flaschen aufbewahrt werden. Lösungen mit einem pH-Wert >7 sind gegen das CO_2 der Luft empfindlich.

Tabelle 6.15. Temperaturabhängigkeit des pH-Wertes, Pufferwert und Verdünnungseinfluß der Standardpufferlösungen

Standard-Pufferlösg. Nr.	1	2	3	4	5	6	7	8	9
Temperatur °C	Kalium-tetroxalat	Kalium-hydrogen-tartrat	Kaliumdi-hydrogen-citrat	Kalium-hydrogen-phthalat	Phosphat-gemisch I	Phosphat-gemisch II	Borax	Natrium-carbonat/ Natriumhydro-gencarbonat	Calcium-hydroxid
0	–	–	3,863	4,010	6,984	7,534	9,464	10,317	13,423
5	1,668	–	3,840	4,004	6,951	7,500	9,395	10,245	13,207
10	1,670	–	3,820	4,000	6,923	7,472	9,332	10,179	13,003
15	1,672	–	3,802	3,999	6,900	7,448	9,276	10,118	12,810
20	1,675	–	3,788	4,001	6,881	7,429	9,225	10,062	12,627
25	1,679	3,557	3,776	4,006	6,865	7,413	9,180	10,012	12,454
30	1,683	3,552	3,766	4,012	6,853	7,400	9,139	9,966	12,289
35	1,688	3,549	3,759	4,021	6,844	7,389	9,102	9,925	12,133
38	1,691	3,548	3,755	4,027	6,840	7,384	9,081	9,903	12,043
40	1,694	3,547	3,753	4,031	6,838	7,380	9,068	9,889	11,984
45	1,700	3,547	3,750	4,043	6,834	7,373	9,038	9,856	11,841
50	1,707	3,549	3,749	4,057	6,833	7,367	9,011	9,828	11,705
55	1,715	3,554	3,750	4,071	6,834	–	8,985	–	11,574
60	1,723	3,560	3,753	4,087	6,836	–	8,962	–	11,449
70	1,743	3,580	3,763	4,126	6,845	–	8,921	–	–
80	1,766	3,609	3,780	4,164	6,859	–	8,885	–	–
90	1,792	3,650	3,802	4,205	6,877	–	8,850	–	–
95	1,806	3,674	3,815	4,227	6,886	–	8,833	–	–
Pufferwert β mol/l	0,070	0,027	0,034	0,016	0,029	0,016	0,020	0,029	0,09
Verdünnungseinfluß ΔpH($\frac{1}{2}$)	+0,186	+0,049	+0,024	+0,052	+0,080	+0,07	+0,01	+0,079	−0,28

6.9.2 Pufferlösungen nach Sörensen

Für viele Zwecke ist es erforderlich, bestimmte Pufferlösungen nach Literaturangaben herzustellen. Gebräuchliche Ansatzvorschriften für den gesamten pH-Bereich sind in den folgenden Abschnitten wiedergegeben. Zur Herstellung der Lösungen verwendet man Substanzen zur Analyse. Das verwendete Wasser soll in allen Fällen entweder durch Ionenaustausch oder Destillation demineralisiert und besonders bei alkalischen Puffern kohlendioxidfrei sein.

Glycin-Salzsäure	pH 1,1– 3,5
Glycin-Natronlauge	pH 8,6–12,9
Citrat-Salzsäure	pH 1,1– 4,9
Citrat-Natronlauge	pH 5,0– 6,6
Borat-Salzsäure	pH 7,8– 8,9
Borat-Natronlauge	pH 9,3–11,0
prim. Phosphat–sek. Phosphat	pH 5,0– 8,0

Nachfolgend die Ansatzvorschriften für die Lösungen, die zur Herstellung der Sörensen-Puffer benötigt werden:

Glycin-Lösung: 7,507 g Glycin und 5,84 g Natriumchlorid in Wasser zu 1000 ml.

Salzsäure: Salzsäure, $c_{eq} = 0,1$ mol/l.

Natronlauge: Natronlauge, $c_{eq} = 0,1$ mol/l.

Citratlösung: 21,014 g Citronensäure, in Wasser gelöst, mit 200 ml Natronlauge ($c_{eq} = 1$ mol/l) versetzt, mit Wasser zu 1000 ml.

di-Natriumhydrogenphosphatlösung: 11,866 g di-Natriumhydrogenphosphat-2-hydrat in Wasser zu 1000 ml.

Kaliumdihydrogenphosphatlösung: 9,073 g Kaliumdihydrogenphosphat in Wasser zu 1000 ml.

Boratlösung: 12,367 g Borsäure, in Wasser gelöst, mit 100 ml Natronlauge ($c_{eq} = 1$ mol/l) versetzt und mit Wasser zu 1000 ml.

Tabelle 6.16. Pufferlösungen nach Sörensen von pH 1,1–12,9 (20 °C)

pH	ml Glycin	ml Salzsäure	β	ΔpH	ml Citrat	ml Salzsäure	β	ΔpH
1,1	5,7	94,3	0,11	+0,4	4,8	95,2	0,13	+0,4
1,2	14,6	85,4			11,1	88,9		
1,3	22,6	77,4			15,9	84,1		
1,4	28,9	71,1			19,3	80,7		
1,5	33,8	66,2			22,2	77,8		
1,6	38,0	62,0			24,6	75,4		
1,7	41,7	58,3			26,5	73,5		
1,8	45,3	54,7			28,2	71,8		
1,9	48,9	51,1			29,5	70,5		
2,0	51,9	48,1	0,05	+0,3	30,6	69,4	0,05	+0,3
2,1	54,9	45,1			31,7	68,3		
2,2	57,6	42,4			32,6	67,4		
2,3	60,3	39,7			33,6	66,4		
2,4	63,4	36,6			34,5	65,5		
2,5	66,6	33,4			35,4	64,6		
2,6	69,9	30,1			36,4	63,6		
2,7	72,8	27,2			37,3	62,7		
2,8	76,0	24,0			38,3	61,7		
2,9	79,2	20,8			39,3	60,7		
3,0	82,1	17,9	0,05	+0,05	40,3	59,7	0,03	+0,04
3,1	84,8	15,2			41,5	58,5		
3,2	87,1	12,9			42,7	57,3		
3,3	89,2	10,8			44,0	56,0		
3,4	91,0	9,0			45,4	54,6		
3,5	92,5	7,5			46,8	53,2		
3,6					48,4	51,6		
3,7					50,1	49,9		
3,8					51,9	48,1		
3,9					53,8	46,2		
4,0					56,0	44,0	0,04	+0,08
4,1					58,5	41,5		
4,2					61,1	38,9		

Tabelle 6.16 (Fortsetzung)

pH	ml Glycin	ml Salz-säure	ml Natron-lauge	β	ΔpH	ml Dinatrium-hydrogen-phosphat	ml Kaliumdi-hydrogen-phosphat	β	ΔpH
4,3	64,3	35,7							
4,4	67,9	32,1							
4,5	71,9	28,1							
4,6	76,9	23,1							
4,7	82,2	17,8							
4,8	88,0	12,0							
4,9	95,6	4,4							
5,0	96,4		3,6	0,07	+0,03	0,95	99,5	0,01	
5,1	90,3		9,7			1,35	98,65		
5,2	85,1		14,9			1,8	98,2		
5,3	80,4		19,6			2,3	97,7		
5,4	76,3		23,7			3,0	97,0		
5,5	72,3		27,7			3,9	96,1		
5,6	69,0		31,0			4,9	95,1		
5,7	66,0		34,0			6,2	93,8		
5,8	63,6		36,4			7,9	92,1		
5,9	61,5		38,5			9,8	90,2		
6,0	59,6		40,4	0,03	+0,05	12,1	87,9	0,01	
6,1	58,0		42,0			15,0	85,0		
6,2	56,6		43,4			18,4	81,6		
6,3	55,4		44,6			22,1	77,9		
6,4	54,6		45,4			26,4	73,6		
6,5	53,7		46,3			31,3	68,7		
6,6	53,0		47,0			37,2	62,8		
6,7						43,0	57,0		
6,8						49,2	50,8		
6,9						55,2	44,8	0,03	−0,1
7,0						61,2	38,8		
7,1						66,2	33,3		
7,2						72,1	27,9		
7,3						77,0	23,0		
7,4						80,3	19,2		

pH	ml Dinatriumhydrogenphosphat	ml Kaliumdihydrogenphosphat	β	ml Glycin	ml Natronlauge	β	ml Borat	ml Salzsäure	ml Natronlauge	β	ΔpH
7,5	84,3	15,7									
7,6	86,8	13,2									
7,7	89,2	10,8									
7,8	91,4	8,6					53,4	46,6			
7,9	93,1	6,9					54,65	43,35			
8,0	94,5	5,5	0,02				55,85	44,15		0,03	−0,08
8,1							57,15	42,85			
8,2							58,65	41,35			
8,3							60,7	39,3			
8,4							62,95	37,05			
8,5							65,25	34,75			
8,6				94,2	5,8		68,0	32,0			
8,7				92,9	7,1		71,2	28,8			
8,8				91,4	8,6		75,5	24,5			
8,9				89,6	10,4		80,5	19,5			
9,0				87,6	12,4					0,04	
9,1				85,4	14,6						
9,2				83,0	17,0						
9,3				80,3	19,7		91,1		8,9		
9,4				77,7	22,3		84,6		15,4		
9,5				74,8	25,2		79,0		21,0		
9,6				72,0	28,0		73,2		26,8		
9,7				69,0	31,0		67,7		32,3		
9,8				66,2	33,8		63,7		36,3		
9,9				63,8	36,2		61,0		39,0		
10,0				61,7	38,3	0,03	59,0		41,0	0,04	
10,1				59,8	40,2		57,3		42,7		
10,2				58,1	41,9		56,0		44,0		
10,3				56,5	43,5		54,8		45,2		
10,4				55,2	44,8		53,7		46,3		
10,5				54,2	45,8		52,8		47,2		
10,6				53,3	46,7		52,0		48,0		

pH	ml Glycin	ml Natronlauge	β	ΔpH	ml Borat	ml Natronlauge	β	ΔpH
10,7	52,6	47,4			51,4	48,6		
10,8	52,0	48,0			50,9	49,1		
10,9	51,5	48,5			50,5	49,5		
11,0	51,1	48,9	0,02		50,1	49,9	0,02	
11,1	50,47	49,53						
11,2	50,2	49,8						
11,3	49,8	50,2						
11,4	49,4	50,6						
11,5	49,0	51,0						
11,6	48,6	51,4						
11,7	48,1	51,9						
11,8	47,4	52,6						
11,9	46,6	53,4						
12,0	45,6	54,5	0,04					
12,1	44,2	55,8						
12,2	42,6	57,4						
12,3	40,6	59,4						
12,4	38,2	61,8						
12,5	34,6	65,4						
12,6	30,0	70,0						
12,7	25,0	75,0						
12,8	19,0	81,0						
12,9	10,0	90,0	0,2	$-0,5$				

6.9.3 Weitere Standard-Pufferlösungen

Barbital-Natrium-Salzsäure nach Michaelis pH 6,8–8,8

Barbital-Natrium-Lösung $(0,1 \text{ mol} \cdot \text{l}^{-1})$: 10,31 g 5,5-Diethylbarbitursäure Natriumsalz mit Wasser zu 500 ml.

Salzsäure: $c_{eq} = 0,1$ mol/l

Die in der Tabelle angegebenen Mengen der Barbital-Natriumlösung werden mit der Salzsäure zu 100 ml aufgefüllt.

Tabelle 6.17. Herstellung von Barbital-Natrium-Salzsäure-Puffergemischen

pH-Wert (18 °C)	ml 0,1 M Barbital-Natrium	pH-Wert (18 °C)	ml 0,1 M Barbital-Natrium
6,8	52,2	8,0	71,6
7,0	53,6	8,2	76,9
7,2	55,4	8,4	82,3
7,4	58,1	8,6	87,1
7,6	61,5	8,8	90,8
7,8	66,2		

Tris(hydroxymethyl)aminomethan-Salzsäure, pH 7,0–9,0, „Tris"
nach R. G. Bates und V. E. Bower

Tris(hydroxymethyl)aminomethan-Lösung $(0,1 \text{ mol} \cdot \text{l}^{-1})$:
12,114 g Tris(hydroxymethyl)aminomethan (Puffersubstanz) werden in destilliertem Wasser gelöst; die Lösung wird auf 1000 ml verdünnt. Der Gehalt wird titrimetrisch kontrolliert.

Salzsäure: Salzsäure $c_{eq} = 0,1$ mol/l

Herstellung: 50,00 ml „Tris"-Lösung werden mit der in Tabelle 6.18 angegebenen Menge (ml) Salzsäure versetzt und zu 100 ml (20 °C) mit Wasser aufgefüllt.

Tabelle 6.18. Herstellung von „Tris"-Puffergemischen

pH (25 °C)	Salzsäure ml	Pufferwert β	$\Delta pH\frac{1}{2}$	$\dfrac{dpH}{dt}$
7,0	46,6	–	−0,02	–
7,1	45,7	0,010	–	–
7,2	44,7	0,012	–	–
7,3	43,4	0,013	–	–
7,4	42,0	0,015	–	–
7,5	40,3	0,017	−0,02	–
7,6	38,5	0,018	–	–
7,7	36,6	0,020	–	–
7,8	34,5	0,023	–	–
7,9	32,0	0,027	–	–
8,0	29,2	0,029	−0,02	0,028
8,1	26,2	0,031	–	–
8,2	22,9	0,031	–	–
8,3	19,9	0,029	−0,01	–
8,4	17,2	0,026	–	–
8,5	14,7	0,024	–	–
8,6	12,4	0,022	–	–
8,7	10,3	0,020	−0,01	–
8,8	8,5	0,016	–	–
8,9	7,0	0,014	–	–
9,0	5,7	–	−0,01	–

Imidazol-Salzsäure pH 6,2–7,8

Imidazollösung (0,2 M): 13,62 g Imidazol mit Wasser zu 1000 ml

Salzsäure: $c_{eq} = 0,1$ mol/l

Je 25 ml Imidazollösung werden mit den in der Tabelle 6.19 angegebenen Mengen der Salzsäure gemischt und mit Wasser zu 100 ml aufgefüllt.

Tabelle 6.19. Herstellung von Imidazol-Salzsäure-Puffergemischen

pH-Wert (25 °C)	ml 0,1 N Salzsäure
6,2	42,9
6,4	39,8
6,6	35,5
6,8	30,4
7,0	24,3
7,2	18,6
7,4	13,6
7,6	9,3
7,8	6,0

Essigsäure-Natriumacetat, pH 3,7–5,6

Essigsäure: $c_{eq} = 2$ mol/l

Bei Verwendung von konzentrierten Fertiglösungen („Titrisol", „Fixanal") den Inhalt einer Ampulle mit $c_{eq} = 1$ mol/l mit destilliertem Wasser auf 500 ml (20 °C) auffüllen.

Natriumacetat: $c_{eq} = 2$ mol/l

Bei Verwendung von konzentrierten Fertiglösungen den Inhalt einer Ampulle mit $c_{eq} = 1$ mol/l Essigsäure gemeinsam mit den Inhalt einer Ampulle $c_{eq} = 1$ mol/l Natronlauge in einem Meßkolben mit destilliertem Wasser auf 500 ml (20 °C) auffüllen.

Tabelle 6.20. Herstellung: Essigsäure und Natriumacetatlösung werden in den angegebenen Mengen (ml) gemischt und mit destilliertem Wasser auf 100 ml verdünnt

Essigsäure ml	Natriumacetat-Lsg. ml	pH (20 °C)	Pufferwert β
9,00	1,00	3,70	ca. 0,04
8,00	2,00	4,05	0,07
7,00	3,00	4,29	0,10
5,00	5,00	4,64	0,11
3,00	7,00	5,01	0,10
2,00	8,00	5,25	0,06
1,00	9,00	5,60	ca. 0,04

6.10 Chromatographie

6.10.1 Stationäre Phasen für die GC

Tabelle 6.21. Stationäre Phasen für die Gas-Chromatographie (GC)

Stationäre Phase	Temp.-limit °C	L^1	McReynolds-Konstanten				
			X'	Y'	Z'	U'	S'
Apiezon L	250	B	32	22	15	32	42
Benton 34	200	C*	167	271	318	262	360
Carbowax 1500	150	C	347	607	418	628	589
Carbowax 20 M	250	C	322	536	368	572	510
Carbowax high polymer	250	C	299	503	345	541	478
C_{87}-Kovats Phase	280	H	0	0	0	0	0
Dexsil 300 GC	450	C	41	83	117	154	126
Dexsil 400 GC	400	C	60	115	140	188	174
Dexsil 410 GC	375	C	85	165	170	240	180
Diethylenglycoladipat (DEGA)	190	C	378	603	460	665	658
Diethylenglycolsuccinat (DEGS)	200	A	499	751	593	840	791
Ethylenglycoladipat (EGA)	200	C	372	576	453	655	617
Ethylenglycolsuccinat (EGS)	200	C	537	787	643	903	889
FFAP	250	C	340	580	397	602	627
Hexamethyltetracosan (Squalan)	150	C	0	0	0	0	0
HI-EFF-8 BP	230	C	271	444	330	498	463
Igepal CO-880	200	M	259	461	311	482	426
Marlophen 814	150	C	222	413	262	518	378
Neopentylglycolsuccinat (NPGS)	225	C	272	469	366	539	474
Polyphenylether OS-138 (6 Ring)	250	MC	182	233	228	313	293
Reoplex 400	220	A	364	619	449	647	671
Silar 10 C (100 Cyanopropylsilicon)	275	AN	523	757	659	942	801
Silicon DC QF-1 (50 Trifluorpropyl/50 Methyl)	250	A	144	233	355	463	305
Silicon DC 200 (12500 cst) (100 Methyl, fluid)	250	C	16	57	45	66	43
Silicon DC 510 (5 Phenyl/95 Methyl)	300	C	25	65	60	89	57
Silicon DC 550 (25 Phenyl/75 Methyl)	250	C	74	116	117	178	135
Silicon GE SE-30 (100 Methyl, gum)	350	C	15	53	44	64	41
Silicon GE SE-30/GC-grade (wie vor)	350	C	15	53	44	64	41
Silicon GE SE-52 (5 Phenyl/95 Methyl, gum)	350	C	32	72	65	98	67
Silicon GE SE-54 (5 Phenyl/1 Vinyl/94 Methyl, gum)	350	C	33	72	66	99	67
Silicon GE XE-60 (25 Cyanoethyl/75 Methyl)	250	A	204	381	340	493	367
Silicon OV-1 (100 Methyl, gum)	350	T	16	55	44	65	42
Silicon OV-1-Vinyl (OV-1 + 1% Vinyl)	350	MC					

Stationäre Phase	Temp.-limit °C	L[1]	McReynolds-Konstanten X'	Y'	Z'	U'	S'
Silicon OV-3 (10 Phenyl/90 Methyl)	350	A	44	86	81	124	88
Silicon OV-7 (20 Phenyl/80 Methyl)	350	A	69	113	111	171	128
Silicon OV-11 (35 Phenyl/65 Methyl)	350	A	102	142	145	219	178
Silicon OV-17 (50 Phenyl/50 Methyl)	350	A	119	158	162	243	202
Silicon OV-17-Vinyl (OV-17 + 1% Vinyl)	350	A					
Silicon OV-22 (65 Phenyl/35 Methyl)	350	A	160	188	191	283	253
Silicon OV-25 (75 Phenyl/25 Methyl)	350	A	178	204	208	305	280
Silicon OV-61 (33 Phenyl/67 Methyl)	350	A	101	143	142	213	174
Silicon OV-73 (5,5 Phenyl/94,5 Methyl)	350	T	40	86	76	114	85
Silicon OV-101 (100 Methyl, fluid)	350	C	17	57	45	67	43
Silicon OV-105 (5 Cyanopropyl/95 Methyl)	275	A	36	108	93	139	86
Silicon OV-202 (50 Trifluorpropyl/50 Methyl), fluid	250	C	146	238	358	468	310
Silicon OV-210 (50 Trifluorpropyl/50 Methyl), gum	300	C	146	238	358	468	310
Silicon OV-215 (OV-210 + 1% Vinyl, gum)	275	C	149	240	363	478	315
Silicon OV-225 (25 Cyanopr./25 Phen./50 Meth.)	275	A	228	369	338	492	386
Silicon OV-225-Vinyl (OV-225 + 1% Vinyl)	275	A					
Silicon OV-275 (100 Dicyanoallyl)	275	A	629	872	763	1106	849
Silicon OV-275-Vinyl (OV-275 + 1% Vinyl)	275	A					
Silicon OV-330 (Silicon-Carbowax-Copolymer)	250	A	222	391	273	417	368
Phase OV-351 (Carbowax/2-Nitroterephthals.)	250	C	335	552	382	583	540
Silicon OV-1701 (5 Cyanopr./7-Phen./88 Meth.)	300	A	67	170	153	228	171
Silicon OV-1701-Vinyl (OV-1701 + 1% Vinyl)	300	A					
Squalan	150	C	0	0	0	0	0
Superox 0.6	300	C	311	560	359	565	497
Superox 4	300	C	296	568	349	555	470
UCON LB-500-X	200	M	118	271	158	243	206
UCON 50-HB-5100	200	M	214	418	278	421	375
VERSAMID 900	275	CB	109	313	144	211	209

X' = Benzol, Y' = 1-Butanol, Z' = 2-Pentanon, U' = Nitropropan, S' = Pyridin
[1] Lösungsmittel: A = Aceton, AN = Acetonitril, B = Benzol, C = Chloroform, CB = Chloroform/n-Butanol (1:1), H = Hexan, M = Methanol, MC = Methylenchlorid, T = Toluol

* in Chloroform aufschlämmen

6.10.2 Trägermaterialien

Chromosorb A, G, P, W auf Basis geglühten Kieselgurs, Chromosorb
T auf Basis PTFE (Teflon 6), Chromosorb + Zahl auf Basis organischer Polymerer.

Tabelle 6.22. Eigenschaften

Chromosorb	A	G	P	W
Spezifische Oberfläche $[m^2/g]$	2,7	0,5	4,0	1,0
Max. Beladbarkeit	25%	5%	30%	15%
Farbe		gelblich	pink	weiß
Anwendung und Eigenschaften	präparativ	analytisch mechanisch stabil	präparativ Trennung polare Substanzen	analytisch wenig abriebfest

Bedeutung einiger Abkürzungen:

NAW = **n**on-**a**cid **w**ashed, nicht mit Säure gewaschen (nur ge-
glüht), daher alkalische Reaktion der Suspension

AW = **a**cid **w**ashed, mit Säure gewaschen (zur Entfernung insbesondere von Eisen)

AW-DMCS = mit Säure gewaschen und mit **Dichlordimethyldisilan**
behandelt

HMDS = mit **Hexamethyldisilazan** behandelt

HP = „**H**igh **P**erformance", bezüglich inaktiver Oberfläche
gegenüber AW-DCMS nochmals verbesserte Qualität

6.10.3 Adsorbentien für die Gas-Fest-Chromatographie (GSC)

Tabelle 6.23

Typ	Eignung für Trennproblem	max. Temperatur-Belastung [°C] [isotherm]
Aktivkohle	Gase (z.B. H_2, O_2, N_2, CO, CO_2, NO_2, N_2O), Kohlenwasserstoffe bis C_4	
Chromosorb 101	Kohlenwasserstoffe, Alkohole, Glycole, Carbonsäuren, Ester, Aldehyde, Ketone, Ether	275
Chromosorb 102	Gase und niedermolekulare Substanzen, Säuren, Alkohole, Glycole, Ketone, Ester, Kohlenwasserstoffe	250
Chromosorb 103	basische Verbindungen wie z.B. Amine, Amide, Hydrazine, Alkohole, Aldehyde, Ketone	275
Chromosorb 104	Gase, Alkohole, Ketone, Nitrile, Nitroparaffine, Stickoxide, Ammoniak	250
Chromosorb 105	Gase, organische Substanzen (Siedepunkt bis ca. 200 °C), speziell Formaldehyd-Wasser	250
Chromosorb 106	C_2-C_5-Carbonsäuren und entsprechende Alkohole	225
Chromosorb 107	Formaldehyd u.a.	225

6.10.4 Derivatisierungs- und Hilfsreagenzien

Anwendungen

Die folgende Tabelle gibt einen Überblick über die Anwendungsge-
biete der verschiedenen *Derivatisierungsreagenzien*. Neben *Acylie-
rungs-, Alkylierungs- und Silylierungsreagenzien* enthält die Tabelle
auch zwei Reagenzien (O-Methyl- und O-Benzylhydroxylammo-
niumchlorid), die zum Schutz von Ketogruppen vor Enol-Bildung während der Silylierung, z. B. bei der Derivatisierung von Ketosteroiden,
eingesetzt werden. Weiterhin sind auch einige Substanzen aufgeli-
stet, die als *Hilfsreagenz* benötigt werden, wie z. B. die Bortrihaloge-
nid-Komplexe, die als Katalysator zusammen mit Alkoholen oder
Säureanhydriden bei Veresterungsreaktionen eingesetzt werden.

Tabelle 6.24. Anwendungsübersicht

	Alkohole	Amine	Aminosäuren	Carbonsäuren	Hydroxylgruppen	Ketosteroide	Kohlenhydrate	Phenole	Steroide	Vitamine
O-Benzylhydroxylammoniumchlorid						×				
Bis(trimethylsilyl)-acetamid	×	×	×	×	×		×	×	×	×
Bis(trimethylsilyl)-trifluoracetamid	×	×	×	×	×		×	×	×	×
Bortribromid		×						×		
Bortrifluorid-Ethylether-Komplex			×						×	
Bortrifluorid-Methanol-Komplex			×						×	
Bortrifluorid-Methylether-Komplex			×						×	
Chlortrimethylsilan	×	×	×	×	×		×	×	×	
Dichlordimethylsilan				×						
N,N-Dimethylformamiddiethylacetal	×	×	×		×					
N,N-Diethylformamiddimethylacetal	×	×	×		×		×			
Heptafluorbuttersäureanhydrid	×	×					×	×	×	×
1,1,1,3,3,3,-Hexamethyldisilazan	×	×	×		×		×	×	×	×
Hexamethyldisiloxan					×		×			
N-Methyl-bis(trifluoracetamid)	×	×						×		
O-Methylhydroxylammoniumchlorid						×				
N-Methyl-N-(trimethylsilyl)-2,2,2-trifluoracetamid									×	
Trifluoressigsäureanhydrid	×	×	×					×		
N-(Trimethylsilyl)-acetamid	×	×	×	×	×	×	×	×		×
N-(Trimethylsilyl)-diethylamin	×	×	×					×	×	×
N-(Trimethylsilyl)-imidazol	×		×		×		×	×	×	

6.10.5 Adsorptionschromatographie

A. Eluotrope Reihen
(nach zunehmender Elutionskraft („Polarität") angeordnet)

1. Für Aluminiumoxid

Fluoroalkane	Ethylbromid	Dimethylsulfoxid
Pentan	Diethylether	Anilin
Isooctan	Diethylsulfid	Diethylamin
Petrolether (leicht)	Chloroform	Nitromethan
Hexan	Methylenchlorid	Acetonitril
Cyclohexan	Tetrahydrofuran	Pyridin
Cyclopentan	1,2-Dichlorethan	Butoxyethanol
Tetrachlorkohlenstoff	Ethylmethylketon	2-Propanol
Xylol	1-Nitropropan	1-Propanol
Di-i-propylether	Aceton	Ethanol
Toluol	1,4-Dioxan	Methanol
1-Chlorpropan	Ethylacetat	Ethylenglycol
Chlorbenzol	Methylacetat	Essigsäure
Benzol	1-Pentanol	

2. Für Kieselgel

Cyclohexan	Benzol	2-Butanol
Heptan	2-Chlorpropan	Ethanol
Pentan	Chloroform	Wasser
Tetrachlorkohlenstoff	Nitrobenzol	Aceton
Chlorbenzol	Di-i-propylether	Essigsäure
Ethylbenzol	Diethylether	Methanol
Toluol	Ethylacetat	

Die eluotrope Wirkung eines weniger polaren Lösemittels kann durch Zugabe kleinerer Mengen (bis 40%) eines stärker polaren Lösemittels beträchtlich verstärkt werden. Die Wirkung ist um so größer, je weiter die beiden Lösemittel in vorstehender Reihe auseinander liegen.

B. Aktivitätsstufen für Aluminiumoxid

Aluminiumoxid (sauer, neutral, basisch) kann nach Brockmann in verschiedenen Aktivitätsstufen (I–V) eingestellt werden, in dem man Wasser zu Al_2O_3 Akt. I zugibt. Letzteres wird hergestellt durch Erhitzen von Al_2O_3 auf 400–500 °C, bis kein Wasser mehr abgegeben wird.

Wasserzugabe (Gew. %)	0	3	6	10	15
Aktivitätsstufe	I	II	III	IV	V
R_f (p-Aminoazobenzol in Benzol)	0.0	0.13	0.25	0.45	0.55

C. Arbeitshinweise zur Säulen-Adsorptionschromatographie

1. Für 1 g des zu trennenden Substanzgemisches werden etwa 25–50 g Adsorbens benötigt. Bei schlecht adsorbierbaren Substanzen sind 100–1000 g Adsorbens erforderlich.
2. Berechnung der Adsorbensfüllmenge bei gegebener Höhe h (cm) und Durchmesser d (cm) einer cylindrischen Säule. Beachte: Die Füllhöhe einer naßgefüllten Säule ist ca. 10% geringer als die einer trocken gefüllten.

	Dichte (g/cm^3)	Berechnung von Masse (g) und einer zylindrischen Säule	Volumen (cm^3)
Aluminiumoxid	ca. 1	$0,8\ d^2h$	$0,8\ d^2h$
Kieselgel	ca. 0,3	$0,25\ d^2h$	$0,8\ d^2h$

3. Dünschichtchromatographische Trennungen dienen häufig als Modellsystem für eine säulenchromatographische Trennung. Dabei ist zu beachten, daß die Randbedingungen möglichst gleich sind, insbesondere sollte das Adsorbens vom selben Hersteller stammen. Wichtig ist ferner, daß die DC-R_f-Werte der zu trennenden Substanzen nicht über ca. 0,3 liegen sollten.

6.10.6 Verteilungschromatographie

A. Dünnschichtchromatographie (DC)

Tabelle 6.25. Anfärbereagenzien (Sprühreagenzien) für organische Verbindungen

Reagenz	Anwendung für	Herstellung u. Bemerkungen
Iod	allgemein	Iod-Dampf-Kammer 0,1% methanolische Lösung: braune Flecken. Begrenzte Empfindlichkeit, Anfärbung reversibel
H_2SO_4 50–98%	allgemein	nach dem Besprühen die Platten bei 100–150 °C einige Minuten trocknen: schwarze Flecken
H_2SO_4/HNO_3	allgemein	conc. H_2SO_4 mit 5–10% HNO_3 wirkt stärker als reine H_2SO_4
UV-Licht (250–400 nm)	fluorescierende Verbindungen	Platten mit UV-Licht beleuchten: fluorescierende Flecken
UV-Licht (250–400 nm)	UV-löschende Verbindungen	Adsorbensschicht mit Fluorescenzindikator: dunkle Flecken auf fluorescierender Platte
2′,7′-Dichloro- oder 2′,7′-Dibromo-Fluorescein	Lipide, Lipophile	0,2% in 95% EtOH. Im UV (254 nm): gelbe fluorescierende Flecken auf dunklem Grund
Fluorescein-Na-Salz	konjugierte Systeme	0,04% wäßrige Lsg. Im UV: gelbe Flecken auf rosa Grund
Indikatorfarbstoffe	Carbonsäuren	0,1–0,5% ethanolische, leicht alkal. Lsg. von z. B. Bromkresolgrün, Bromphenolblau, Bromthymolblau: gelbe Flecken auf grünem, purpurnem oder blauem Grund
$SbCl_3$	Steroide, Vitamine, Lipide Carotinoide	50% in HOAc; 25% in CCl_4; gesätt. $CHCl_3$-Lsg. Verschiedene Farben
$FeCl_3$	Phenole, Enole	1% wäßr. Lsg. Verschiedene Farben

Tabelle 6.25 (Fortsetzung)

Reagenz	Anwendung für	Herstellung u. Bemerkungen
Ninhydrin	Aminosäuren, Aminozucker, Aminophosphatide	0,3 % in n-Butanol mit 3 % HOAc. Nach Erhitzen (125 °C, 10 min): verschied. blaue Flecken
2,4-Dinitrophenylhydrazin	Aldehyde und Ketone	0,5 % in 2M HCl: rote bis gelbe Flecken
Dragendorffs Reagenz	Alkaloide; organ. Basen	Lsg. I: 1,7 g $BiONO_3$ in 100 ml H_2O-HOAc (80–20) Lsg. II: 40 g KI in 100 ml H_2O. Verwende 5 ml I und 5 ml II in 20 ml HOAc + 70 ml H_2O: Orange rote Flecken
$AgNO_3$-Fluorescein	Halogenid-Ionen	Lsg. I: 1 % wäßrige $AgNO_3$, mit NH_4OH basisch gemacht Lsg. II: 0,1 % Fluorescein in EtOH. Zuerst mit I, dann mit II nacheinander sprühen.

B. Arbeitshinweise zur Säulenchromatographie

1. Bei den verwendeten Säulen sollte das Verhältnis Durchmesser zu Länge mindestens 20 : 1 oder mehr betragen.
2. Je kleiner die Teilchengröße des Adsorbens ist, um so kürzer kann die Säule sein.
3. Für 1 g des zu trennenden Substanzgemisches werden 500–1000 g Trägermaterial benötigt (also mehr als bei der Adsorptionschromatografie).
4. Die Lösemittel können anhand der nachfolgenden mixotropen Reihe ausgewählt werden.

C. Mixotrope Reihe (angeordnet nach abnehmender Hydrophilie)

Die Reihe ist der eluotropen Reihe für die Adsorption vergleichbar und grundsätzlich für alle Verteilungsvorgänge heranzuziehen, d. h. für Papier-, Dünnschicht- und Säulenchromatographie.

Wasser	Propionsäure	Cyclohexanol
Formamid	Tetrahydrofuran	i-Amylalkohol
Morpholin	t-Butanol	1-Pentanol
Ameisensäure	i-Buttersäure	Benzylalkohol
Acetonitril	2-Butanol	Ethylacetat
Methanol	Ethylmethylketon	1-Hexanol
Essigsäure	Cyclohexanon	s-Collidin
Ethanol	Phenol	Pentansäure
2-Propanol	t-Amylalkohol	Ethylformiat
Aceton	1-Butanol	i-Valeriansäure
1-Propanol	m-Kresol	Furan
1-Octanol	Chloroform	Diethylether
Diethoxymethan	Di-i-amylether	Tetrachchlorkohlen-
Capronsäure	1,2-Dichlorethan	stoff
Butylacetat	Brombenzol	Decalin
Di-i-propoxymethan	1,1,2-Trichlorethan	Cyclopentan
Nitromethan	1,2-Dibromethan	Cyclohexan
1-Bromobutan	Bromethan	Hexan
Di-i-propylether	Benzol	Heptan
Butylbutyrat	1-Chlorpropan	Kerosin
1-Bromopropan	Trichlorethen	Petrolether
Dibutylether	Toluol	Petroleum
Methylenchlorid	Xylol	Paraffinöl
1,4-Dioxan		

6.10.7 Affinitätsmedien (gebrauchsfertig)

Tabelle 6.26

Effektor	Biomolekül
4-Aminobenzamidin (gebunden an succinylierte Aminododecylcellulose)	Akrosin, Rindertrypsin

$$-O-CH_2-\overset{O}{\overset{\|}{C}}-NH-(CH_2)_{12}-NH-\overset{O}{\underset{\|}{C}}-CH_2-CH_2-\overset{O}{\overset{\|}{C}}-NH-\!\!\!\left\langle\!\!\!\bigcirc\!\!\!\right\rangle\!\!\!-C\!\!\begin{smallmatrix}\nearrow NH\\\searrow NH_2\end{smallmatrix}$$

Effektor	Biomolekül
3-Aminobenzolboronsäure (gebunden an succinylierte Aminododecylcellulose)	Serumproteasen, Subtilisin, Nucleoside, Oligonucleotide, t-RNA

$$-O-CH_2-\overset{O}{\overset{\|}{C}}-NH-(CH_2)_{12}-NH-\overset{O}{\underset{\|}{C}}-CH_2-CH_2-\overset{O}{\overset{\|}{C}}-NH-\!\!\!\left\langle\!\!\!\bigcirc\!\!\!\right\rangle\!\!\!-B\!\!\begin{smallmatrix}\nearrow OH\\\searrow OH\end{smallmatrix}$$

Effektor	Biomolekül
Trypsininhibitor (aus Sojabohnen, gebunden an succinylierte Aminohexylcellulose)	Serumkallikrein
Trypsin (vom Rind, gebunden an CM-Cellulose für biochemische Zwecke)	Protease-Inhibitoren

PGM 2000
HW - 40
G 10
G 15
G 25
G 50
G 75
G 100
Ac A 202
HW - 50
G 150
G 200
S-200
S-300
Ac A 54
Ac A 44
Ac A 34
HW - 55
S-400
6 B
(A)
(B)
(C)
(D)
(A)
(B)
(C)
(D)
(A)
(B)

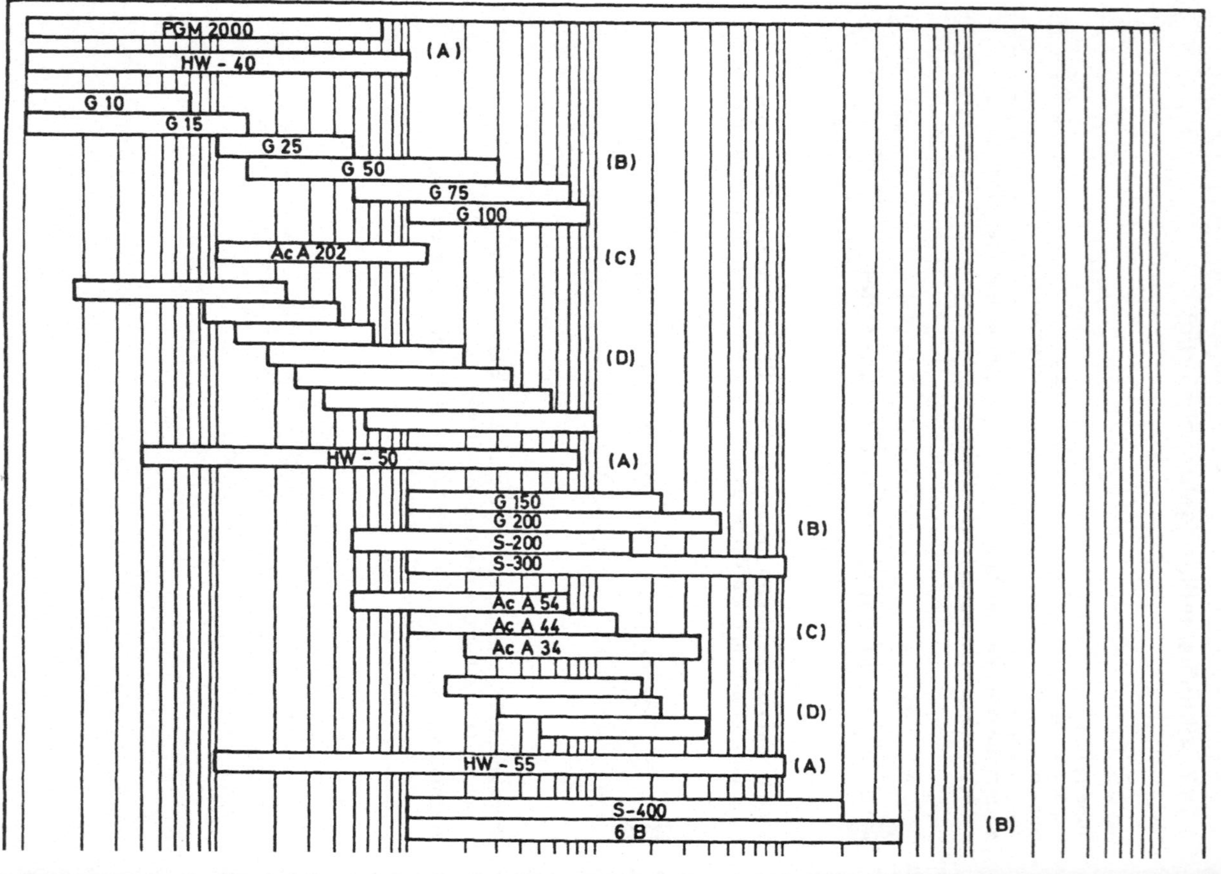

320

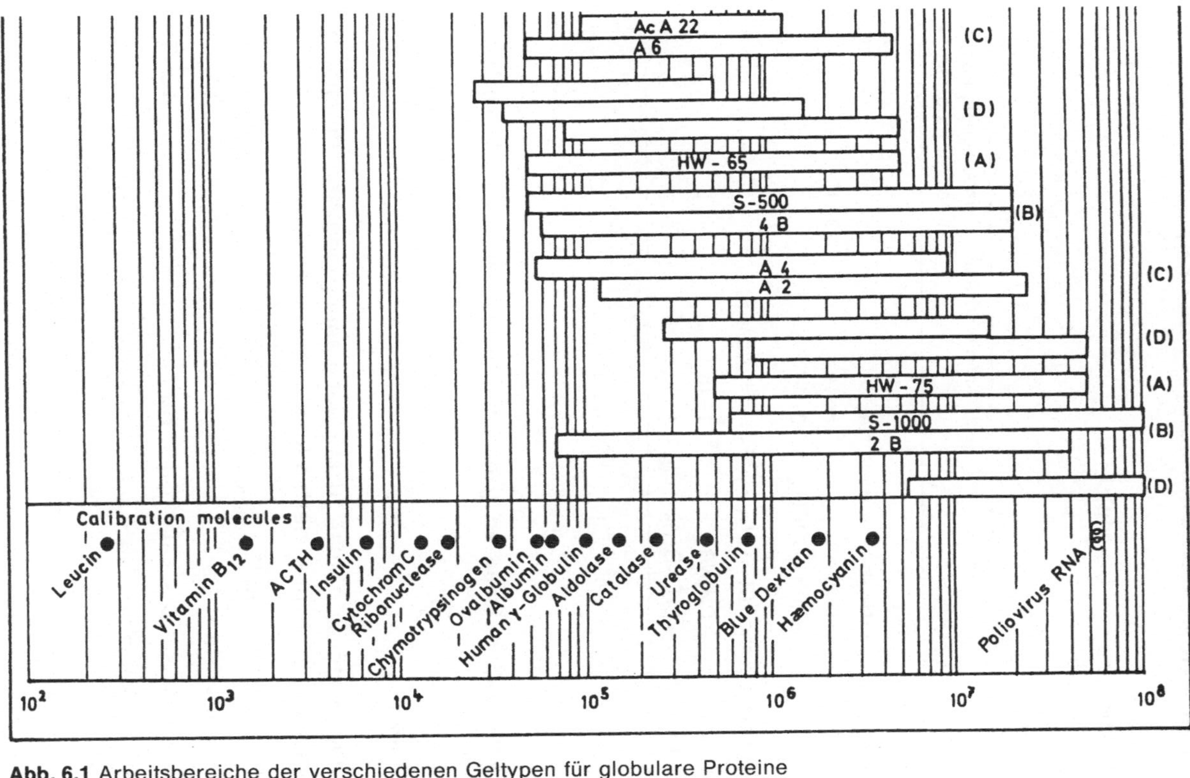

Abb. 6.1 Arbeitsbereiche der verschiedenen Geltypen für globulare Proteine

A = Fractogel; Merck   C = Ultrogel; LKB

B = Sephadex, Sephacryl, Sepharose; Pharmacia   D = BioGel; BioRad

Nach Lit.: W.G. Dorner, Chemische Rundschau **37**, 3 (1984)

6.10.8 Ionen-Austausch-Chromatographie (IEC)

6.10.8.1 Allgemeiner Überblick

Tabelle 6.27

Typ	funktionelle Gruppe	pH-Arbeitsbereich	Austauschkapazität trocken, meq/mg
A. Kationenaustauscher			
stark sauer	$-SO_3H$	1–14	4
schwach sauer	$-COOH$	5–14	9–10
Chelat	$-N(CH_2COOH)_2$	10–14	
B. Anionenaustauscher ($R=CH_3$; R_1, $R_2=CH_3$ oder H)			
stark basisch	$-CH_2NR_3^{\oplus}$	1–15	4
schwach basisch	$-CH_2NR_1R_2$	1–9	4

6.10.8.2 Selektivitätsreihen (Reihenfolge schwache → starke Bindung)

A. Kationen

Die Bindungsstärke nimmt zu mit der Ladung und abnehmendem Durchmesser des hydratisierten Ions.

$$M^+ < M^{2+} < M^{3+} < M^{4+}$$

$$M^+: Na < K < Rb < Cs$$

$$M^{2+}: Mg < Zn < Co < Cd < Ca < Ba$$

$$M^{3+}: Al < Sc < Sm < Ce < La$$

B. Anionen

stark basisch $\quad OH^{\ominus} < F^{\ominus} < Cl^{\ominus} < Br^{\ominus} < NO_3^{\ominus} < HSO_4^{\ominus} < I^{\ominus}$

schwach basisch $\quad HCO_3^{\ominus} < CH_3COO^{\ominus} < F^{\ominus} < Cl^{\ominus} < SCN^{\ominus} < Br^{\ominus}$
$< I^{\ominus} < NO_3^{\ominus} < (COO)_2^{2\ominus} < HSO_4^{\ominus} <$ Citrat
$< OH^{\ominus}$

Tabelle 6.28. Kationenaustauscher

Ionenaustauscher	Austauschkapazität f = feucht [meq/ml] t = trocken [meq/mg]	pH-Arbeits- bereich	max. Arbeitstemp. [°C]
Amberlyst 15	f 1,75 t 4,3	0–14	120
Lewatit SP 1080	t 4,0	0–14	120
Amberlite OG-50 I	f 3,5 t 10,0	5–14	120
Amberlite IRC 50	f 3,5	5–14	120
Amberlite IR-120	f 1,9	0–14	120
Lewatit S 1080	t 4,0	0–14	120

Tabelle 6.29. Anionenaustauscher

Ionenaustauscher	Austauschkapazität f = feucht [meq/ml] t = trocken [meq/mg]	pH-Arbeits- bereich	max. Arbeitstemp. [°C]
Amberlite IRA-400	f 1,40	0–14	60 (OH) 77 (Cl)
Lewatit M 5080	t 3,5	0–12	100
Amberlite IRA-410	f 1,40	0–14	40 (OH) 77 (Cl)
Amberlyst A-26	f 1,2 t 4–4,5	0–14	60 (OH) 77 (Cl)
Lewatit MP 5080	t 3,0	0–12	100
Amberlite IR-45	t 5,0 f 1,6	0–9	100
Amberlyst A-21	f 1,5–1,7 t 4,7–5,0	0–9	100
Lewatit MP 7080	t 4,0	1–8	70

Kapitel VII:
Spektroskopie

IR-Spektroskopie
NMR-Spektroskopie

7.1 IR-Spektroskopie

Tabelle 7.1. Absorptionsbereiche von Lösungsmitteln für die IR-Spektroskopie

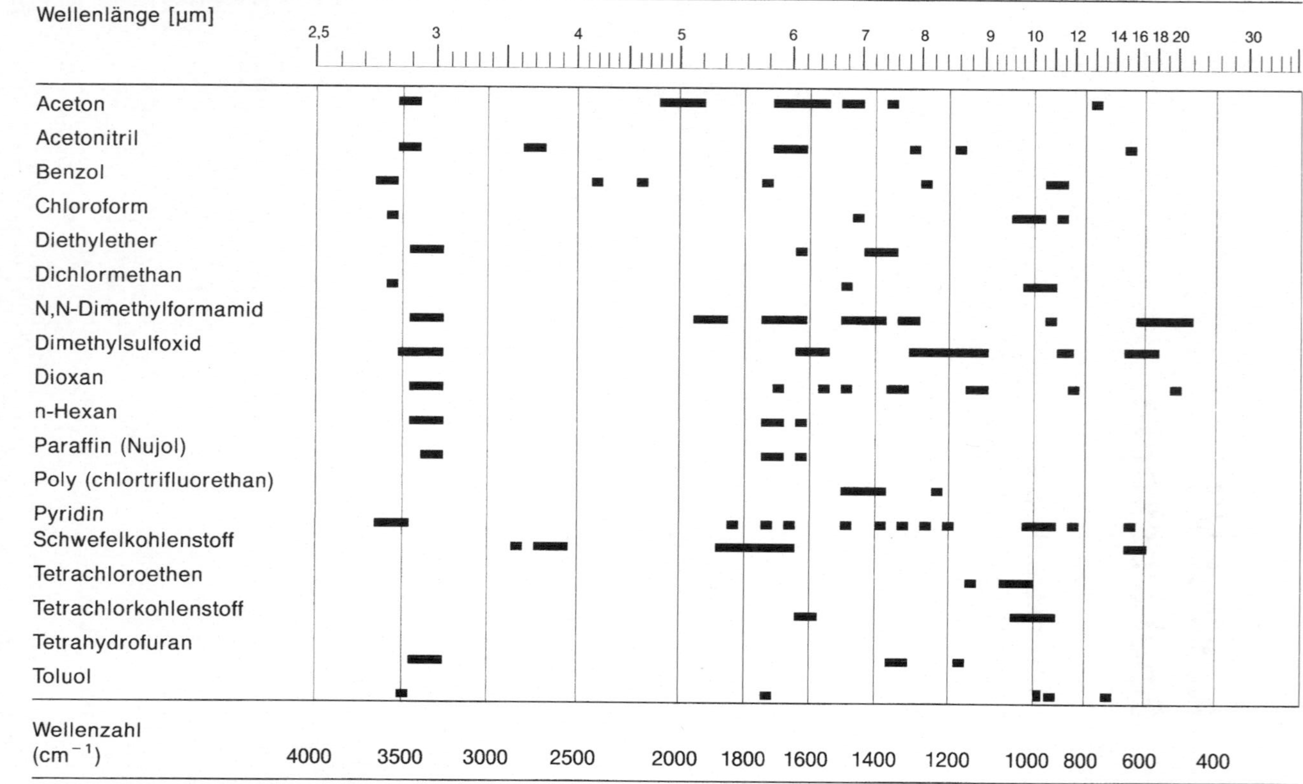

Bandenlage in cm^{-1}	Bereich in cm^{-1}	Funktionelle Gruppe – Zuordnung, Kontrollbande Bereiche in cm^{-1}
3635	5	$-CH_2OH$
3625	5	$>CH-OH$
3615	5	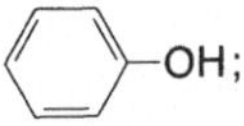 C_6H_5-OH; $-\overset{\mid}{\underset{\mid}{C}}-OH$
3525	75	$-OH$-Brückenbindung
3490	20	$R-OH$-Dimere
3465	65	$>NH$, $-NH_2$
3400	100	$R-OH$-Polymer-Assoziate
3350		$-CO-NH_2$
3300	30	$-CONH_2$, $=NH$, $\equiv C-H$
3180		$-CONH_2$-Assoziate-trans
3160	20	$-CONH_2$-Assoziate-cis
3085	15	$-CONH_2$-Assoziate
3080	50	$-NH_2^+$
3055	15	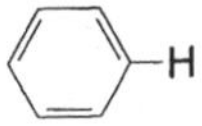 C_6H_5-H
3050	50	 (Cyclopropan)
3085	10	$>C=CH_2$
3020	30	 (Epoxid)
3025	15	$>C=CH_2$, $>C=C<$
2960	15	$-CH_3$
2925	15	$-CH_2-$
2870	15	$-CH_3$
2850	15	$-CH_2-$
2825	10	$-O-CH_3$
2740	20	$Ar-CHO$

Bandenlage in cm^{-1}	Bereich in cm^{-1}	Funktionelle Gruppe – Zuordnung, Kontrollbande Bereiche in cm^{-1}
2710	20	$R-CHO$
2600	100	$-COOH$
2575	25	$-CH_2-SH$ 650/50
2260	20	$-CH_2-NCO$
2250	10	$-CH_2-CN$
2230	10	$-CH=CH-CN$, $Ar-CN$
2225	35	$-C\equiv C-$
2150	20	$-CH=C=O$ 1125/5
2145	35	$-CH_2-NC$, $Ar-NC$
2140	20	$-CH_2-N=\overset{\oplus}{N}=\overset{\ominus}{N}$
2120	20	$-C\equiv CH$ 3300/10; 625/25
1845	25	$-CO-O-CO-$ 1250/50; 1725/25
1825	25	(Maleinsäureanhydrid-Ring) 1250/50; 1760/25
		$-\overset{O}{\overset{\|}{C}}-O-\overset{O}{\overset{\|}{C}}-$ 1110/60; 1765/25
1820	20	(β-Lacton-Ring)
1805	25	$\ce{>C=C-CO-O-CO-C=C<}$ 1110/60; 1745/25
1795	25	$-CH_2-CO-Cl$
1785	15	$-CH_2-CO-O-CH=CH-$, $-CH_2-CO-O-Ar$
1775	25	$-CO-O-CO-$ 1250/50; 1845/25
1770	10	(γ-Lacton-Ring)
1765	25	$-CO-O-CO-$ 1110/60; 1825/25 $Ar-COCl$ 1710/10
1760		$-CH_2-\overset{O}{\overset{\|}{C}}-CH_2-$ 4-, 5-Ring-Ketone
		(Maleinsäureanhydrid-Ring) 1250/50; 1825/25

Tabelle 7.2 (Fortsetzung)

Bandenlage in cm^{-1}	Bereich in cm^{-1}	Funktionelle Gruppe – Zuordnung, Kontrollbande Bereiche in cm^{-1}
1755	25	(Azetidinon-Ring) $=O$, NH
1745	25	$>C=C-CO-O-CO-C=C<$ 1110/60; 1805/25
1740	10	(Tetrahydropyranon-Ring) $=O$, $R-COOR'$: $R=-H$ 1180/10; $-CH_3$ 1240/10; $-C_2H_5$ 1190/10
1730	10	$-CH_2-\overset{\text{Hal}}{CH}-COOH$, $-CH_2-CHO$ 2710/20
1725	25	(Pyrrolidinon-Ring) $=O$, NH
1720	10	$>C=C<^{COOH}$ 1160/40; 1275/25
		(Phenyl)$-COOR$ 1125/25; 1275/35; $-CO-CO-$
1715	10	$-CH_2-CO-CH_2-$
1710	15	(Phenyl)$-COCl$; $-CH_2-COOH$ 1265/55, 1370/70
1705	10	(Phenyl)$-CHO$ 2740/20
1700	15	$>C=C<^{}_{COOH}$

Tabelle 7.2 (Fortsetzung)

Bandenlage in cm^{-1}	Bereich in cm^{-1}	Funktionelle Gruppe – Zuordnung, Kontrollbande Bereiche in cm^{-1}
1690	10	⬡—COOH 1265/55; 1370/70;
		⬡—CO—CH$_2$—
		$>$C=C$<$ CHO 1645/35
1685	15	Piperidon (cyclisches Lactam)
1675	10	$>$C=C$<$ CO—CH$_2$— 1635/35
1670	30	—CO—NH$_2$ 1615/35; 3465/65 —CH=N—CH$_2$— —CO—NH— 1530/50
1665	5	⬡—CO—⬡
1660	30	—CH$_2$—C(=NH)—CH$_2$—
1655	5	H$_2$C=C$<$ 890/5; 1415/5
1650	30	—CO—NR$_2$
1645	35	—CH$_2$—O—NO 600/50; ⬡—CH=N—
1640		H$_2$C=CH— 910/5; 990/5
1635	35	$>$C=C$<$ COOH 1265/55; 1370/70; 1700/15 $>$C=C$<$ CO—CH$_2$— 1675/10 $>$C=C$<$ CHO 1690/10

Tabelle 7.2 (Fortsetzung)

Bandenlage in cm^{-1}	Bereich in cm^{-1}	Funktionelle Gruppe – Zuordnung, Kontrollbande Bereiche in cm^{-1}
1625	25	$-CH_2-O-NO_2$ 575/75; 1275/15
1620	30	$-CH_2-NH_2$ 810/100; 3465/65
		$C_6H_5-CH=CH-$
1615	35	$-CO-NH_2$ 1670/30; 3465/65
1610	5	$\backslash C=C-C=C /$
1600	40	$C_6H_5-NH_2$ 1295/45; $C_6H_5-N=N-C_6H_5$;
		C_6H_6 1500/20
1590	50	$-CO-CH_2-CO-$
1580	30	$-COO^-$ 1425/25
1550	20	$-CH_2-NO_2$ 1370/15
1530	30	$C_6H_5-NO_2$ 1350/25; $-CO-NH-$ 1670/40
1500	20	C_6H_6 1600/25
1465	35	$-CH_2-NH-NO$
1460	25	C_nH_{2n+2} 1380/5
1425	25	$-COO^-$ 1580/30
1395	5	$-C(CH_3)_3$ 1220/20; 1250/5; 1365/5
1385	5	$-CH(CH_3)_2$ 1125/25, 1160/20; 1370/5
1380	5	$-CH_3$ 1460/25
1370	70	$\backslash C=C /$ with $-COOH$ 1265/55; 1635/25; 1700/15
		C_6H_5-COOH 1265/55; 1690/10
		$-CH_2-COOH$ 1265/55; 1710/15
		$-CH(CH_3)_2$ 1125/25; 1160/20; 1385/5
		$-CH_2-NO_2$ 1550/20
1365		$-C(CH_3)_3$ 1220/20; 1250/5; 1395/5

Tabelle 7.2 (Fortsetzung)

Bandenlage in cm^{-1}	Bereich in cm^{-1}	Funktionelle Gruppe – Zuordnung, Kontrollbande Bereiche in cm^{-1}
1360	50	C$_6$H$_5$—OH 1200/25; R$_3$C—OH 1145 $\pm$ 25
1350	25	C$_6$H$_5$—NO$_2$ 1530/30
1335	25	C$_6$H$_5$—NR$_2$ 1215/35
1325	25	—CH$_2$—SO$_2$—CH$_2$— 1145/15
1315	35	C$_6$H$_5$—NH—C$_6$H$_5$; C$_6$H$_5$—NH—R
1305	45	—CH$_2$—OH 1045/15; R$_2$CH—OH 1105/20
1295	45	C$_6$H$_5$—NH$_2$ 1600/40
1275	25	—CH$_2$—ONO$_2$ 575/15; 1625/25; —CH$_2$—NH—NO$_2$
1265	55	\>C=C\<—COOH 1370/70; 1635/25; 1700/5
		C$_6$H$_5$—COOH 1370/70; 1690/10
		—CH$_2$—COOH 1370/70; 1710/15
1250	10	$\triangleright$O 830/10 – cis; 890/10 – trans
	50	O=（Maleinsäureanhydrid）=O 1760/25; 1825/25
		—CO—O—CO— 1775/25; 1845/25
	20	\>C=C\<—O—R , —Ar
	5	—C(CH$_3$)$_3$ 1220/20; 1365/5; 1395/5
1220	20	—C(CH$_3$)$_3$ 1250/5; 1365/5; 1395/5
1215	35	C$_6$H$_5$—NR$_2$ 1335/25
1200	25	C$_6$H$_5$—OH 1360/50

Tabelle 7.2 (Fortsetzung)

Bandenlage in cm^{-1}	Bereich in cm^{-1}	Funktionelle Gruppe – Zuordnung, Kontrollbande Bereiche in cm^{-1}
1180	30	$-SO_3H$ 1040/20
1160	20	$-CH(CH_3)_2$ 1125/25; 1370/5; 1385/5
1145	15	$-CH_2-SO_2-CH_2-$ 1325/25
	25	R_3C-OH 1360/50
	60	$-CH_2-\overset{\overset{\textstyle H}{\mid}}{N}-CH_2-$
1140		
1125	5	$\overset{\textstyle H}{\diagdown}C=C=O$ 2150/20
	25	$-CH(CH_3)_2$ 1160/20; 1370/5; 1385/5
1110	60	$\diagdown C=\overset{\mid}{C}-CO-O-CO-\overset{\mid}{C}=C\diagup$ 1745/25; 1805/25
		$-CO-O-CO-$ 1765/25; 1825/25
1105	55	$-CH_2-O-CH_2-$
	20	R_2CH-OH 1305/45
1065	5	$-CH=C=CH-$ 1965/15
1055	55	$-\overset{\mid}{\underset{\mid}{C}}-F$
1045	15	$R-CH_2OH$ 1305/45
1040	20	$-SO_3H$ 1180/30 $-CH_2-SO-CH_2-$ 1200
1020	10	△
990	5	$H_2C=CH-$ 910/5; 1415/5
975	25	☐ 890/30
970	5	$\overset{\textstyle H}{\diagdown}C=C\overset{\diagup}{\diagdown}{}_{H}$ trans
925	25	$-CH_2-COOH$ 1265/55; 1370/70; 1710/15
910	5	$H_2C=CH-$ 990/5; 1415/5
890	30	☐
	5	$CH_2=C\overset{\diagup}{\diagdown}$ 1415/5

Bandenlage in cm^{-1}	Bereich in cm^{-1}	Funktionelle Gruppe – Zuordnung, Kontrollbande Bereiche in cm^{-1}
880		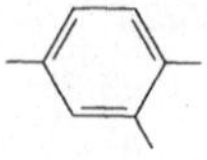 [aromatic ring] 815/20
835	25	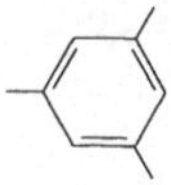 [aromatic ring] 700/30
825	25	$-CH_2{=}C\big\langle$ 1415/5
815	20	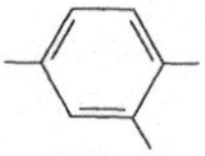 [aromatic ring] 880/20
	15	 [aromatic ring] 1200/25
810	100	$-CH_2-NH_2$ 1620/30
785	20	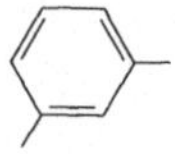 [aromatic ring] 700/20; 1150/20
780	20	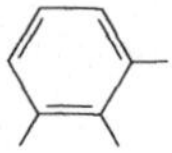 [aromatic ring] 700/20
755	15	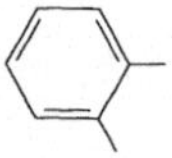 [aromatic ring] 1110/20
750	20	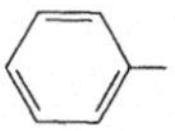 [aromatic ring] 700/15; 1085/15
725	5	$-(CH_2)_{\geqq 4}-$
700	100	$-\overset{\displaystyle |}{\underset{\displaystyle |}{C}}-Cl$
	30	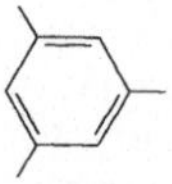 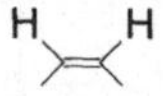 [aromatic ring] 835/25 [H–C=C–H] cis

Tabelle 7.2 (Fortsetzung)

Bandenlage in cm^{-1}	Bereich in cm^{-1}	Funktionelle Gruppe – Zuordnung, Kontrollbande Bereiche in cm^{-1}
700	20	(o-disubst. Benzol) 780/20; (m-disubst. Benzol) 785/15; 1150/20
	15	(monosubst. Benzol) 750/20; 1085/15
650	50	$R-SH$ 2575; $C-Br$
640	70	$-CH_2-S-CH_2-$
625	25	$-C\equiv C-H$ 2120/20
600		$-CH_2-O-NO$ 1645/35
575	75	$-CH_2-O-NO_2$ 1275/25; 1625/25
550	5	$-\overset{\mid}{\underset{\mid}{C}}-I$

7.2 NMR-Spektroskopie

7.2.1 Allgemeines

Tabelle 7.3. NMR-Lösungsmittel

Lösungsmittel	Fp (°C)	Kp (°C)	$\delta\,(^1H)$ (ppm)	$\delta\,(^{13}C)$ (ppm)	J (C, D) (Hz)
Aceton-d_6	$-94,5$	55	2.04	206	0,9
				29,8	20
Acetonitril-d_3	-42	79	1,93	118,2	21
				1,3	
Benzol-d_6	6,7	79	7,15	128,0	24
Bromoform-d_1	8,3	149,5	6,8	12,4	32
Chloroform-d_1	-64	60,3	7,24	77,0	32
Cyclohexan-d_{12}	4,1	79	1,38	26,4	19
Deuteriumoxid	3,8	101,4	4,8		
Diethylether-d_{10}	-116	33	3,34	65,3	21
			1,07	14,5	19
Dimethylether-d_6	-139	-24	3,24	59,4	
Dimethylformamid-d_7	-60	152	8,01	167,7	21
			2,91	35,2	
			2,74	30,1	
Dimethylsulfoxid-d_6	20,2	189	2,49	39,5	21
Dioxan-d_8	12	100	3,53	66,6	22
				126,2	
Hexafluoracetondeuterat	14		5,26	122,5	J(C,F) = 287
Hexamethylphosphorsäure-triamid-d_{18}	4	98	2,53	38,8	21
Methanol-d_4	$-98,8$	65	4,78	49,0	21
Methylenchlorid-d_2	-96	39	5,32	53,8	27
Nitrobenzol-d_5	5,7	210,8	8,11	148,0	24,5
			7,67	134,8	25
			7,50	129,5	26
				123,5	
Nitromethan-d_3	-29	101	4,33	62,8	22
Pyridin-d_5	-41	114	8,71	149,9	27,5
			7,55	135,5	24,5
			7,19	123,5	25
Schwefeldioxid	$-72,7$	-10			
Schwefelkohlenstoff	-112	46		192,7	
Schwefelsäure-d_2	3	338			

Tabelle 7.3 (Fortsetzung)

Lösungsmittel	Fp (°C)	Kp (°C)	$\delta\,(^1H)$ (ppm)	$\delta\,(^{13}C)$ (ppm)	J (C, D) (Hz)
1,1,2,2-Tetrachlorethan-d_2	-36	146	5,91	74,2	
Tetrachlorkohlenstoff	-23	77		96,0	
Tetrahydrofuran-d_8	-108	64	3,58	67,4	22
			1,73	25,2	20,5
Trifluoressigsäure-d_1	$-15,2$	72,4		164,4	J(C,F) = 44
				116,5	J(C,F) = 283
Toluol-d_8	$-84,4$	109	7,09	137,5	23
			7,0	128,9	24
			6,98	128,0	24
			2,03	125,2	19
				20,4	

Tabelle 7.4. NMR-Frequenzen einiger häufig vermessener Isotope

	Spin	Nat. Häufigkeit [%]	Empfind- lichkeit rel.[a]	1,4093 T	2,3488 T	4,6975 T	7,0463 T
				Frequenz [MHz]			
^1H	$\frac{1}{2}$	99,98	1,00	60	100	200	300
^2H	1	$1,5 \times 10^{-2}$	$9,65 \cdot 10^{-3}$	2,9	15,35	30,70	46,05
^6Li	1	7,42	$8,5 \cdot 10^{-3}$	8,83	14,71	29,43	44,14
^7Li	$\frac{3}{2}$	92,85	0,29	23,31	38,86	77,72	116,59
^{10}B	3	19,58	$1,90 \cdot 10^{-2}$	6,44	10,74	21,49	32,23
^{11}B	$\frac{3}{2}$	80,42	0,17	19,25	32,08	64,16	96,25
^{13}C	$\frac{1}{2}$	1,10	$1,59 \cdot 10^{-2}$	15,08	25,14	50,28	75,43
^{14}N	1	99,63	$1,01 \cdot 10^{-3}$	4,33	7,22	14,44	21,67
^{15}N	$\frac{1}{2}$	0,37	$1,04 \cdot 10^{-6}$	6,080	10,133	20,265	30,398
^{17}O	$\frac{5}{2}$	$3,7 \cdot 10^{-2}$	$2,91 \cdot 10^{-2}$	8,13	13,55	27,11	40,67
^{19}F	$\frac{1}{2}$	100	0,83	56,44	94,07	188,15	282,23
^{23}Si	$\frac{1}{2}$	4,7	$7,14 \cdot 10^{-3}$	11,9	19,86	39,73	59,59
^{31}P	$\frac{1}{2}$	100	$6,63 \cdot 10^{-2}$	24,289	40,481	80,961	121,442

[a] bezogen auf ^1H bei konstantem T und gleicher Anzahl von Kernen

Chemische Verschiebung δ

$$\delta = \frac{\nu_{Substanz} - \nu_{Referenz}}{\nu_{Referenz}} \cdot 10^6 \approx \frac{\Delta\nu}{Me\beta frequenz} \cdot 10^6$$

Referenzsubstanzen:

^{1}H: TMS, 3-(Trimethylsilyl)tetradeuteropropansäure
^{13}C: TMS
^{15}N: CH_3NO_2
^{19}F: $CFCl_3$
^{31}P: H_3PO_4, 85%

Indirekte Spin-Spin-Kopplung

Multiplizität (M) eines Signals:

M = 2nI + 1

n = Anzahl der benachbarten äquivalenten Kerne
I = Kernspin

Für Kerne mit Spin $I = \frac{1}{2}$ ergibt sich:

M = n + 1

Aufspaltungsbildner durch Spin-Spin-Kopplung in Spektren 1. Ordnung bei $I = \frac{1}{2}$

Zahl der Nachbarn n	Multiplizität des betrachteten Kerns	Intensitätsverteilung
0	1 Singulett	1
1	2 Dublett	1:1
2	3 Triplett	1:2:1
3	4 Quartett	1:3:3:1
4	5 Quintett	1:4:6:4:1
5	6 Sextett	1:5:10:10:5:1
6	7 Septett	1:6:15:20:15:6:1

Sind mehrere Sätze nicht äquivalenter Kerne vorhanden, so errechnet sich die Multiplizität einer Linie zu:

$$M = (n_a + 1)(n_b + 1)(n_c + 1) \cdots \quad (\text{bei } I = \tfrac{1}{2})$$

Beispiele: Die Sätze äquivalenter Protonen werden nacheinander in einem Aufspaltungsschema entwickelt, so daß schließlich das gesamte Aufspaltungsmuster für den betrachteten Kern entsteht:

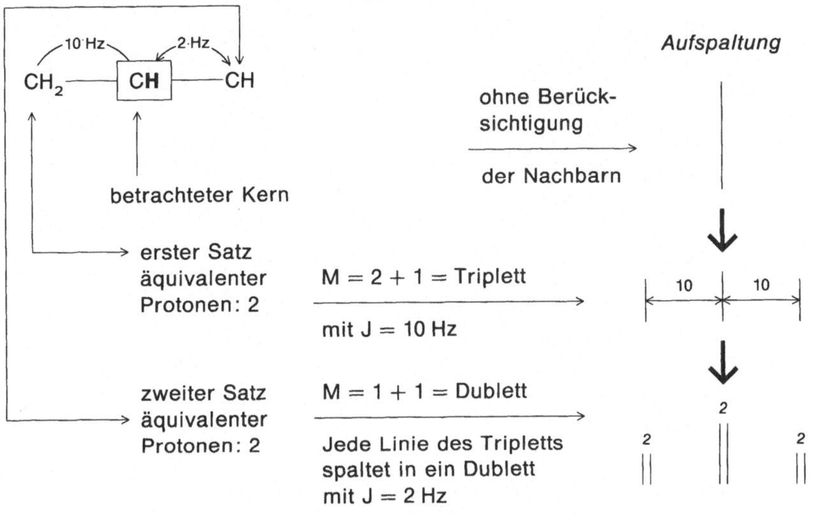

Für die CH-Gruppe erhält man Dubletts aus einem Triplett.
Nach diesem Verfahren werden alle Kerne eines Spinsystems abgearbeitet. Man erhält so für ein Drei-Spinsystem folgende Aufspaltung:

R, H ⟵—— Dubletts aus einem Quartett
C=C
H, CH3 ⟵—— Dubletts aus einem Dublett
⟶ —— Dubletts aus einem Quartett.

7.2.2 ^{1}H—Chemische Verschiebungen

Tabelle 7.5. ^{1}H-Chemische Verschiebungen, Übersicht

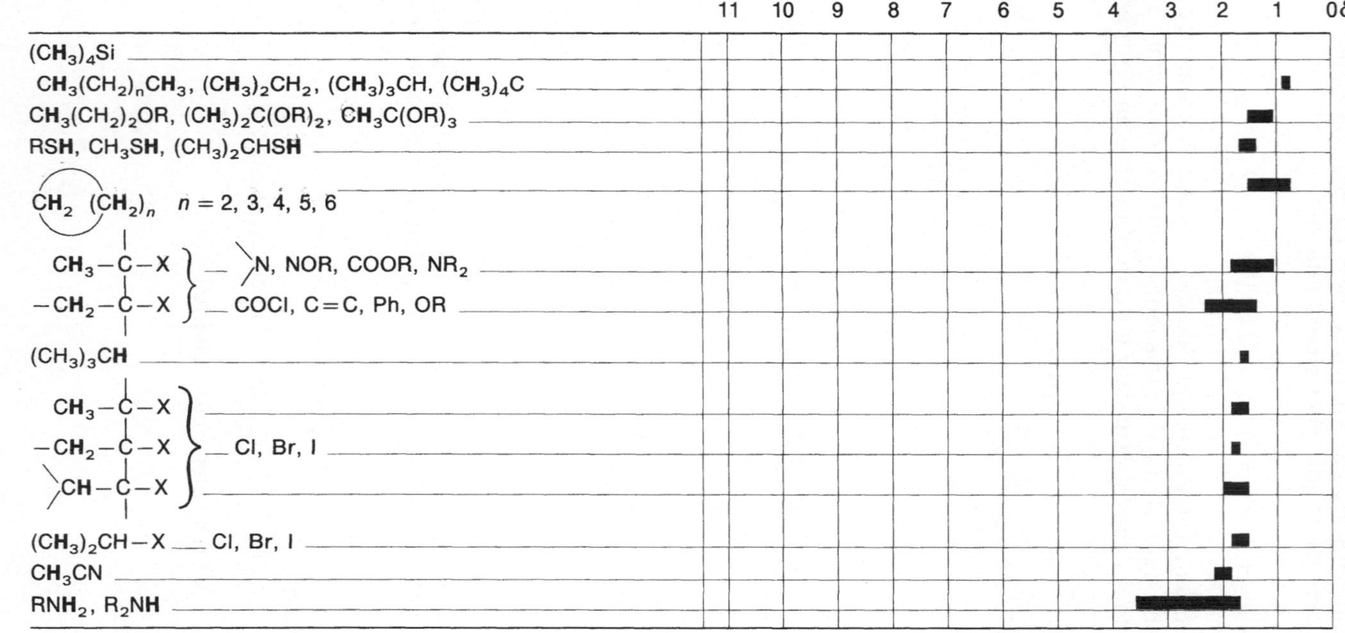

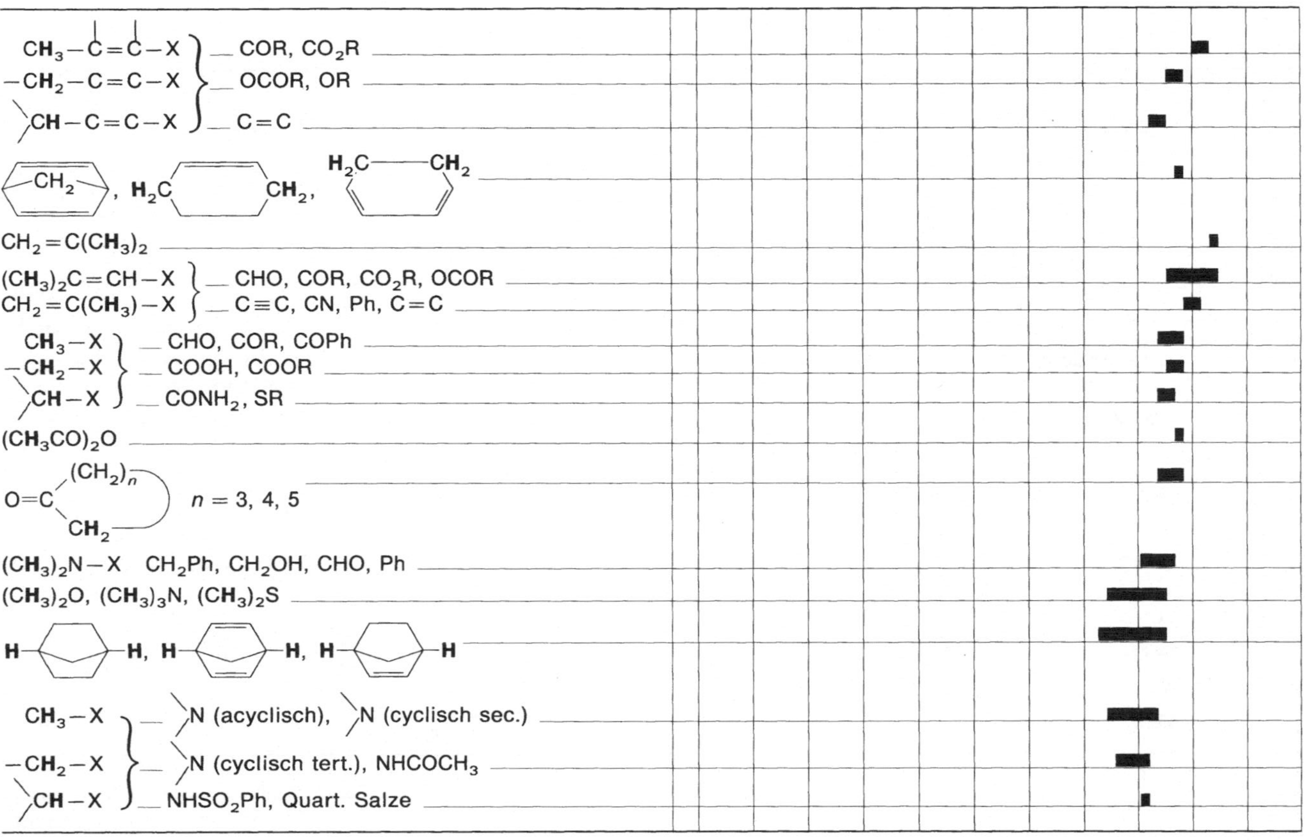

CH₃—C=C—X — COR, CO₂R
—CH₂—C=C—X — OCOR, OR
CH—C=C—X — C=C
CH₂=C(CH₃)₂
(CH₃)₂C=CH—X — CHO, COR, CO₂R, OCOR
CH₂=C(CH₃)—X — C≡C, CN, Ph, C=C
CH₃—X — CHO, COR, COPh
—CH₂—X — COOH, COOR
CH—X — CONH₂, SR
(CH₃CO)₂O
O=C(CH₂)ₙ/CH₂   n = 3, 4, 5
(CH₃)₂N—X   CH₂Ph, CH₂OH, CHO, Ph
(CH₃)₂O, (CH₃)₃N, (CH₃)₂S
CH₃—X — N (acyclisch), N (cyclisch sec.)
—CH₂—X — N (cyclisch tert.), NHCOCH₃
CH—X — NHSO₂Ph, Quart. Salze

Tabelle 7.5 (Fortsetzung)

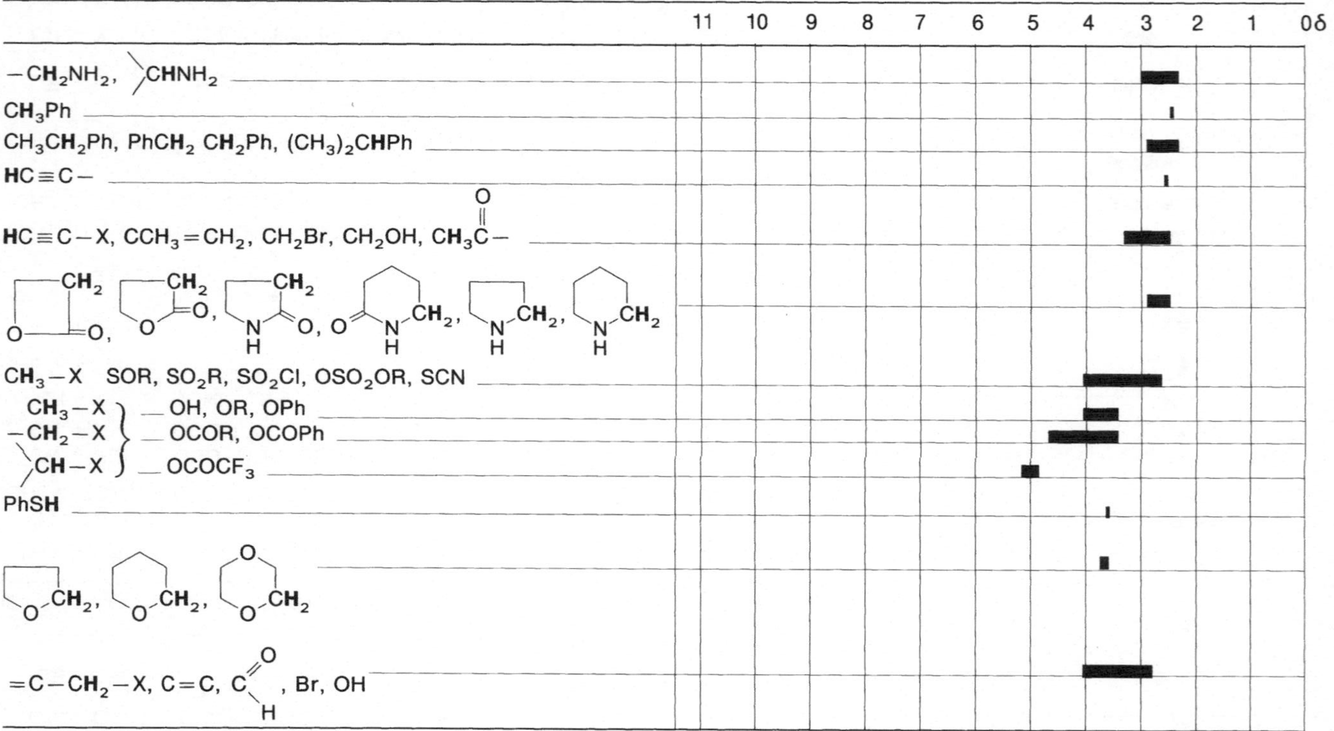

CH₃CCH₂—X — COOCH₃, COCH₃
PhNH₂
CH₃—X
—CH₂—X F, Cl, Br, I
CH—X
H₂C—O, H₂C—O
HC=OCH₃, MeC—OCH₃
CH₃NO₂, —CH₂NO₂, CHNO₂
ROH, CHOH, —C—OH
PhCH₂—X N, OR, Cl, Br
Ph—CH—X OCOR, —CH₂OH
(CH₃)₂CH—OR, CH₃CH(OR)₂, CH₂(OR)₂, CH(OR)₃
CH₂=C=CH₂
(CH₃)₂C=CHCH₃
—CH=CH— konjugierte
—CH=CH— nicht konjugierte
Olefine
CH₂=C terminal
CH₂—X Cl, Br, I, Cl, Cl
CH₂—Y Cl, Br, I, Br, I
H H' H H

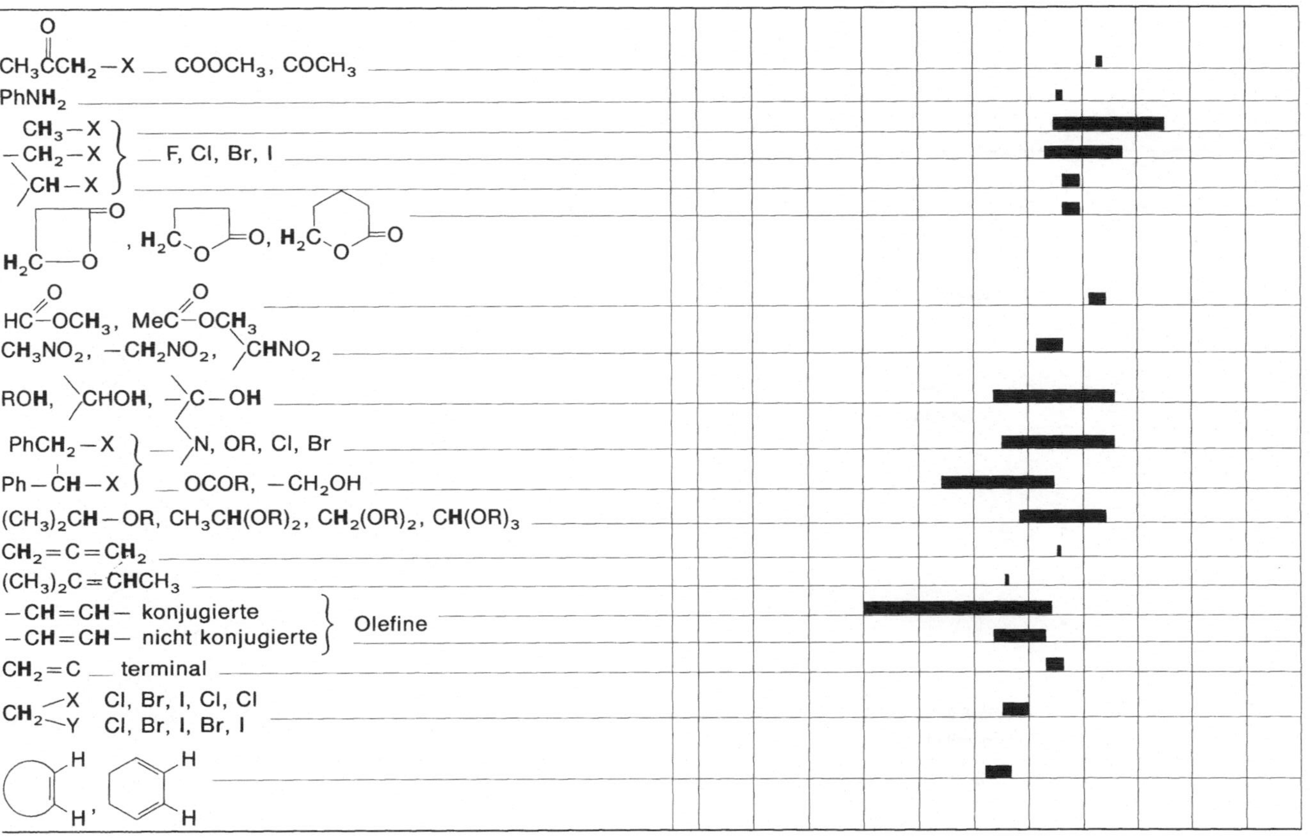

343

Tabelle 7.5 (Fortsetzung)

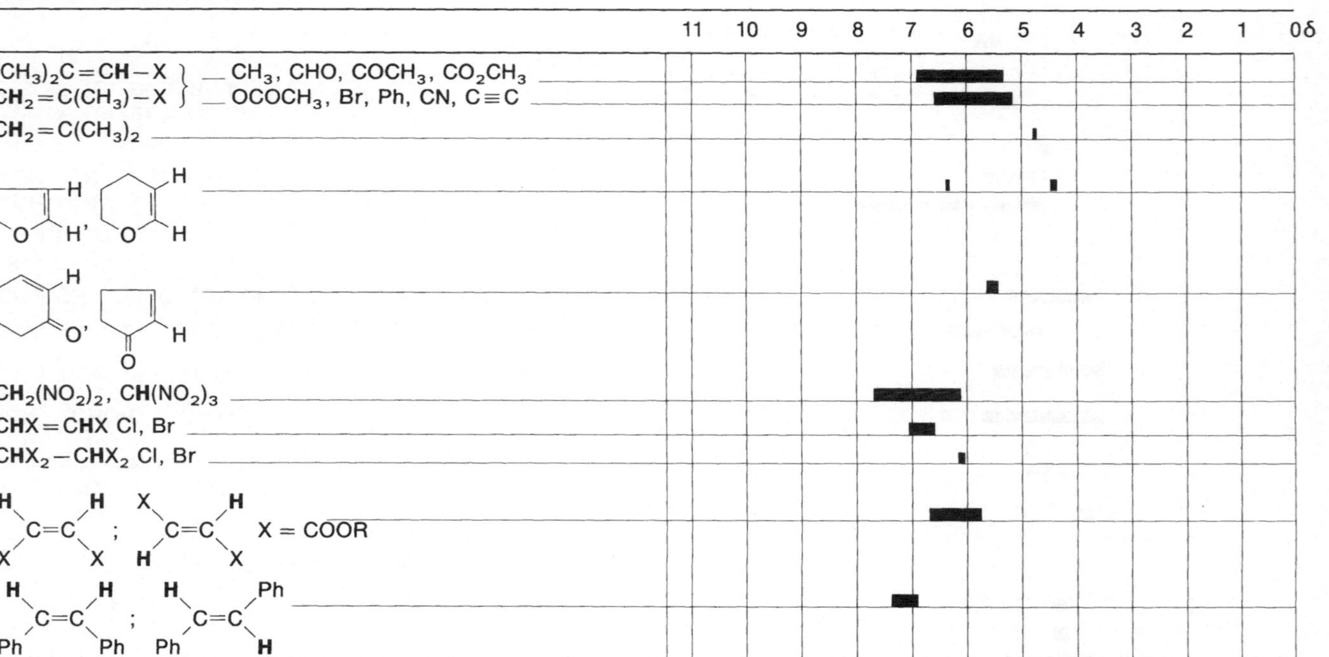

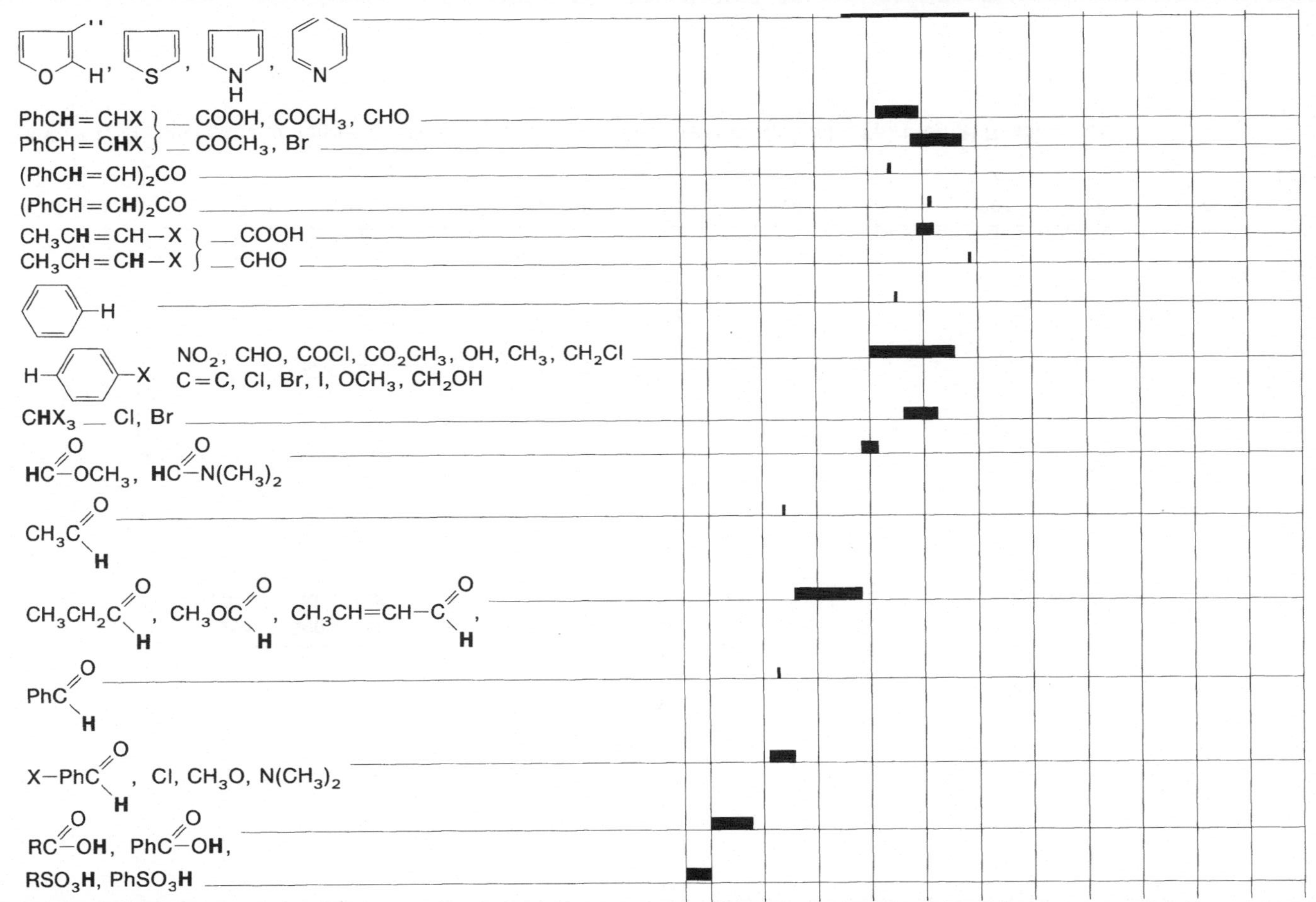

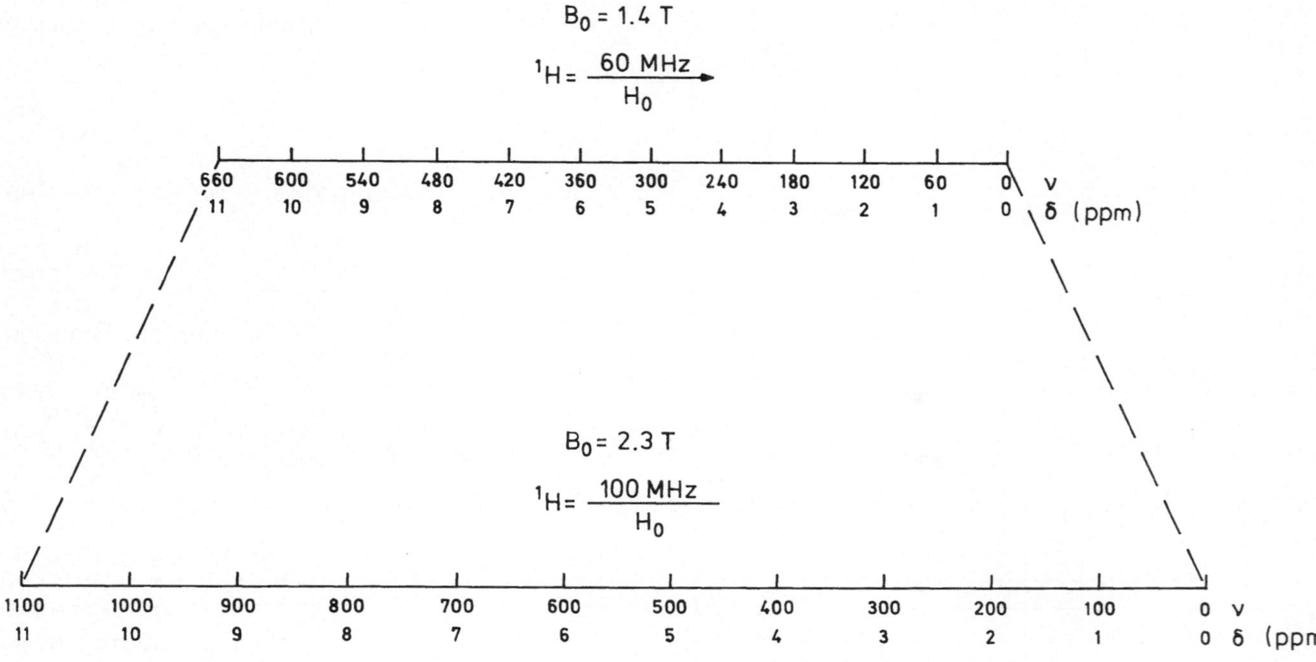

Abb. 7.1. Zusammenhang von Magnetflußdichte B_0(T), Meßfrequenz (MHz) und δ-Wert für ^{1}H-Resonanzen

Tabelle 7.6. Inkrementsystem zur Abschätzung der chemischen Verschiebung von Methylen- und Methin-Protonen nach Shoolery

$$R_1-CH_2-R_2 \qquad R_1-\overset{\overset{\textstyle R_2}{|}}{C}H-R_3$$

$$\delta = 0{,}23 + I_1 + I_2 \qquad \delta = 0{,}5 + I_1 + I_2 + I_3$$

Substituent	Inkrement I	Substituent	Inkrement I	Substituent	Inkrement I
H_3C	0,68	HO	2,56	R(H)S	1,64
R	0,58	RO	2,36	ArS	1,90
ZCH_2, Z=Cl, Br	0,91	C_6H_5O	2,94	RSS	1,72
△	0,66	R(H)C(=O)O	3,01	$CH_3C(=O)S$	1,94
◁O (epoxid)	0,77	$C_6H_5C(=O)O$	3,27	$C_6H_5C(=O)S$	2,16
F_3C	1,14	R(Ar)NHC(=O)O	3,16	$R_2NC(=O)S$	1,97
HF_2C	1,12	$F_3CC(=O)O$	3,35	$N{\equiv}C-S$	2,04
Cl_3C	1,55	RSO_2O	3,13	R(Ar)S(=O)	1,74
Br_3C	1,92	$ArSO_2O$	3,06	$R(Ar)SO_2$	2,45
R(H)C=O	1,50	$N{\equiv}C-O$	3,57	H_2NSO_2	2,29
R(H)OC=O	1,46			$ClSO_2$	2,86
$C_6H_5C=O$	1,90	$R_2(H_2)N$	1,57		
$C_6H_5OC=O$	1,50	C_6H_5NH	2,04	$R_2P(=O)$	0,98
$R_2(H_2)NC=O$	1,47	R_3N^+	2,55	$(RO)_2P(=O)$	1,09
$C_6H_5NHC=O$	1,45	R(H)C(=O)NH	2,27	$R_2P(=S)$	0,83
ClC=O	1,84	$C_6H_5C(=O)NH$	2,43		
C_6H_5	1,83	ROC(=O)NH	2,25	H	0,34
$R_2(H_2)C=CR(H)$	1,32	RSC(=O)NH	2,55		
R(H)C≡C	1,44	$ArSO_2NH$	1,98	F	3,30
N≡C	1,59	O_2N	3,36	Cl	2,53
		O=C=N	2,36	Br	2,33
$(CH_3)_3Si$	0,03	S=C=N	2,62	I	2,19
R_3SN	−0,45	N_3	1,97		

Tabelle 7.7. ^{1}H-Chemische Verschiebungen für α-Protonen ($\textbf{8}$ = Methyl; $\textbf{8}$ = Methylen; $\bullet$ = Methin) in aliphatischen Verbindungen

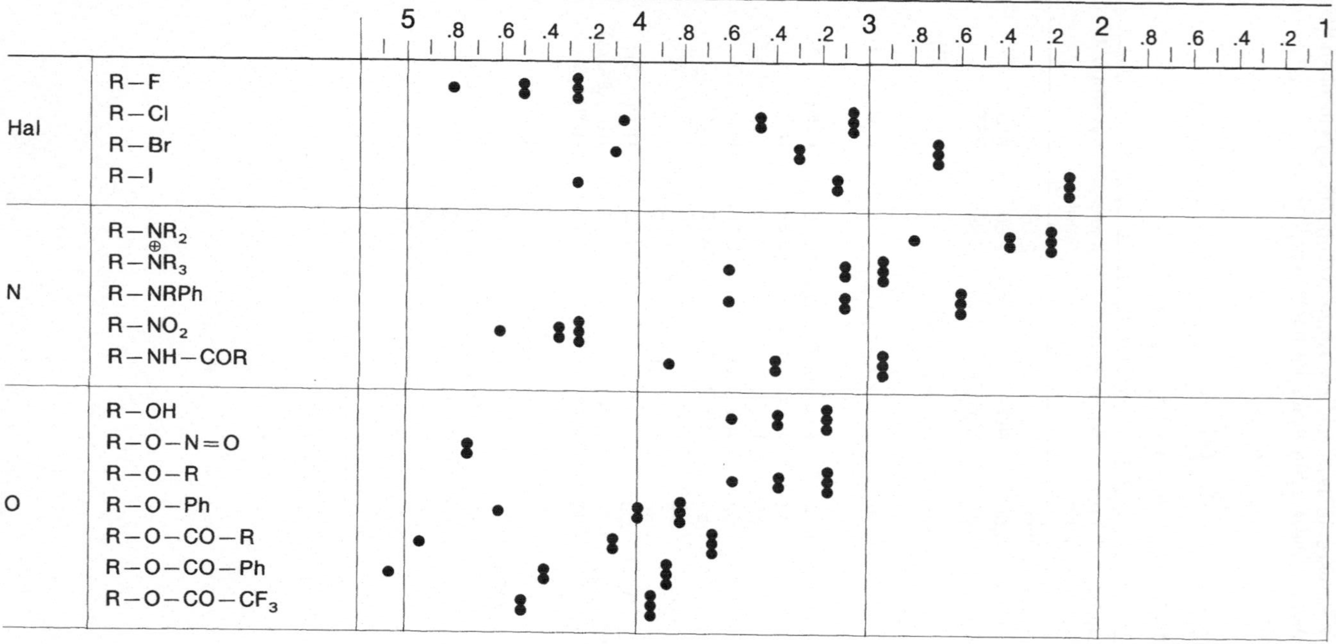

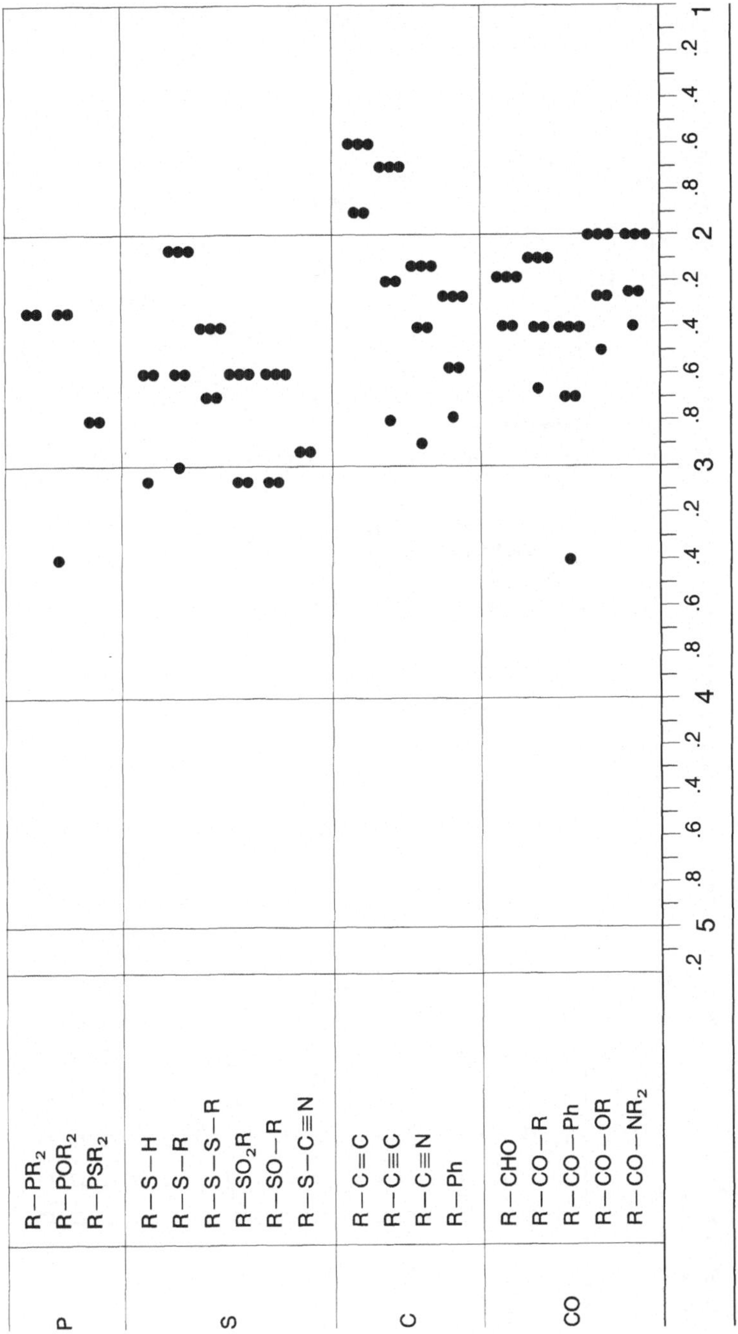

Axis (ppm scale): .2 .4 .6 .8 1   .2   2   .2 .4 .6 .8 3   .2 .4 .6 .8 4   .2 .4 .6 .8 5   .2

P
- $R-PR_2$
- $R-POR_2$
- $R-PSR_2$

S
- $R-S-H$
- $R-S-R$
- $R-S-S-R$
- $R-SO_2R$
- $R-SO-R$
- $R-S-C{\equiv}N$

C
- $R-C{=}C$
- $R-C{\equiv}C$
- $R-C{\equiv}N$
- $R-Ph$

CO
- $R-CHO$
- $R-CO-R$
- $R-CO-Ph$
- $R-CO-OR$
- $R-CO-NR_2$

Tabelle 7.8. ^{1}H-Chemische Verschiebungen für β-ständige Protonen (⣿ = Methyl; ⣿ = Methylen; ● = Methin) in aliphatischen Verbindungen

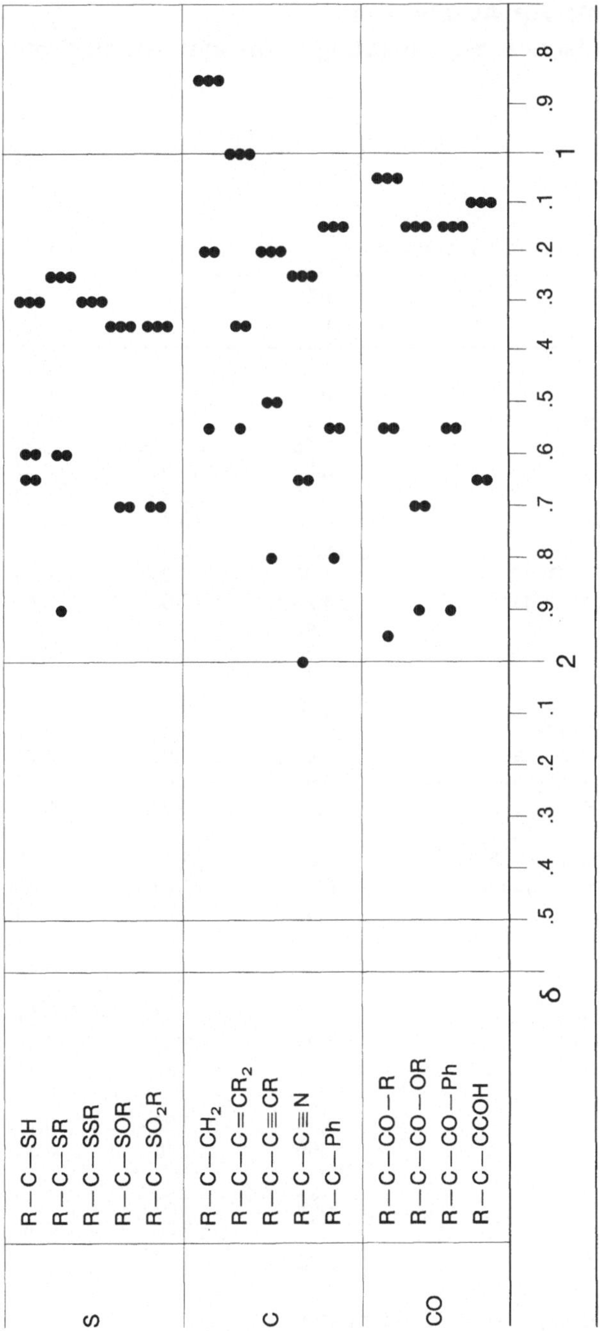

δ

S
R—C—SH
R—C—SR
R—C—SSR
R—C—SOR
R—C—SO$_2$R

C
R—C—CH$_2$
R—C—C=CR$_2$
R—C—C≡CR
R—C—C≡N
R—C—Ph

CO
R—C—CO—R
R—C—CO—OR
R—C—CO—Ph
R—C—CCOH

2 .9 .8 .7 .6 .5 .4 .3 .2 .1 1 .9 .8

Inkremente zur Abschätzung
der chemischen Verschiebungen für olefinische Protonen

$$\delta = 5,25 + I_{gem} + I_{cis} + I_{trans}$$

Tabelle 7.9. Chemische Verschiebungen für olefinische Protonen

Substituent	Inkremente		
	I_{gem}	I_{cis}	I_{trans}
$-H$	0	0	0
$-$Alkyl	0,45	$-0,22$	$-0,28$
$-$Alkyl-Ring [a]	0,69	$-0,25$	$-0,28$
$-CH_2$-Aryl	1,05	$-0,29$	$-0,32$
$-CH_2OR$	0,64	$-0,01$	$-0,02$
$-CH_2NR_2$	0,58	$-0,10$	0,08
$-CH_2-$Hal	0,70	0,11	$-0,04$
$-CH_2-CO-R$	0,69	$-0,08$	$-0,06$
$-C(R)=CR_2$ (Dien)	1,00	$-0,09$	$-0,23$
(längere Konjugation)	1,24	0,02	$-0,05$
$-C\equiv C-$	0,47	0,38	0,12
$-$Aryl	1,38	0,36	$-0,07$
$-CHO$	1,02	0,95	1,17
$-CO-R$ (Enon)	1,10	1,12	0,87
(längere Konjugation)	1,06	0,91	0,74
$-CO-OH$ (Encarbonsäure)	0,97	1,41	0,71
(längere Konjugation)	0,80	0,98	0,32
$-CO-OR$			
(α,β-ungesättigter Ester)	0,80	1,18	0,55
(längere Konjugation)	0,78	1,01	0,46
$-CO-NR_2$	1,37	0,98	0,46
$-CO-Cl$	1,11	1,46	1,01
$-C\equiv N$	0,27	0,75	0,55
$-OR$ (gesättigt)	1,22	$-1,07$	$-1,21$
$-OR$ (andere)	1,21	$-0,60$	$-1,00$
$-O-CO-R$	2,11	$-0,35$	$-0,64$
$-S-R$	1,11	$-0,29$	$-0,13$
$-SO_2-R$	1,55	1,16	0,93
$-NR_2$ (gesättigt)	0,80	$-1,26$	$-1,21$
$-NR_2$ (andere)	1,17	$-0,53$	$-0,99$
$>N-CO-R$	2,08	$-0,57$	$-0,72$

[a] Doppelbindung in einem 5- oder 6-Ring

Inkremente zur Abschätzung
der chemischen Verschiebungen für Benzol-Protonen

$\delta = 7{,}26 + \sum \text{ppm}$

Tabelle 7.10. Chemische Verschiebungen für Benzol-Protonen

Substituent	I_{ortho}	I_{meta}	I_{para}
$-H$	0	0	0
$-CH_3$	$-0{,}18$	$-0{,}10$	$-0{,}20$
$-CH_2CH_3$	$-0{,}15$	$-0{,}06$	$-0{,}18$
$-CH(CH_3)_2$	$-0{,}13$	$-0{,}08$	$-0{,}18$
$-C(CH_3)_3$	$0{,}02$	$-0{,}09$	$-0{,}22$
$-CH_2Cl$	$0{,}00$	$0{,}01$	$0{,}00$
$-CH_2OH$	$-0{,}07$	$-0{,}07$	$-0{,}07$
$-CH_2NH_2$	$0{,}01$	$0{,}01$	$0{,}01$
$-CH=CH_2$	$0{,}06$	$-0{,}03$	$-0{,}10$
$-C\equiv CH$	$0{,}15$	$-0{,}02$	$-0{,}01$
$-C_6H_5$	$0{,}30$	$0{,}12$	$0{,}10$
$-CHO$	$0{,}56$	$0{,}22$	$0{,}29$
$-CO-CH_3$	$0{,}62$	$0{,}14$	$0{,}21$
$-CO-CH_2-CH_3$	$0{,}63$	$0{,}13$	$0{,}20$
$-CO-C_6H_5$	$0{,}47$	$0{,}13$	$0{,}22$
$-COOH$	$0{,}85$	$0{,}18$	$0{,}25$
$-COOCH_3$	$0{,}71$	$0{,}11$	$0{,}21$
$-CO-O-C_6H_5$	$0{,}90$	$0{,}17$	$0{,}27$
$-CO-NH_2$	$0{,}61$	$0{,}10$	$0{,}17$
$-COCl$	$0{,}84$	$0{,}20$	$0{,}36$
$-CN$	$0{,}36$	$0{,}18$	$0{,}28$
$-NH_2$	$-0{,}75$	$-0{,}25$	$-0{,}65$
$-NH-CH_3$	$-0{,}80$	$-0{,}22$	$-0{,}68$
$-N(CH_3)_2$	$-0{,}66$	$-0{,}18$	$-0{,}67$
$-N^{\oplus}(CH_3)_3 J^{\ominus}$	$0{,}69$	$0{,}36$	$0{,}31$
$-NH-COCH_3$	$0{,}12$	$-0{,}07$	$-0{,}28$
$-NO$	$0{,}58$	$0{,}31$	$0{,}37$
$-NO_2$	$0{,}95$	$0{,}26$	$0{,}38$

Tabelle 7.10 (Fortsetzung)

Substituent	I_{ortho}	I_{meta}	I_{para}
$-SH$	$-0,08$	$-0,16$	$-0,22$
$-SCH_3$	$-0,08$	$-0,10$	$-0,24$
$-S-C_6H_5$	$0,06$	$-0,09$	$-0,15$
$-SO_2-OH$	$0,64$	$0,26$	$0,36$
$-SO_2-NH_2$	$0,66$	$0,26$	$0,36$
$-OH$	$-0,56$	$-0,12$	$-0,45$
$-OCH_3$	$-0,48$	$-0,09$	$-0,44$
$-OCH_2-CH_3$	$-0,46$	$-0,10$	$-0,43$
$-O-C_6H_5$	$-0,29$	$-0,05$	$-0,23$
$-O-CO-CH_3$	$-0,25$	$0,03$	$-0,13$
$-O-CO-C_6H_5$	$-0,09$	$0,09$	$-0,08$
$-F$	$-0,26$	$-0,00$	$-0,20$
$-Cl$	$0,03$	$-0,02$	$-0,09$
$-Br$	$0,18$	$-0,08$	$-0,04$
$-I$	$0,39$	$-0,21$	$-0,03$

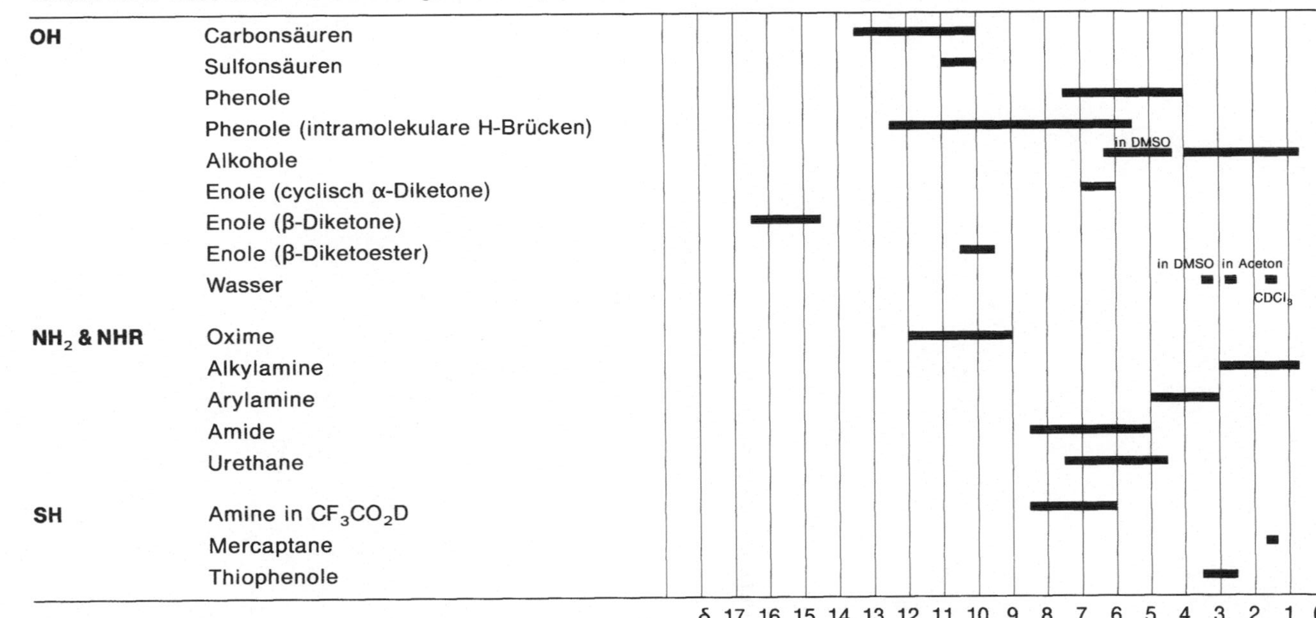
Tabelle 7.11. Chemische Verschiebungen für OH-, NH- und SH-Protonen in CDCl₃, wenn nicht anders angegeben
OH
Carbonsäuren
Sulfonsäuren
Phenole
Phenole (intramolekulare H-Brücken)
Alkohole
Enole (cyclisch α-Diketone)
Enole (β-Diketone)
Enole (β-Diketoester)
Wasser
NH₂ & NHR
Oxime
Alkylamine
Arylamine
Amide
Urethane
SH
Amine in CF₃CO₂D
Mercaptane
Thiophenole
in DMSO
in DMSO in Aceton
CDCl₃
δ 17 16 15 14 13 12 11 10 9 8 7 6 5 4 3 2 1 0

Abb. 7.2. ^{1}H-Chemische Verschiebungen für aromatische Verbindungen

Aromaten

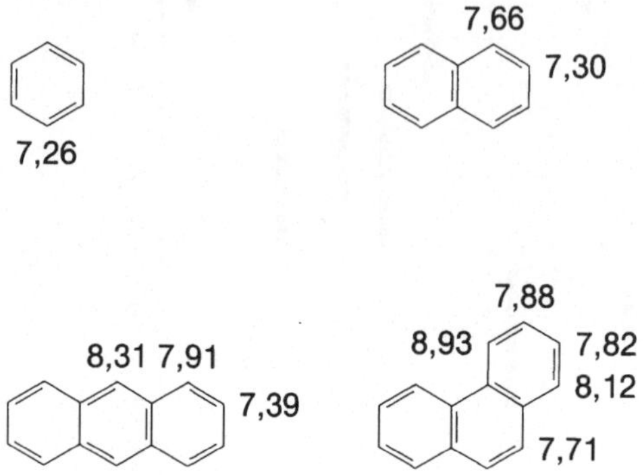

7,66
7,30
7,26

8,31 7,91
7,39
7,88
8,93
7,82
8,12
7,71

Heterocyclen – aromatische

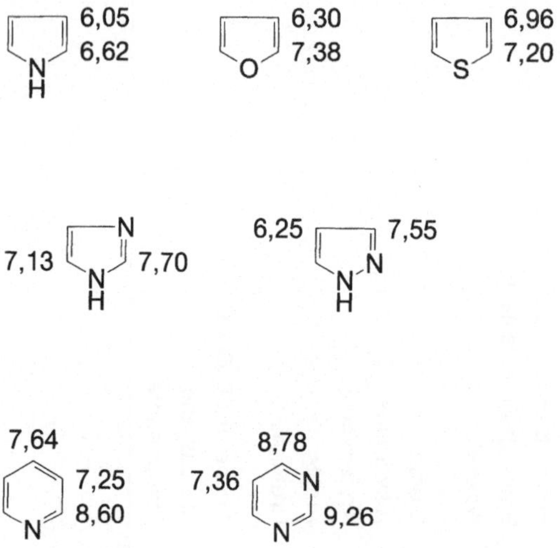

6,05
6,62

6,30
7,38

6,96
7,20

7,13   7,70

6,25   7,55

7,64
7,25
8,60

8,78
7,36
9,26

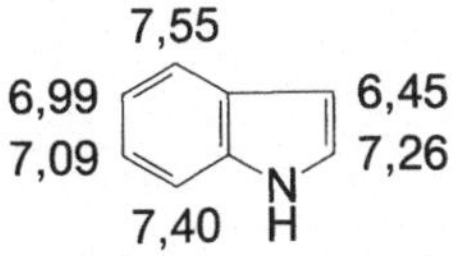

7,55
6,99   6,45
7,09   7,26
7,40   H

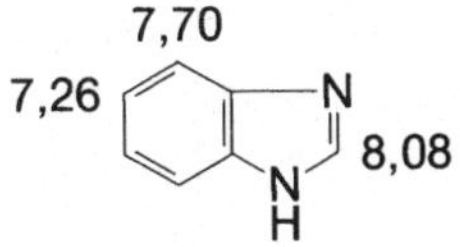

7,70
7,26
8,08

7,68 8,00
7,43   7,26
7,61   8,81
8,05

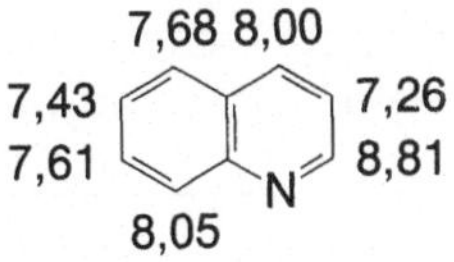

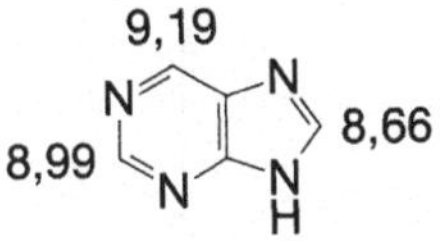

9,19
8,99   8,66

7,49
7,13   6,66
7,19   7,52
7,42

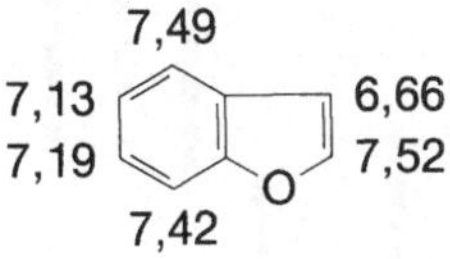

7,47
7,68   7,58
7,43   6,34
8,21

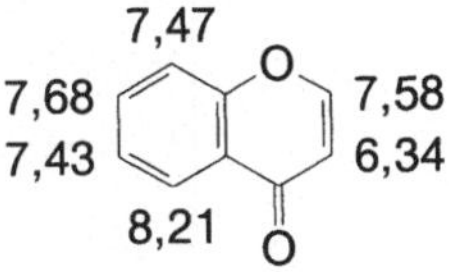

7.2.3 ^{13}C-Chemische Verschiebungen

Tabelle 7.12. ^{13}C-Chemische Verschiebungen – Überblick

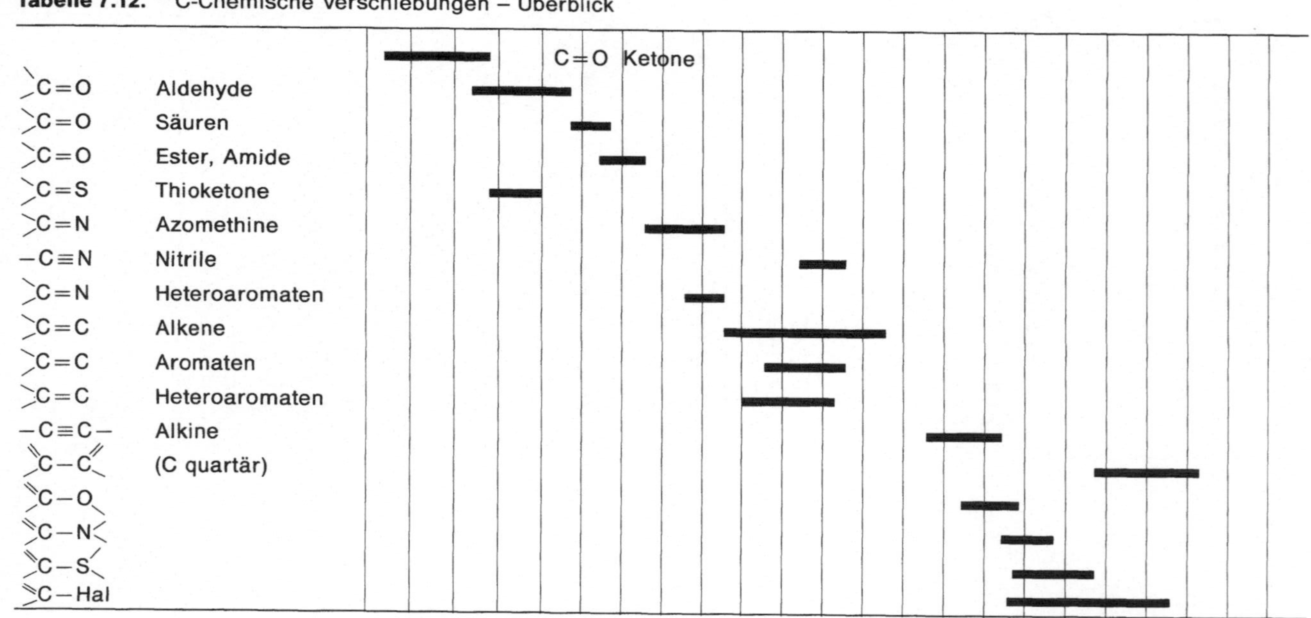

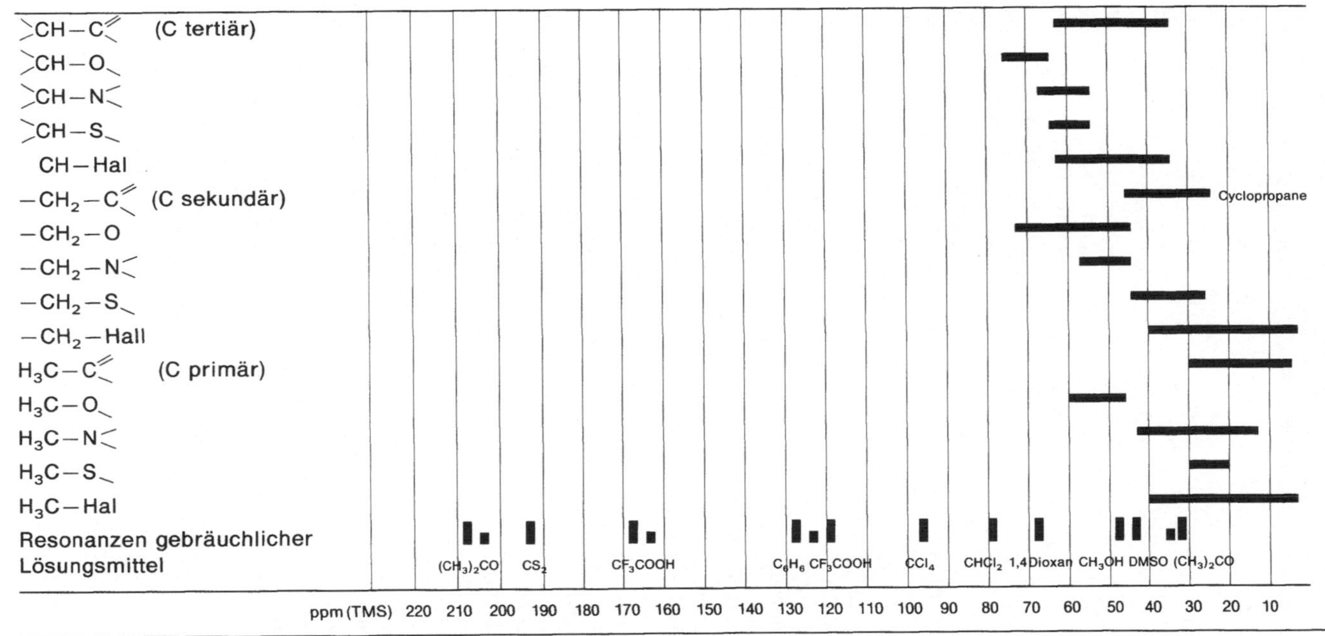

>CH—C< (C tertiär)
>CH—O
>CH—N<
>CH—S
CH—Hal
—CH₂—C< (C sekundär)
Cyclopropane
—CH₂—O
—CH₂—N<
—CH₂—S
—CH₂—Hall
H₃C—C< (C primär)
H₃C—O
H₃C—N<
H₃C—S
H₃C—Hal
Resonanzen gebräuchlicher Lösungsmittel
(CH₃)₂CO
CS₂
CF₃COOH
C₆H₆ CF₃COOH
CCl₄
CHCl₂ 1,4Dioxan CH₃OH DMSO (CH₃)₂CO
ppm (TMS) 220 210 200 190 180 170 160 150 140 130 120 110 100 90 80 70 60 50 40 30 20 10

Tabelle 7.13. ^{13}C-chemische Verschiebungen für Methylgruppen

	Substituent X	$\delta\,CH_3-X$		Substituent X	$\delta\,CH_3-X$
	$-H$	-2.3	**H**	$-F$	75.2
	$-CH_3$	8.4	**A**	$-Cl$	24.9
	$-CH_2CH_3$	15.4	**L**	$-BR$	10.0
	$-CH(CH_3)_2$	24.1		$-I$	-20.7
	$-C(CH_3)_3$	31.3		$-OH$	50.2
	$-(CH_2)_6CH_3$	14.1		$-OCH_3$	60.9
	$-CH_2$-Phenyl	15.7		$-OCH_2CH_3$	58.8
	$-CH_2F$	14.4		$-OCH(CH_3)_2$	56.1
	$-CH_2Cl$	17.7	**O**	$-O$-Cyclohexyl	55.1
	$-CH_2Br$	20.2		$-O$-Phenyl	54.0
	$-CH_2I$	23.0		$-OCOC_8H_{17}$	51.4
	$-CH_2OH$	18.8		$-OCO$-Cyclohexyl	51.0
	$-CH_2OCOC_8H_{17}$	14.3		$-OCOCH=CH_2$	50.9
	$-CH_2OCH_3$	15.9		$-NH_2$	26.9
	$-CH_2CHO$	5.2		$-NHCH_3$	
	$-CH_2COCH_3$	7.3		$-N(CH_3)_2$	47.5
	$-CH_2COOH$	9.0		$-NH$-Cyclohexyl	33.5
C	$-$Cyclopentyl	20.5	**N**	$-NH$-Phenyl	30.2
	$-$Cyclohexyl	23.1		$-N(CH_3)$-Phenyl	39.9
	$-$Phenyl	21.4		$-N(CH_3)-CHO$	36.2; 31.1
	$-\alpha$-Naphthyl	19.1		$-NO_2$	57.1
	$-\beta$-Naphthyl	21.5		$-NC$	26.8
	-2-Pyridyl	24.2		$-SCH_3$	19.3
	-3-Pyridyl	18.0		$-SC_8H_{17}$	15.5
	-4-Pyridyl	20.6	**S**	$-S$-Phenyl	15.6
	-2-Furyl	13.7		$-SOCH_3$	43.3
	-2-Thienyl	14.7		$-CHO$	31.2
	-1-Pyrrolyl	35.9		$-COCH_3$	28.1
	-2-Pyrrolyl	11.8	**O**	$-CO$-Cyclohexyl	27.6
	-1-Imidazolyl	32.2	$\parallel$	$-COCH=CH_2$	
	-1-Pyrazolyl	38.4	**C**	$-CO$-Phenyl	24.9
	-1-Indolyl	32.1		$-COOH$	21.1
	-2-Indolyl	13.4		$-COOCH_3$	20.0
	-3-Indolyl	9.8		$-COSC_4H_9$	30.1
	-4-Indolyl	21.6		$-CON(C_4H_9)_2$	21.4
	-5-Indolyl	21.5		$-CN$	1.3
	-6-Indolyl	21.7			
	-7-Indolyl	16.6			

Inkrement-System zur Abschätzung von ^{13}C-chemischen Verschiebungen in aliphatischen Systemen (nach Grant und Paul)

$$\delta = -2,3 + A + B$$

Es bedeuten:

$-2,3 = \delta$-Wert für Methan

$A = $ Summe der Inkremente für die Substituenten in α-, β- oder γ-Position

$B = $ sterischer Korrekturfaktor

Tabelle 7.14. Inkrement-System zur Abschätzung der ^{13}C-Verschiebungen von aliphatischen Verbindungen

A-Werte

Substituent	Inkremente			Substituent	Inkremente		
	α	β	γ		α	β	γ
$-C,sp^3$	9,1	9,4	$-2,5$	$-N{<}$	28,3	11,3	$-5,1$
$-C{\equiv}C-$	4,4	5,6	$-3,4$	$-\overset{\oplus}{N}{\leqq}$	30,7	5,4	$-7,2$
$-C{=}C-$	19,5	6,9	$-2,1$	$-NO_2$	61,8	3,1	$-4,6$
$-C_6H_5$	22,1	9,3	$-2,6$	$-S-$	10,6	11,4	$-3,6$
$-Cl$	31,0	10,0	$-5,1$	$-CHO$	29,9	$-0,6$	$-2,7$
$-F$	70,1	7,8	$-6,8$	$-CO-$	22,5	3,0	$-3,0$
$-Br$	18,9	11,0	$-3,8$	$-COOH$	20,1	2,0	$-2,8$
$-I$	$-7,2$	10,9	$-1,5$	$-COO^-$	24,5	3,5	$-2,5$
$\diagdown O \diagup$	21,4	2,8	$-2,5$	$-COO-$	22,6	2,0	$-2,8$
$-O-$	49,0	10,1	$-6,2$	$-CON$	22,0	2,6	$-3,2$
$-O-CO-$	56,5	6,5	$-6,0$	$-CN$	3,1	2,4	$-3,3$

Tabelle 7.14 (Fortsetzung)

B-Werte

beobachtetes ^{13}C-Atom	Zahl der Substituenten am benachbarten $\alpha - $C-Atom			
	1	2	3	4
primär	–	–	– 1,1	– 3,4
sekundär	–	–	– 2,5	– 7,2
tertiär	–	–3,7	– 9,5	–15,0
quartär	–1,5	–8,4	–15,0	–25,0

	Funktionelle Gruppe	ist äquivalent in einem
I	$-CO_2H$, $-CO_2R$, $-NO_2$	primären C-Atom
II	$-C_6H_5$, $-CHO$, $-CONH_2$ $-CH_2-OH$ (NH_2, SH, Halogen)	sekundären C-Atom
III	$-COR$	tertiären C-Atom

Benutzung der Tabellen A, B – Beispiele

Beachte:

1. Funktionelle Gruppen werden bei der Beurteilung des sterischen Faktors wie die entsprechenden Typen von C-Atomen behandelt (siehe funktionelle Gruppen und Zuordnung).
2. Die Heteroatome in Ethern und Aminen werden bei der Beurteilung des B-Wertes als C-Atome bewertet.
3. O- und N-Alkylgruppen in Estern und Amiden werden bei der Berechnung des A-Wertes als γ-Substituenten gewertet.

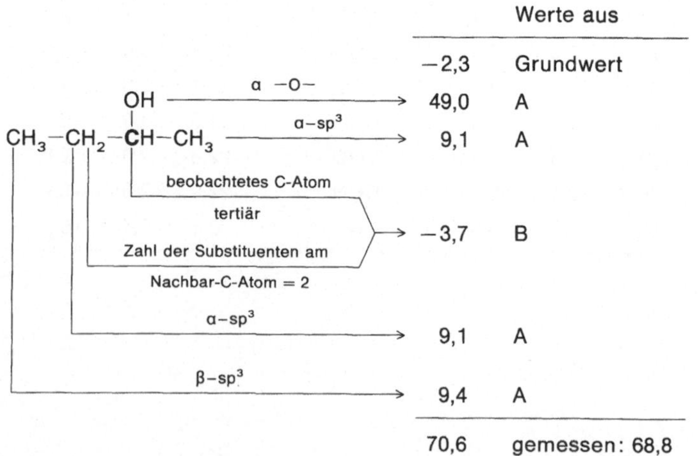

$$CH_3-CH_2-\overset{\displaystyle OH}{\underset{|}{CH}}-CH_3$$

	−2,3	Grundwert
β −O−	10,1	A
β−sp³	9,4	A
α−sp³	9,1	A
Zahl der Substituenten am Nachbar-C-Atom = 3 / beobachtetes C-Atom = sekundär	−2,5	B
β−sp³	9,1	A
	32,9	**gemessen: 32,3**

$$CH_3-\overset{\displaystyle O}{\overset{\|}{C}}-CH_2-CH_2-\overset{\displaystyle O}{\overset{\|}{C}}-O-CH_2-CH_3$$

		−2,3
1 ×	γ-Substituent	−2,5
1 ×	α −COO−	22,6
1 ×	α sp³	9,1
1 ×	β CO−	3,0
1 ×	γ−sp³	−2,5
		27,4 (gemessen 27,8)

$$CH_3-\overset{\displaystyle }{\underset{\underset{\displaystyle CH_3}{\overset{|}{O}}}{\underset{|}{CH}}}-CH_2-CH_3$$

		−2,3
2 ×	α sp³	18,2
1 ×	β sp³	9,4
1 ×	α −O−	49,0
1 ×	β sp³	9,4

Zahl der Substituenten am Nachbar-C-Atom: 2 / beobachtetes A-Atom = tertiär	−3,7
Zahl der Substituenten am O-Atom: 2 / beobachtetes C-Atom: tertiär	−3,7
	76,7 (gemessen: 77,0)

$$\begin{array}{c}
CH_2OH \\
HO-CH_2-\overset{|}{\underset{|}{C}}-NO_2 \\
HOH_2C
\end{array}$$

$$-2,3$$

$$\longrightarrow \;1\times\;\alpha\,NO_2 \qquad 61,6$$

$$\longrightarrow \;3\times\;\alpha\,sp^3 \qquad 27,3$$

$$\longrightarrow \;3\times\;\beta\,-O- \qquad 30,3$$

a) Zahl der Substituenten am
   Nachbar-C-Atom (CH$_2$OH): 2 $\Big\}$ $\quad 3\times\;-8,4\quad -25,2$
b) beobachtetes C-Atom = quartär

a) Zahl der Substituenten am
   Nachbar Atom: 2 $\Big\}$ $\quad 1\times\;-1,5\quad -\;1,5$
b) beobachtetes C-Atom = quartär

$$\overline{}$$

$$90,2 \;(\text{gemessen: } 94,9)$$

Als Alternative zu dem erläuterten System besteht die Möglichkeit,
direkt von den zugrunde liegenden Kohlenwasserstoffen auszugehen
und die in Frage kommenden C-Atome als Ausgangswerte zu benutzen:

$$\overset{-2,3}{CH_4}, \qquad\qquad \overset{8,4}{CH_3}-\overset{}{CH_3} \qquad\qquad \overset{15,4}{CH_2}-\overset{15,9}{CH_2}-CH_3$$

$$\overset{13,0}{CH_3}-\overset{24,8}{CH_2}-CH_2-CH_3 \qquad\qquad
\begin{array}{c}
\overset{24,1}{CH_3}\diagdown \overset{25,0}{} \\
CH-CH_3 \\
CH_3\diagup
\end{array}$$

$$\overset{13,5}{CH_3}-\overset{22,4}{CH_2}-\overset{34,3}{CH_2}-CH_2-CH_2 \qquad\qquad
\begin{array}{c}
\overset{21,9}{CH_3}\diagdown \overset{29,7}{}\;\;31,7\;\;\;\;11,4 \\
CH-CH_2-CH_3 \\
CH_3\diagup
\end{array}$$

$$\begin{array}{c}
\overset{21,4}{CH_3} \\
| \diagup\;31,4 \\
CH_3-\underset{|}{C}-CH_3 \\
CH_3
\end{array}
\qquad\qquad
\overset{13,7}{CH_3}-\overset{22,9}{CH_2}-\overset{32,0}{CH_3}-CH_2-CH_2-CH_3$$

$$\underset{36,4}{\overset{\displaystyle \overset{18,4}{CH_3}}{\underset{11,1\quad\ 29,1}{CH_3-CH_2-CH-CH_2-CH_3}}}$$

$$CH_3\!\diagdown\!\underset{CH_3\diagup}{CH}-\underset{\diagdown CH_3}{CH}\ {}_{33,9}\quad \overset{19,1}{CH_3}$$

$$\underset{30,2}{\overset{\displaystyle\overset{28,7}{CH_3}}{\underset{\displaystyle CH_3}{CH_3-C-CH_2-CH_3}}}\ \overset{8,5}{}\ {}_{36,5}$$

$$\underset{\displaystyle CH_3\ {}_{4,2}}{\overset{\displaystyle \overset{CH_3}{}}{\underset{6,6\quad\ 24,9}{CH_3-CH_2-C-CH_2-CH_3}}}\ {}^{35,9}$$

$$\overset{14,2\quad\ 23,2\quad\ 29,6\quad\ 32,5}{CH_3-CH_2-CH_2-CH_2-CH_2-CH_2-CH_3}$$

$$\underset{CH_3\diagup}{\overset{21,1}{CH_3}\diagdown}\ \overset{28,5\quad\ 39,5\quad\ 30,3\quad\ 23,5\quad\ 14,3}{CH-CH_2-CH_2-CH_2-CH_3}$$

$$\overset{13,9\quad\ 22,9\quad\ 32,2\quad\ 29,5}{CH_3-CH_2-CH_2-CH_2-CH_2-CH_2-CH_2-CH_3}$$

$$\overset{13,9\quad\ 22,9\quad\ 32,9\quad\ 29,7\quad\ 30,0}{CH_3-CH_2-CH_2-CH_2-CH_2-CH_2-CH_2-CH_2-CH_3}$$

Mit Hilfe dieser Daten und den A- und B-Werten aus Tabelle 7.14 lassen sich δ-Werte nach dem angegebenen Schema errechnen:

Beispiel:

$$CH_3-CHOH-CH_2-CH_3$$

Berechnung für C-2:

Kohlenwasserstoff = Butan;	$\delta =$	24,8
A-Wert:	$\alpha - 0 - =$	49,0
B-Wert: Zahl der Substituenten am Nachbar-C-Atom: 2; beobachtetes C-Atom tertiär	$= -$	3,7
		70,1

Tabelle 7.15. Inkrement-System zur Abschätzung der ^{13}C-Verschiebungen für olefinische C-Atome

$$\overset{1}{X-CH} = \overset{2}{CH_2} \qquad \delta_1 = 123,3 + I_1, \qquad \delta_2 = 123,3 + I_2$$

$$X-\underset{1}{CH} = \underset{2}{CH}-Y \qquad \delta_1 = 123,3 + I_{X1} + I_{Y1}, \qquad \delta_2 = 123,3 + I_{Y1} + I_{X2}$$

Substituent	Inkremente	
	I_1	I_2
$-H$	0	0
$-CH_3$	10,6	$-8,0$
$-C_2H_5$	15,5	$-9,7$
$-CH_2-CH_2-CH_3$	14,0	$-8,2$
$-CH(CH_3)_2$	20,3	$-11,5$
$-(CH_2)_3-CH_3$	14,7	$-9,0$
$-C(CH_3)_3$	25,3	$-13,3$
$-CH=CH_2$	13,6	$-7,0$
$-C_6H_5$	12,5	$-11,0$
$-CH_2Cl$	10,2	$-6,0$
$-CH_2Br$	10,9	$-4,5$
$-CH_2OR$	13,0	$-8,6$
$-CH=O$	13,1	12,7
$-CO-CH_3$	15,0	5,9
$-COOH$	4,2	8,9
$-COOR$	6,0	7,0
$-CN$	$-15,1$	14,2
$-OR$	28,8	$-39,5$
$-O-CO-R$	18,0	$-27,0$
$-\overset{\oplus}{N}(CH_3)_3$	19,8	$-10,6$
$-NO_2$	22,3	$-0,9$
$-SR$	19,0	$-16,0$
$-F$	24,9	$-34,3$
$-Cl$	2,6	$-6,1$
$-Br$	$-7,9$	$-1,4$
$-I$	$-38,1$	7,0

$X-\underset{1}{C}H=\underset{2}{C}H_2$	$\delta_{C_i} = 123{,}3 + Z_i$	
Substituent X	Z_1	Z_2
C $-H$	0,0	0,0
$-CH_3$	10,6	$-$ 7,9
$-CH_2CH_3$	15,5	$-$ 9,7
$-CH_2CH_2CH_3$	14,0	$-$ 8,2
$-CH(CH_3)_2$	20,4	$-11{,}5$
$-CH_2CH_2CH_2CH_3$	14,6	$-$ 8,9
$-C(CH_3)_3$	25,3	$-13{,}3$
$-CH_2Cl$	10,2	$-$ 6,0
$-CH_2Br$	10,9	$-$ 4,5
$-CH_2I$	14,2	$-$ 4,0
$-CH_2OH$	14,2	$-$ 8,4
$-CH_2OCH_2CH_3$	12,3	$-$ 8,8
$-CH=CH_2$	13,6	$-$ 7,0
$-$Phenyl	12,5	$-11{,}0$
H $-F$	24,9	$-34{,}3$
A $-Cl$	2,6	$-$ 6,1
L $-Br$	$-7{,}9$	$-$ 1,4
$-I$	$-38{,}1$	7,0
$-OCH_3$	29,4	$-38{,}9$
O $-OCH_2CH_3$	28,5	$-39{,}8$
$-OCH_2CH_2CH_2CH_3$	28,1	$-40{,}4$
$-OCOCH_3$	18,4	$-26{,}7$
$-N^+(CH_3)_3$	19,8	$-10{,}6$
N $-N$-Pyrrolidonyl	6,5	$-29{,}2$
$-NO_2$	22,3	$-$ 0,9
$-NC$	$-3{,}9$	$-$ 2,7
S $-SCH_2$-Phenyl	18,5	$-16{,}4$
$-SO_2CH=CH_2$	14,3	7,9
O $-CHO$	13,1	12,7
$\parallel$ $-COCH_3$	15,0	5,8
C $-COOH$	4,2	8,9
$-COOCH_2CH_3$	6,3	7,0
$-CN$	$-15{,}1$	14,2
$-Si(CH_3)_3$	16,9	6,7
$-SiCl_3$	8,7	16,1

Tabelle 7.17. ^{13}C-Inkremente-System für substituierte Benzolderivate

| Substituent | Inkremente | | | |
X	A_1	A_2	A_3	A_4
$-CH_3$	9,3	0,8	0,0	$-2,9$
$-Et$	15,8	$-0,4$	$-0,1$	$-2,6$
$-i\text{-}Pr$	20,3	$-1,9$	0,1	$-2,4$
$t\text{-}Bu$	22,4	$-3,1$	$-0,2$	$-2,9$
$-CH=CH_2$	7,6	$-1,8$	$-1,8$	$-3,5$
$-C\equiv CH$	$-6,1$	3,8	0,4	$-0,2$
$-C_6H_5$	13,0	$-1,1$	0,5	$-1,0$
$-CHO$	8,6	1,3	0,6	5,5
$-COCH_3$	9,1	0,1	0,0	4,2
$-CO_2H$	2,1	1,5	0,0	5,1
$-CO_2^-$	7,6	0,8	0,0	2,8
$-CO_2R$	2,1	1,2	0,0	4,4
$-CONH_2$	5,4	$-0,3$	$-0,9$	5,0
$-CN$	$-15,4$	3,6	0,6	3,9
$-Cl$	6,2	0,4	1,3	$-1,9$
$-OH$	26,9	$-12,7$	1,4	$-7,3$
$-OCH_3$	31,4	$-14,4$	1,0	$-7,7$
$-OC_6H_5$	29,1	$-9,5$	0,3	$-5,3$
$-OCOCH_3$	23,0	$-6,4$	1,3	$-2,3$
$-NH_2$	18,7	$-12,4$	1,3	$-9,5$
$-N(CH_3)_2$	22,4	$-15,7$	0,8	$-11,8$
$-NO_2$	20,0	$-4,8$	0,9	5,8
$-SH$	2,2	0,7	0,4	$-3,1$
$-SO_3H$	15,0	$-2,2$	1,3	3,8

Als Grundwert dient die chemische Vorschiebung von Benzol:

$$\delta = 128{,}5 + A$$

A ist die Summe aller Inkremente in den Positionen 1 – 4. Bei ortho-ständigen Substituenten kann die Differenz zwischen berechneten und gemessenen Werten größer werden wegen sterischer Wechselwirkungen.

Beispiele

$$\delta_{c-1} = 128{,}5 + A_1\; 2 \times A_3$$
$$= 128{,}5 + 2{,}1 + 2 \times 0{,}9$$
$$= 132{,}4 \;(\text{gemessen}: 132{,}2)$$

$$\delta_{c-4} = 128{,}5 + A_4 = 128{,}5 - 9{,}5 =$$
$$119{,}0 \;(\text{gemessen } 119{,}0)$$

7.2.4 ^{15}N-Chemische Verschiebungen

Tabelle 7.18. ^{15}N-NMR-Verschiebungsbereiche organischer und anorganischer Verbindungen bezogen auf CH_3NO_2

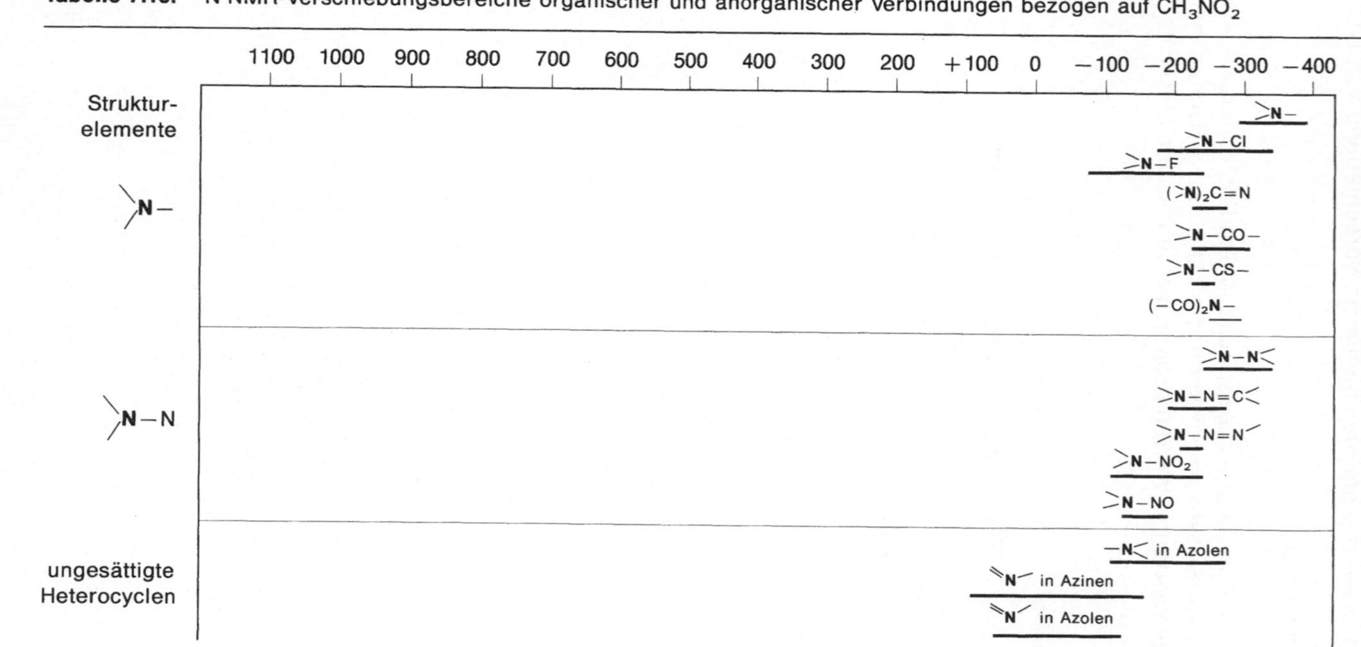

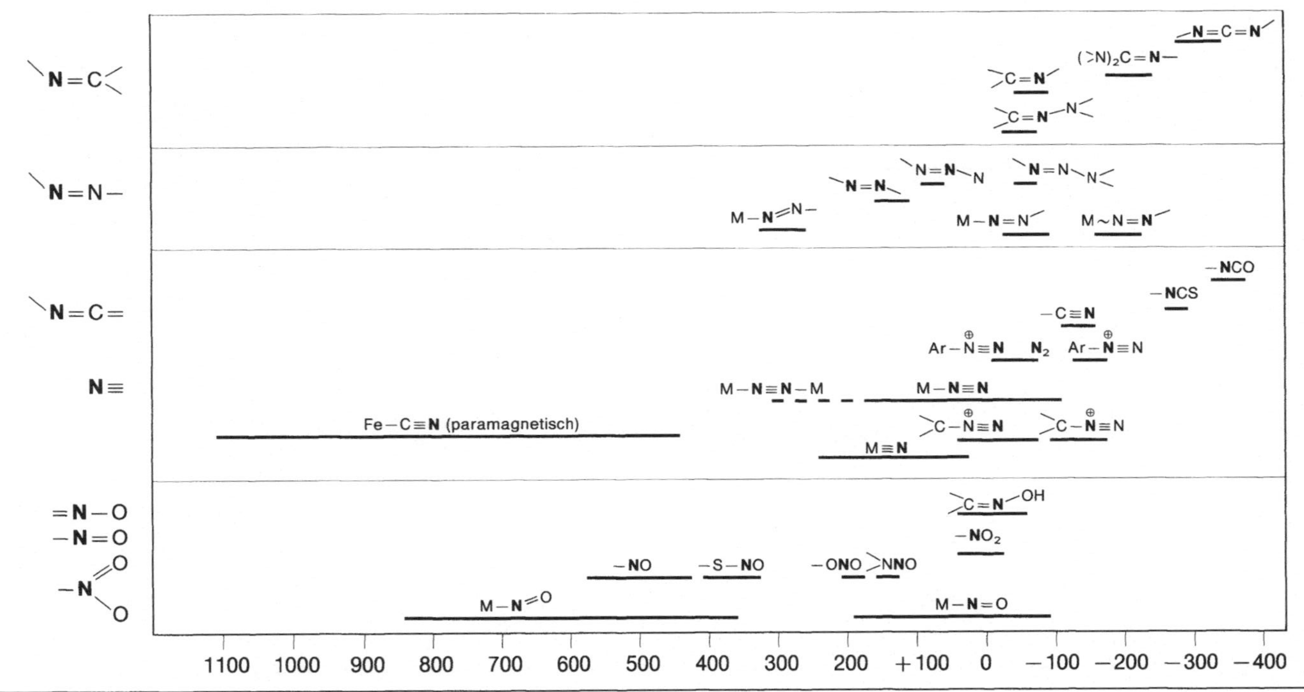

7.2.5 ¹⁹F-Chemische Verschiebungen

Tabelle 7.19. ^{19}F-Chemische Verschiebungen – Überblick, Standard: $CFCl_3$

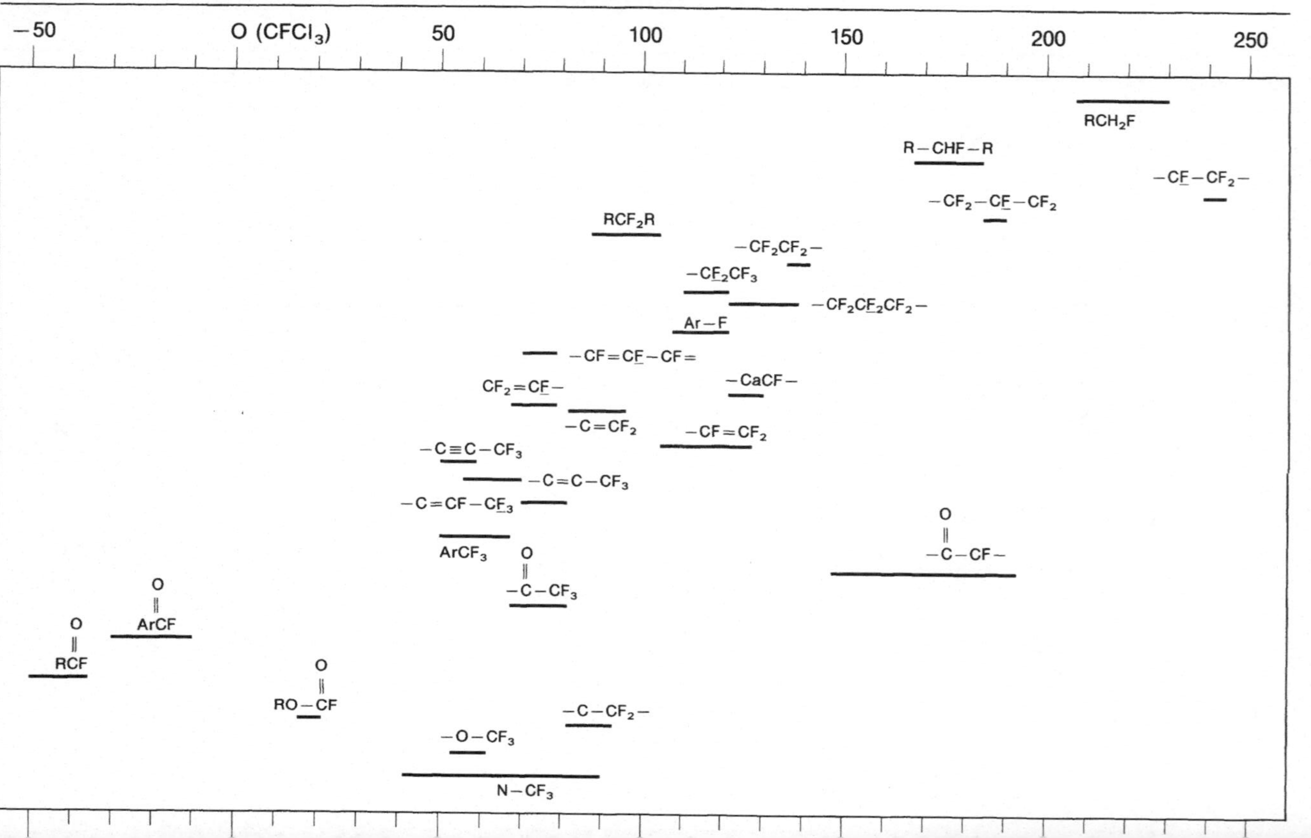

7.2.6 ^{31}P-Chemische Verschiebungen

Tabelle 7.20. ^{31}P-Chemische Verschiebungen – eine Auswahl

Standard: H_3PO_4

PH_3	PF_3	PCl_3	PBr_3
−240	**97**	**∼219**	**∼227**

$C_2H_5-PH_2$ $C_6H_5PH_2$

−128   **−119**

$$CH_3-CH_2 \atop CH_3-CH_2 {\Large \diagdown \atop \diagup} P-H$$

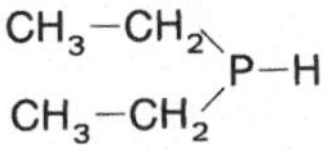

−57

$$H_3C \atop CH_3-CH_2 {\Large \diagdown \atop \diagup} P-H$$

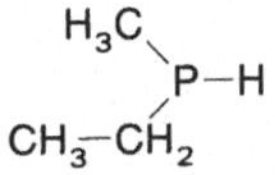

−77

$(C_6H_5)_2PH$

−41

$(C_6H_5)_3P$

∼ −7

$P(C_2H_5)_3$

−20

$(CH_3)_3P$

∼ −64

$C_6H_5-PCl_2$

166

$(CH_3)_2PF$

185

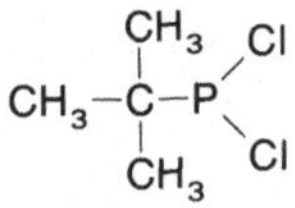

$$CH_3-\overset{\displaystyle CH_3}{\underset{\displaystyle CH_3}{C}}-\overset{Cl}{\underset{Cl}{P}}$$

197,5

$C_6H_5-O-P(C_6H_5)_2$

111

$(C_6H_5O)_2P-C_6H_5$

158

$(CH_3O)_2P-C_6H_5$

15,8

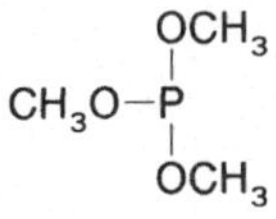

$$CH_3O-\overset{\displaystyle OCH_3}{\underset{\displaystyle OCH_3}{P}}$$

140

$P(OC_6H_5)_3$

127,8

$(C_2H_5)_2\overset{\oplus}{P}(C_6H_5)_2 \ Br^{\ominus}$

31,3

$C_6H_5-\overset{\oplus}{P}Cl_3 \ ClO_4^{\ominus}$

103

$CH_3-\underset{\underset{CH_3}{\overset{\overset{CH_3}{\mid}}{\mid}}}{P}=O$	$(C_6H_5)_3P=O$	OPF_3	$OPCl_3$	$SPCl_3$
48,3	**−27**	**~ −93**	**~2,5**	**~29**

$(CH_3O)_2\overset{\overset{O}{\|}}{P}-H$	$C_2H_5O-P(N(CH_3)_2)_2$	$(C_2H_5O)_2P-N(CH_3)_2$
~10,5	**135,2**	**143,4**

$(C_2H_5)_2\overset{\overset{O}{\|}}{P}N(CH_3)_2$	$(CH_3)_2\underset{OH}{\overset{\overset{O}{\|}}{P}}$	$(C_2H_5)_2P=N(CH_3)_2$
85,1	**37,5**	**43,5**

$C_6H_5-\underset{\overset{\mid}{\underset{O}{\mid}}^{\ominus}}{P}-\overline{O}^{\ominus}$	$CHCl_2-\underset{\overset{\|}{O}}{\overset{\overset{OH}{\mid}}{P}}-OH$	$\underset{CH_2}{\overset{CH_3}{}}\overset{\overset{O}{\|}}{P}\underset{O-CH_2}{\overset{O}{}}$	$(CH_3O)_2\overset{\overset{O}{\|}}{P}-C_6H_5$
10,9	**8,2**	**53**	**19,3**

$C_6H_5-\overset{\overset{O}{\|}}{P}Cl_2$	$C_6H_5-\overset{\overset{S}{\|}}{P}Cl_2$
34	**74,6**

HPO_3^{2-}	H_3PO_4	PO_4^{3-}	$(C_2H_5O)_3P=O$
~7,00	**0**	**6,0**	**−1,5**

$C_6H_5O-\overset{\overset{O}{\|}}{P}Cl_2$	$CH_3O-\underset{OCH_3}{\overset{\overset{OCH_3}{\mid}}{P}}=O$	$CH_3O-\underset{OCH_3}{\overset{\overset{OCH_3}{\mid}}{P}}=S$
1,5	**2,4**	**73,4**

PCl_5
−80

PCl_6^-
−295

$$H_3C-\underset{\underset{\displaystyle CH_3}{|}}{\overset{\overset{\displaystyle CH_3}{|}}{P}}-Cl$$
24,4

$$H_3C-\underset{\underset{\displaystyle CH_3}{|}}{\overset{\overset{\displaystyle CH_3}{|}}{P}}-Br$$
25,2

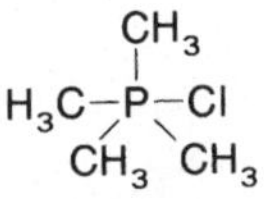

$$CH_3-\underset{\underset{\displaystyle CH_3}{|}}{\overset{\overset{\displaystyle CH_3}{|}}{P}}\overset{\displaystyle F}{\underset{\displaystyle F}{<}}$$
−158

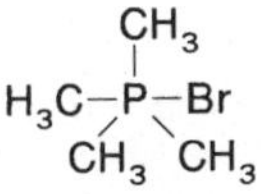

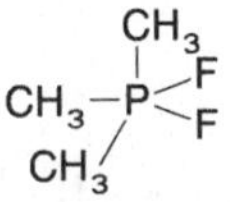

$(C_6H_5)_3PCl_2$
63

$C_6H_5-PCl_4$
−39,3

7.3 Kopplungskonstanten

7.3.1 $^1H-^1H$-Kopplungskonstanten

Die Kopplung $^2J_{H,H}$ ist abhängig von drei Faktoren:

1. Zahl benachbarter Elektronen
2. Ringspannung
3. Elektronenziehende Substituenten

H_2C	$H_2C{-}F$	$H_2C{-}Cl$	$H_2C{-}Br$	$H_2C{-}I$
$-12{,}4$	$-9{,}6$	$-10{,}8$	$-10{,}2$	$+9{,}2$
$H_2C{-}CN$	$HC(CN)_2$	$H_2C{-}NO_2$	$H_2C{-}OH$	$H_2C{-}C_6H_5$
$-16{,}9$	$-20{,}4$	$-13{,}2$	$-10{,}8$	$-14{,}5$

Cyclopropan: $-4{,}3$ Cyclobutan: $-11{,}0$ Cyclopentan: -12 Cyclohexan: $-12{,}6$ (Methylcyclohexan): $-13{,}5--14{,}0$

Oxiran (O): $+1{,}5$ Thiiran (S): ~0 Aziridin (NH): $-4{,}3$ 1,3-Dioxolan (O,O): ~0 1,3-Dioxan: $-6{,}0$

$R-N{=}CH_2$: $+16{,}5$ $O{=}CH_2$: $+42{,}2$

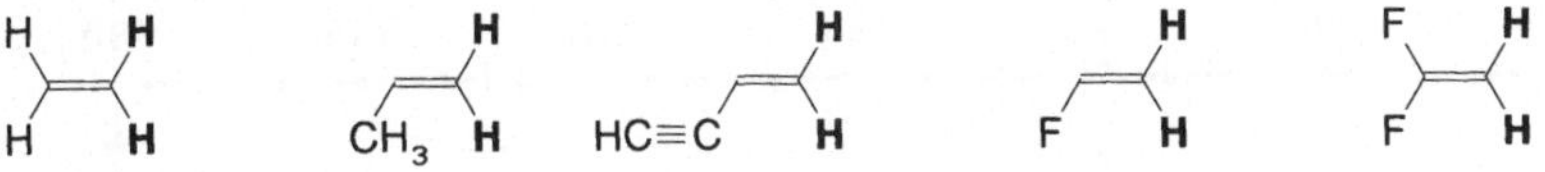

$+2,5$ $+2,8$ $+2,0$ $-3,2$ $-4,8$

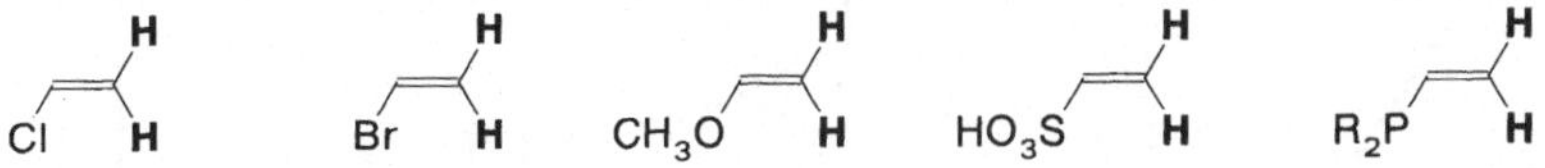

$-0,3$ $-2,0$ $-2,0$ $-1,4$ $+2,0$

$+0,8$ $+7,5$ $+7,1$ $+1,6$ $-1,6$

$^3J_{H,H}$

Die ^3J-Kopplungskonstante ist abhängig von folgenden Parametern:

1. Diederwinkel φ

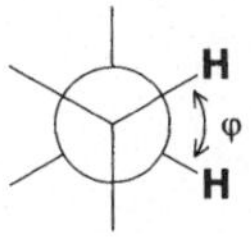

2. Bindungslänge d

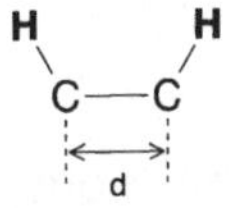

3. HCC-Valenzwinkel φ

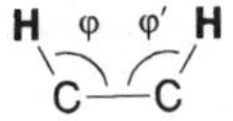

4. Elektronegativität des Substituenten R

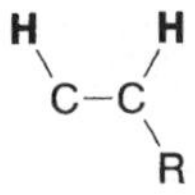

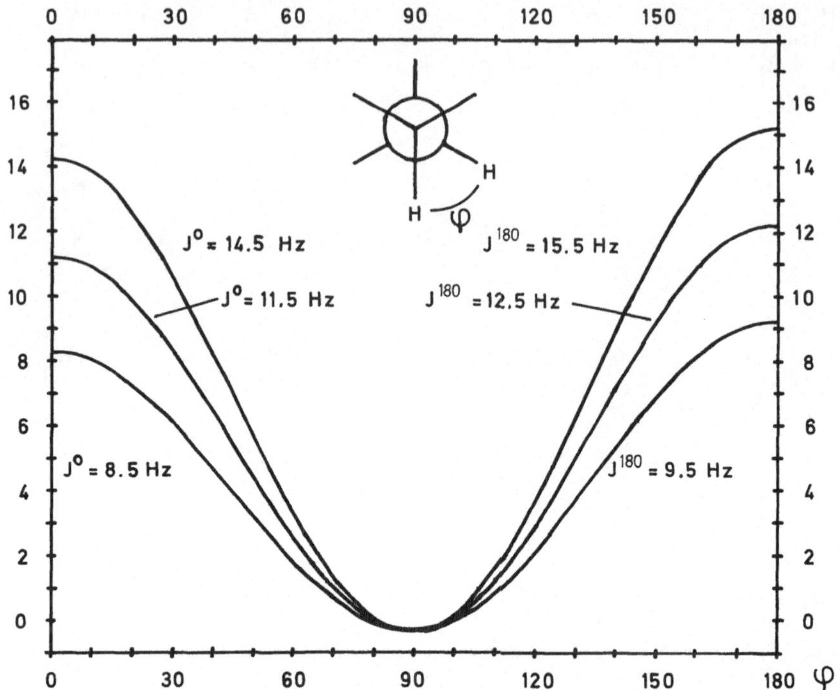

Abb. 7.3. *Karplus-Gleichung* zur Ermittlung des Diederwinkels φ aus $^3J_{H,H}$ in gesättigten Systemen

a. Offenkettige Verbindungen

Sind in offenkettigen Systemen (z. B. $CH_3-CH_2-CH_2-R$) die Rotationen um die $C-C$-Einfachbindung unter Normalbedingungen nicht behindert, so resultiert eine Kopplungskonstante ^3J, die sich aus den drei gleich stark populierten staggered-Konformationen zusammensetzt:

$$^3J_{H,H} \approx \frac{^3J_{60°} + ^3J_{180°} + ^3J_{300°}}{3}$$

$$\approx \frac{3,5 + 14 + 3,5}{3} \approx 7$$

Elektronegative Substituenten verringern die Größe der Kopplungskonstanten; der Effekt ist im allgemeinen am größten, wenn sich der Substituent in trans-Stellung zum beobachteten Proton befindet.

Tabelle 7.21. Abhängigkeit von $^3J_{H,H}$ von der Elektronegativität des Substituenten in aliphatischen, offenkettigen Systemen

CH_3-CH_2-X	^3J	X	^3J	X	^3J
$-Li$	8,9	$-Cl$	7,2	$-OH$	7,0
$-SiR_3$	8,0	$-F$	6,9	$-SH$	7,7
$-SiCl_3$	8,0	$-Br$	6,6	$-CHO$	7,4
$-OEt$	7,9	$-I$	7,6	$-ONO_2$	6,9
$-\overset{\oplus}{O}R_2$	4,7	$-CN$	7,6	NO_2	7,3

b. Ringsysteme

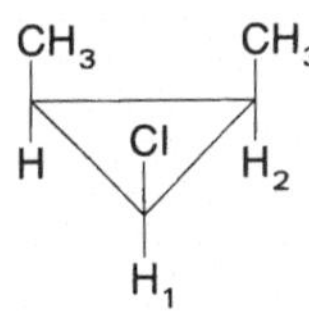

$1,2 = 7,3$
$1,3 = 3,9$

$1,2 = 8,0$
$1,3 = 4,6$

$1,2 = 7,0$

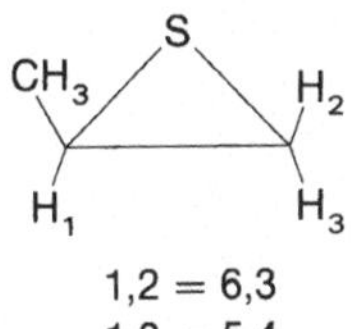

$1,2 = 3,0$

$1,2 = 5,3$
$1,3 = 7,9$

$1,2 = 6,5$
$1,3 = 3,5$

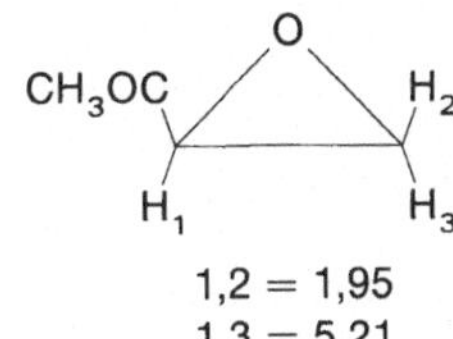

$1,2 = 6,3$
$1,3 = 5,4$

$1,2 = 1,95$
$1,3 = 5,21$

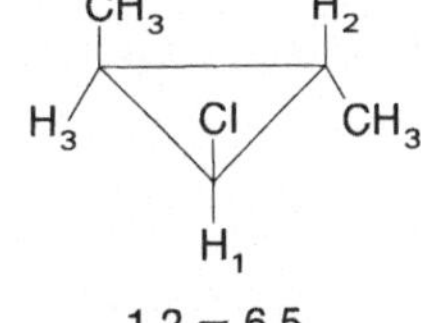

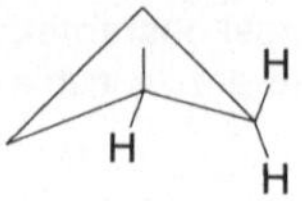

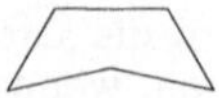

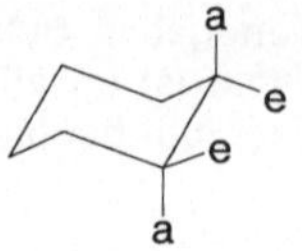

$^3J_{cis} = 4 - 12$
$^3J_{trans} = 2 - 10$

$^3J_{cis} = {}^3J_{trans} = 5 - 10$

$J_{a,a} = 10 - 13$
$J_{a,e} = J_{e,e} = 2 - 5$

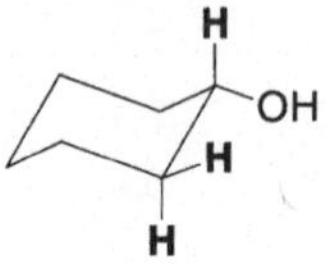

a, e = 4,0
a, a = 10,1

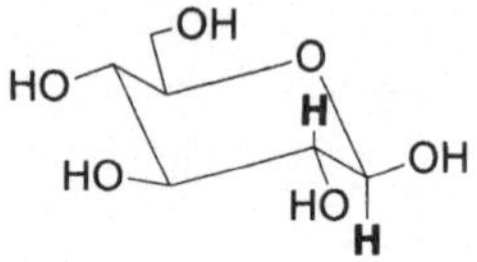

7,4

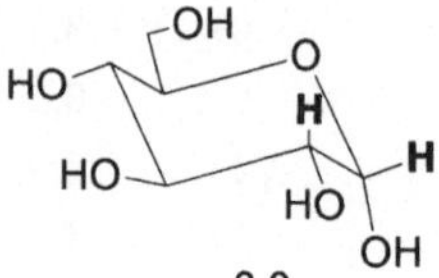

3,0

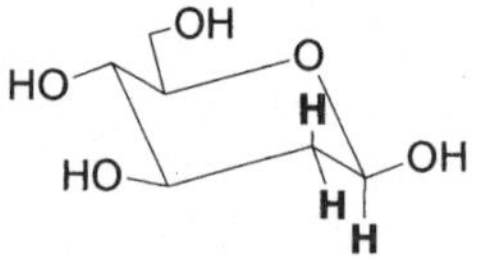

a, a = 9,7
a, e = 2,9

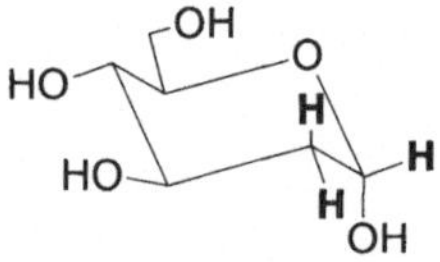

e, a = 3,8
e, e = 0,7

c. π-Systeme (Olefine)

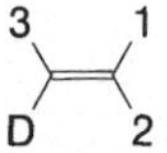

1,3 = 4,7
2,3 = 12,7

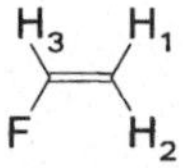

1,3 = 11,4
2,3 = 18,8

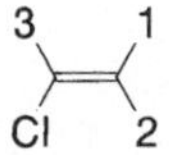

1,3 = 7,2
2,3 = 14,9

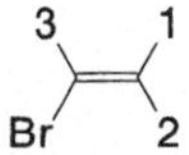

1,3 = 7,1
2,3 = 15,5

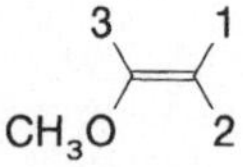

1,3 = 6,8
2,3 = 14,4

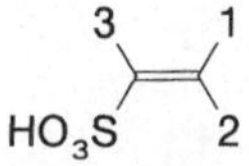

1,3 = 9,9
2,3 = 16,9

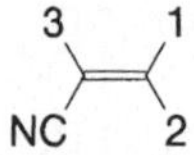

1,3 = 12,1
2,3 = 18,3

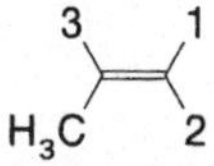

1,3 = 10,0
2,3 = 16,8

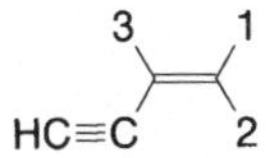

$$HC\equiv C \quad \text{(olefin 3,1,2)}$$
$1,3 = 11,5$
$2,3 = 15,5$

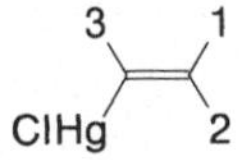

$$ClHg \quad \text{(olefin 3,1,2)}$$
$1,3 = 17,6$
$2,3 = 23,0$

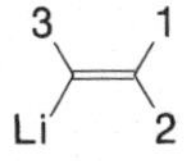

$$Li \quad \text{(olefin 3,1,2)}$$
$1,3 = 19,3$
$2,3 = 23,9$

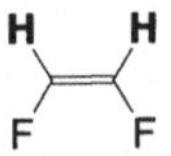

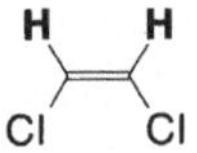

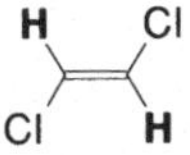

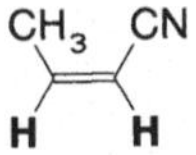

$$\underset{F\quad F}{H\quad H} \qquad 2,0$$

$$\underset{Cl\quad Cl}{H\quad H} \qquad 5,3$$

$$\underset{Cl\quad H}{H\quad Cl} \qquad 12,1$$

$$\underset{H\quad H}{CH_3\quad CN}$$
$^3J = 11,0$
$^4J = 1,4$

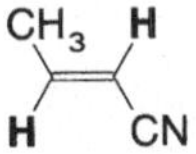

$$\underset{H\quad CN}{CH_3\quad H}$$
$^3J = 16,0$
$^4J = 1,5$

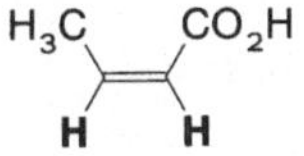

$$\underset{H\quad H}{H_3C\quad CO_2H}$$
$^3J = 11,4$
$^4J = 1,9$
$^3J_{CH_3H} = 7,5$

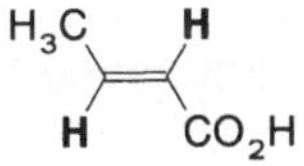

$$\underset{H\quad CO_2H}{H_3C\quad H}$$
$^3J = 14,9$
$^4J \sim 2$
$^3J_{CH_3H} = 6,7$

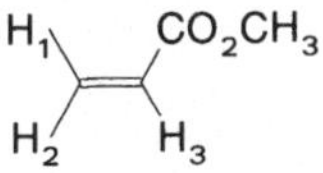

$$\underset{H_2\quad H_3}{H_1\quad CO_2CH_3}$$
$1,3 = 16,4$
$2,3 = 10,2$

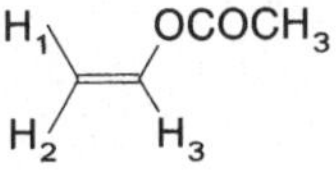

$$\underset{H_2\quad H_3}{H_1\quad OCOCH_3}$$
$1,3 = 13,6$
$2,3 = 6,4$

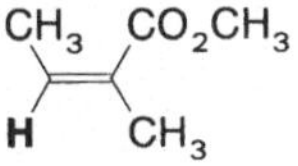

$$\underset{H\quad CH_3}{CH_3\quad CO_2CH_3}$$
$^3J = 7,1$

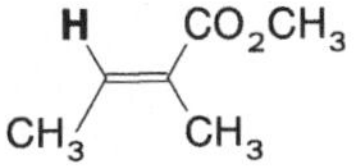

$$\underset{CH_3\quad CH_3}{H\quad CO_2CH_3}$$
$^3J = 7,1$

π-Systeme (Aromaten)

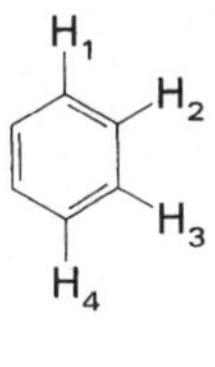

$H_{1,2} \sim 7,5$
$H_{1,3} \sim 2,0$
$H_{1,4} \sim 0,5$

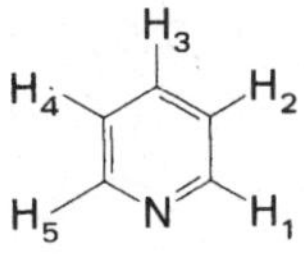

$H_{1,2} \sim 5,5$
$H_{1,2} \sim 1,9$
$H_{2,3} \sim 7,6$
$H_{1,5} \sim 0,4$
$H_{2,4} \sim 1,6$
$H_{2,5} \sim 0,9$

$$H-C\equiv C-H$$
$$9,1$$

$^4J_{H,H}$

a. Aliphatische Systeme

$$J = 1,4 \qquad\qquad J = 1,6$$

$$J_{1,3} = 7$$
$$J_{1,2/3,4/2,4} = 0$$

$$J_{1,4} \sim 1,5$$
$$J_{2,6} \sim 1,5$$

$$J = 18$$

$$J_{2,4} = J_{2,6} = J_{4,6} \sim 2,0 \qquad\qquad 1,2$$

b. π-Systeme

$$CH_2\!=\!C\!=\!CH-Cl \qquad CH_2\!=\!C\!=\!CH-I \qquad CH_2\!=\!C\!=\!CH_2$$
$$6,1 \qquad\qquad\qquad 6,3 \qquad\qquad\qquad 7,0$$

$$H-C\equiv C-CH_2-Cl$$
2,6

$$H-C\equiv C-CH_2-I$$
2,8

$$H-C\equiv C-CH_3$$
2,9

$$H-C\equiv C-CH_2OH$$
2,5

$$H-C\equiv C-CH_2-CN$$
2,8

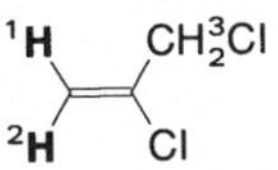

$$^1H \quad CH_2^3Cl$$
$$^2H \quad Cl$$
1,3 = 0,6
2,3 = 1,2

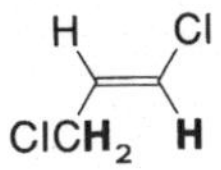

$$H \quad Cl$$
$$ClCH_2 \quad H$$
$^4J = 0,4$

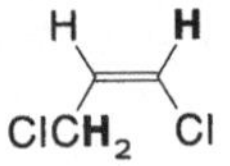

$$H \quad H$$
$$ClCH_2 \quad Cl$$
$^4J = 0,9$

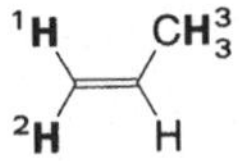

$$^1H \quad CH_3^3$$
$$^2H \quad H$$
1,3 = − 1,75
2,3 = − 1,33

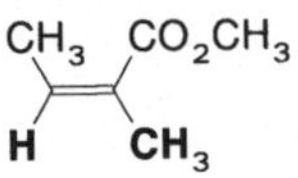

$$CH_3 \quad CO_2CH_3$$
$$H \quad CH_3$$
$^4J = 1,3$

$$H \quad CO_2CH_3$$
$$CH_3 \quad CH_3$$ 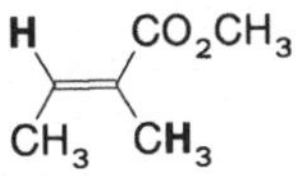
$^4J = 1,4$

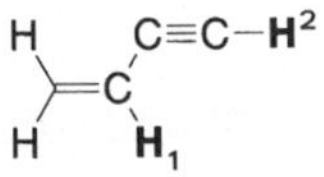

$$H \quad C\equiv C-H^2$$
$$H \quad H_1$$
$^4J = − 2,1$

$^5J_{H,\,H}$

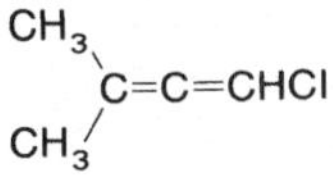

$$CH_3 \\ \quad C=C=CHCl \\ CH_3$$
$^5J = 2,1$

$$H-C\equiv C-C\equiv C-H$$
$^5J = 2,2$

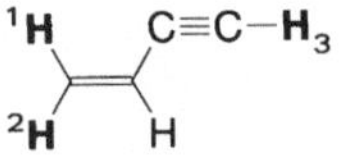

$$^1H \quad C\equiv C-H_3$$
$$^2H \quad H$$
1,3 = 0,7
2,3 = 0,8

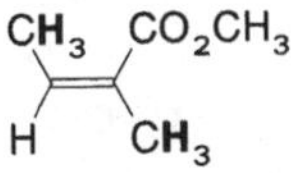

$$CH_3 \quad CO_2CH_3$$
$$H \quad CH_3$$
$^5J = 1,4$

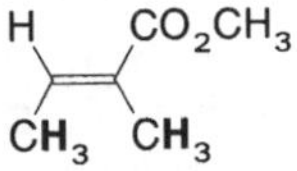

$$H \quad CO_2CH_3$$
$$CH_3 \quad CH_3$$
$^5J = 1,2$

$^6J_{H,H}$

$$CH_3-C\equiv C-C\equiv C-H$$
$$1{,}6$$

$^7J_{H,H}$

$$ClCH_2-C\equiv C-C\equiv C-CH_2-Cl$$
$$1{,}0$$

$^9J_{H,H}$

$$H_3C-C\equiv C-C\equiv C-C\equiv C-CH_2OH$$
$$0{,}4$$

7.3.2 $^{13}C-{^1H}$-Kopplungskonstanten

$^1J_{C,H}$

CH_4	CH_3-CH_3	
125	**124,9**	

(Cyclopropan, H) **160**

(Pyranose) **β 160** **α 170**

CH_3-CO_2H	**130**	$CH_3-CH(OCH_3)_3$	**186**
$-CN$	**136**	$-CHF_3$	**239**
$-NH_2$	**133**	$-CHCl_3$	**209**
$-NO_2$	**147**	$-(CH_3)_3P$	**127**
$-OH$	**141**	$-(CH_3)_3N$	**133**
$-Hal$	$\sim$ **150**	$-CH_2Cl_2$	**178**

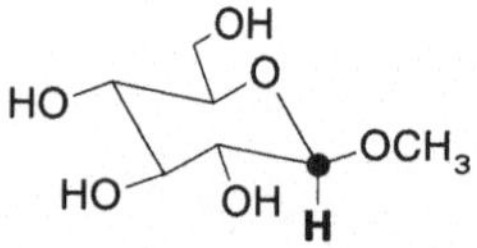

$H_2C=C$ **H 156** / **H 151,9**

$H_3C-C=C$ **H 153,5** / **H 157,0**

$F-C=C$ **H 159,2** / **200,2 H** ... **H 162,2**

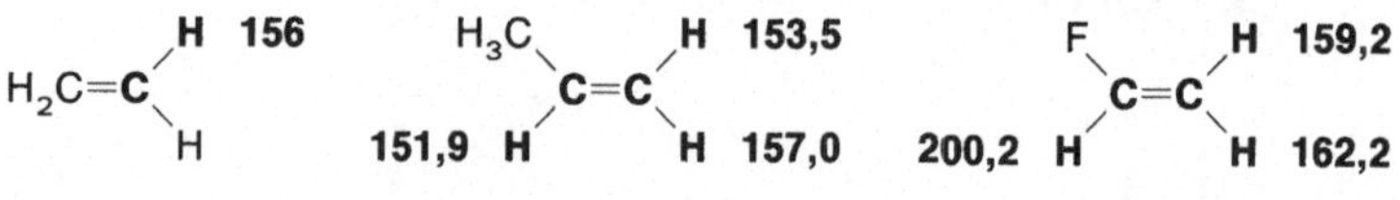

OHC   H 156,6   H₃C   HO   C₆H₅
    C=C   C=O   C=O   C=O
162,3 H   H 162,3   172 H   222 H   173,7 H

158,4   172   158,8

  H   Hal.   H
                                                               H
                                                            159,5

161,1   H 168,8   H 174,7

  H   H 201,8
     H 162,6   H 183,3
                        N
     H 177,4   H
H—C≡C—H 249

²J$_{C,H}$

H₃C—CH₃
  — 4,5   —3,7   —3,9

H₃C—CH₂	—X		CH₃—CH₂	—X
— 4,3	—CH₃		— 4,4	—CH₃
— 2,9	—NH₂		— 4,4	—NH₂
— 2,2	—OH		— 4,6	—OH
— 2,9	—Cl		— 4,5	—Cl

$H_3C-CH=CH_2$ $H_3C-CH=CH_2$ H_3C-CHO Cl_3C-CHO
+5,0   −6,8   +26,7   +46,3

$H_2C=CH_2$
−2,4   +4,7 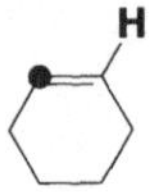   −0,3

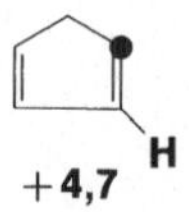

X−	C≡C−H
H	49,6
CHO	47,9
Cl	60,5
F	65,5

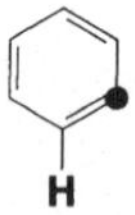

+1,1   3,1   8,5   0,9   0,7

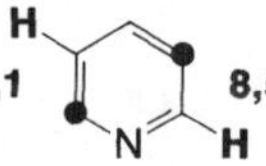

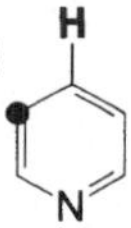

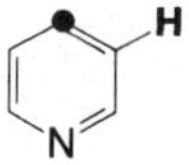

$^3J_{C,\,H}$

Die Kopplung $^3J_{CH}$ ist abhängig von der Bindungslänge, dem Valuenzwinkel und der Elektronegativität der Substituenten. Darüberhinaus müssen verschiedene Typen von Kopplungen unterschieden werden:

x, y = Heteroatom

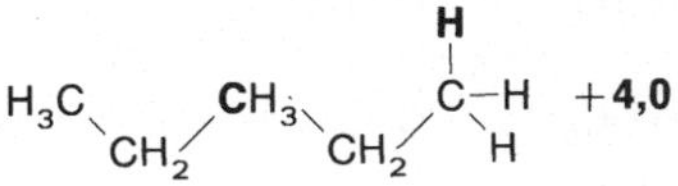
H₃C CH₂ CH₃ CH₂ C–H H H
+4,0

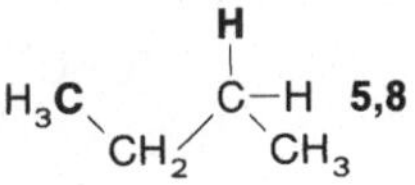
H₃C CH₂ C–H CH₃ H
5,8

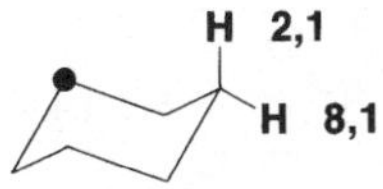
H 2,1
H 8,1

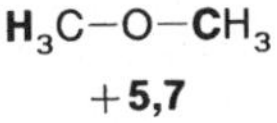
H₃C–O–CH₃
+5,7

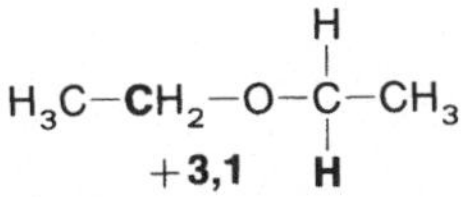
H₃C–CH₂–O–C–CH₃ H H
+3,1

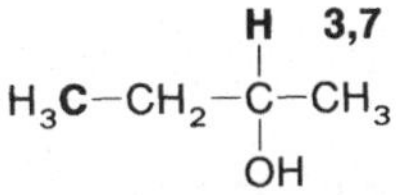
H 3,7
H₃C–CH₂–C–CH₃
OH

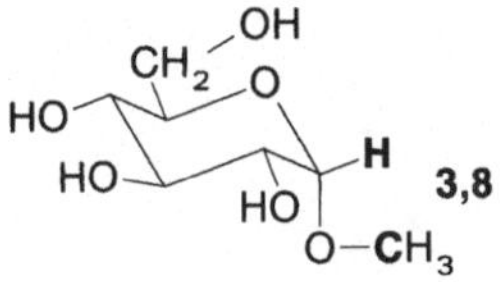
OH CH₂ O HO HO HO H O–CH₃
3,8

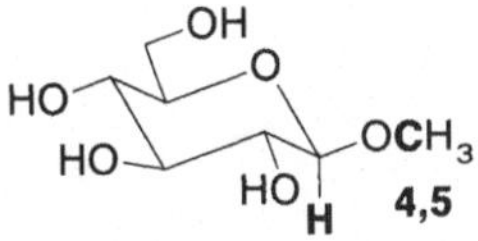
OH O HO HO HO OCH₃ H
4,5

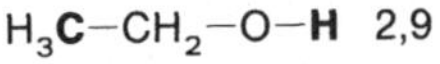
H₃C–CH₂–O–H 2,9

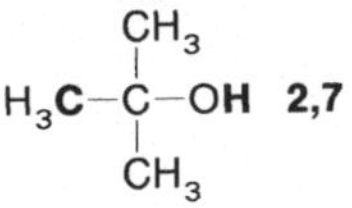
CH₃
H₃C–C–OH 2,7
CH₃

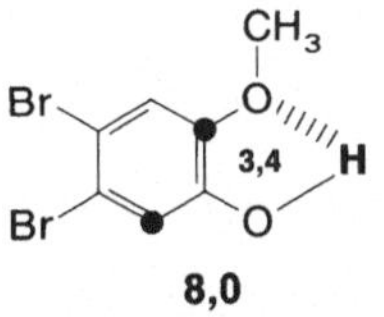
CH₃ O Br Br 3,4 H O
8,0

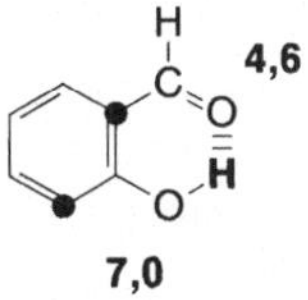
H C O H O 4,6
7,0

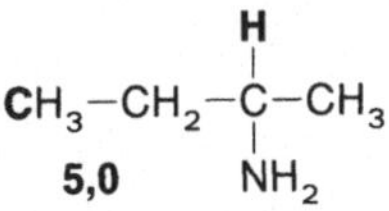
H
CH₃–CH₂–C–CH₃
5,0 NH₂

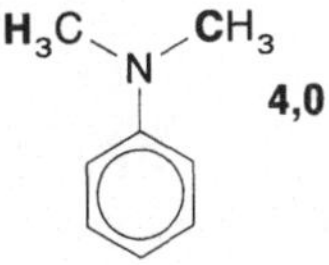
H₃C N CH₃
4,0

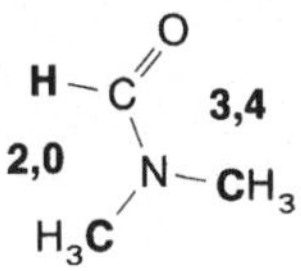
O H–C 3,4
2,0 N–CH₃ H₃C

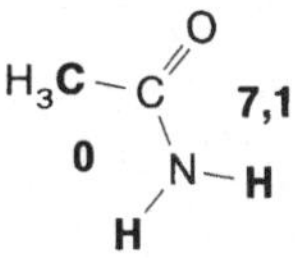
O H₃C–C 7,1
0 N–H H

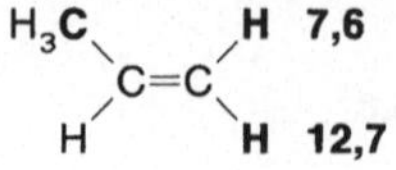

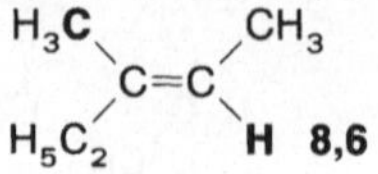

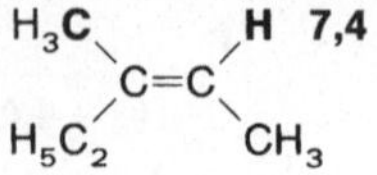

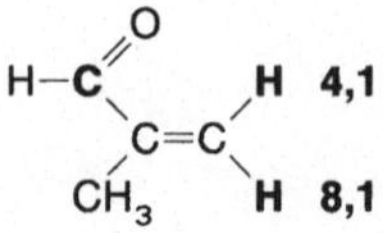

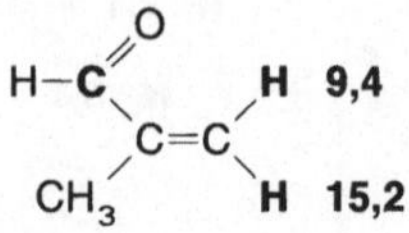

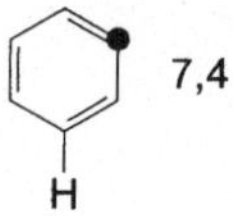

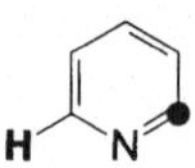

H₃C ... H 7,6
H ... H 12,7

H₃C ... CH₃
H₅C₂ ... H 8,6

H₃C ... H 7,4
H₅C₂ ... CH₃

H–C(=O) ... H 4,1
CH₃ ... H 8,1

H–C(=O) ... H 9,4
CH₃ ... H 15,2

7,4

11,1

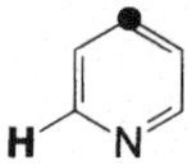

6,4

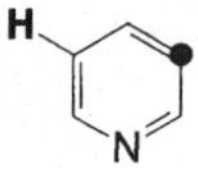

6,6

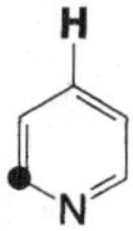

6,8

7.3.3 $^{13}C-^{19}F$-Kopplungskonstanten

$^1J_{C,F}$

CH₃F
-162

CH₂F₂
$-244,1$

CF₃H
-274

CF₄
-259

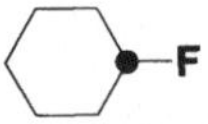

-170 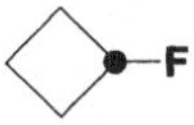 -298 CF₃Br -324 -272

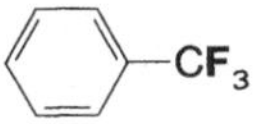

CF₃CO₂H
-283

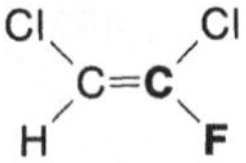

-300 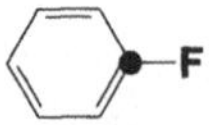 -245 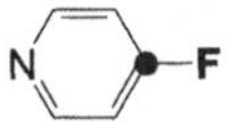 -255

$^2J_{C,F}$

$CH_3-CH_2-CH_2-F$
$+19,5$

CF₃CO₂H
$+43,6$

17   53

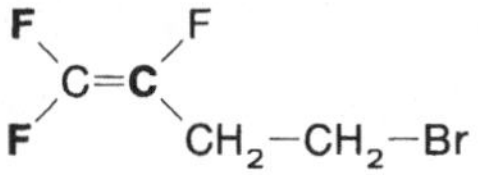

20 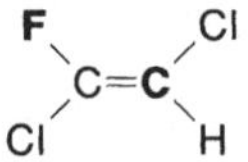   53

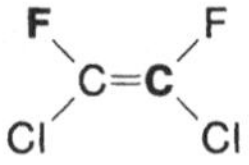

$^3J_{C,F}$

$CH_3-CH_2-CH_2-F$
6,7

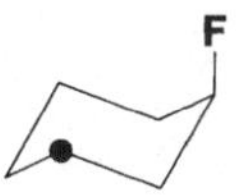

$<0,8$ 11,0   7,8   6,4

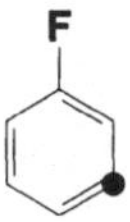

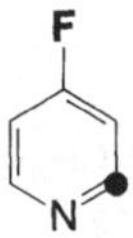

7.3.4 $^{31}P-^{1}H$-Kopplungskonstanten

$^{1}J_{P,\,H}$

PH_3	PH_4^+	P_2H_4	$CH_3-\overset{\overset{\displaystyle O}{\|\|}}{\underset{\underset{\displaystyle C_6H_5}{\|}}{P}}-H$
189	**548**	**186**	**467,8**

$(C_2H_5O)_2-\overset{\overset{\displaystyle O}{\|\|}}{P}-H$ $O=\overset{\overset{\displaystyle |\overline{O}|^{\ominus}}{\|}}{\underset{\underset{\displaystyle |\underline{O}|_{\ominus}}{\|}}{P}}-H$ HPF_4 H_2PSiH_3

688   **577**   **1075**   **1180**

$CH_3-\overset{\overset{\displaystyle O}{\|\|}}{\underset{\underset{\displaystyle C_6H_5}{\|}}{P}}-H$ $O=\overset{\overset{\displaystyle |\overline{O}|^{\ominus}}{\|}}{\underset{\underset{\displaystyle |\underline{O}|_{\ominus}}{\|}}{P}}-H$ $(C_2H_5O)_2\overset{\overset{\displaystyle O}{\|\|}}{P}-H$

467,8   **577**   **688**

$^{2}J_{P,\,C,\,H}$

$P(CH_3)_3$	$ClP(CH_3)_2$	$P(CH_3)_4^{\oplus}$	$(OCH_3)_3\overset{\oplus}{P}-CH_3$
2,7	**8,5**	**– 14,5**	**17,2**
$O=P(CH_3)_3$	$OPCl_2-CH_3$	$(OCH_3)_2\overset{\overset{\displaystyle O}{\|\|}}{P}-CH_3$	$(CH_3)_3PF_2$
– 13	**16,5**	**17,4**	**17,2**

$^{3}J_{P,\,C,\,C,\,H}$

$P(CH_2-CH_3)_3$	$P(CH_2-CH_3)_4^{\oplus}$	$OP(CH_2-CH_3)_3$
13,7	**18,1**	**18**

$^3J_{P,O,C,H}$

P(OCH$_3$)$_3$ C$_6$H$_5$—P(OCH$_3$)$_2$ (CH$_3$O)$_4$P$^\oplus$ (CH$_3$O)$_3$PO
11   11   11,2   11

(CH$_3$O)$_2$P(=O)—H   (CH$_3$O)$_2$P(=O)—CH$_3$ (C$_2$H$_5$)$_2$P(=O)—O—C(H 6,8)=CH—H 2,7 / H 1,2
12   11

$^3J_{P,N,C,H}$

(CH$_3$)$_2$N—PCl$_2$ (CH$_3$)$_2$N—P(CH$_3$)$_2$ ((CH$_3$)$_2$N)$_3$P$^\oplus$—Cl
13   9,8   13

((CH$_3$)$_2$N)$_3$P=O   (CH$_3$)$_2$N—P(=O)Cl$_2$ ((CH$_3$)$_2$N)$_2$P(=O)—Cl
9,5   15,8   13,4

((CH$_3$)$_2$N)$_2$PF$_3$
10,6

7.3.5 ^{13}C — ^{31}P-Kopplungskonstanten

$^1J_{C,P}$

(CH$_3$)$_3$P   (C$_6$H$_5$)$_3$P   (CH$_3$)$_3$P=O   (C$_6$H$_5$)$_3$P=O   (C$_6$H$_5$)$_3$P=CH$_2$
−13,6   −12,5   68   104,4   100   83,5

(CH$_3$)$_3$P=CH$_2$ (C$_6$H$_5$)$_3$P=CH—CO$_2$CH$_3$ (C$_6$H$_5$)$_2$P(=O)—C≡C—CH$_3$
+56   +90   91   126,7   121   174

$(C_2H_5)_4P^{\oplus}$

$+\,48{,}5$

$(C_6H_5)_3\overset{\oplus}{P}-CH_3$

$+\,88$ $+\,57$

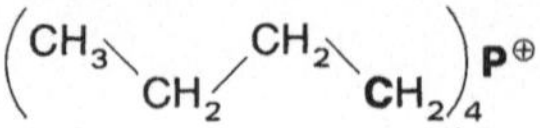

$\left(CH_3\diagdown_{CH_2}\diagup^{CH_2}\diagdown_{CH_2}\right)_4 P^{\oplus}$

$47{,}6$

$$H-C\equiv C-\overset{\displaystyle O}{\overset{\|}{P}}(OC_2H_5)_2$$

294

$$CH_3-\overset{\displaystyle O}{\overset{\|}{P}}(OCH_3)_3$$

142

$$ClH_2C-\overset{\displaystyle O}{\overset{\|}{P}}(OC_2H_5)_2$$

157

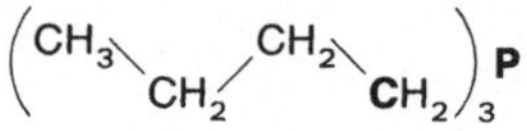

$\left(CH_3\diagdown_{CH_2}\diagup^{CH_2}\diagdown_{CH_2}\right)_3 P$

$-\,10{,}9$

$^2J_{C,\,C,\,P}\,,\ ^2J_{C,\,O,\,P}$

$(CH_3O)_3P$ $(C_6H_5O)_3P$ $(C_2H_5)_4P^{\oplus}$

10,1   **3,0** $-\,4{,}3$

$(C_6H_5)_3P{=}CH_2$ $(C_6H_5)_3P{=}O$

9,8   **9,8**

$$(C_6H_5)-\overset{\displaystyle O}{\overset{\|}{P}}-C\equiv C-CH_3$$

11,3   **31,4**

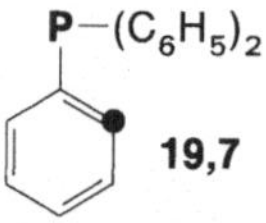

$P-(C_6H_5)_2$

19,7

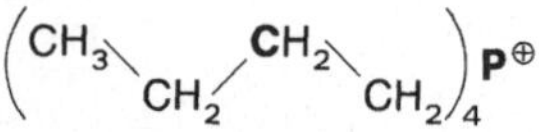

$\left(CH_3\diagdown_{CH_2}\diagup^{CH_2}\diagdown_{CH_2}\right)_4 P^{\oplus}$

$-\,4{,}3$

$$CH_3\diagdown_{CH_2}\diagup^{CH_2}\diagdown_{CH_2}\diagup\overset{\displaystyle O}{\overset{\|}{P}}-(OC_2H_5)_2$$

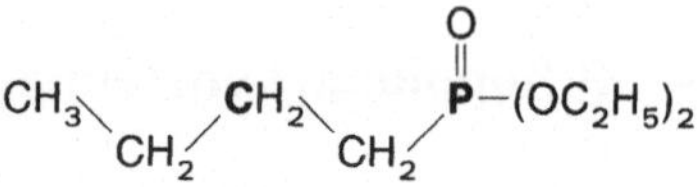

5,1

$^{3}J_{C,P}$

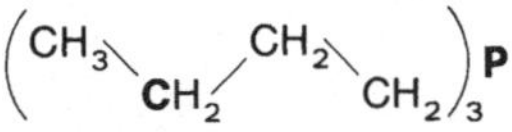

12,5

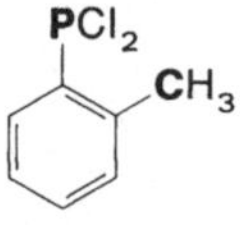

8,5

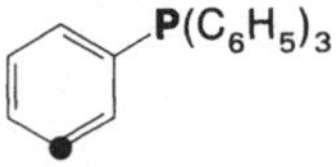

6,8

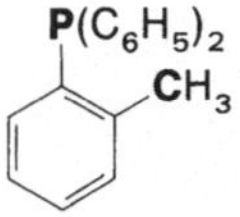

7,1

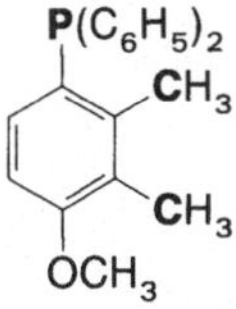

6,5

1,1

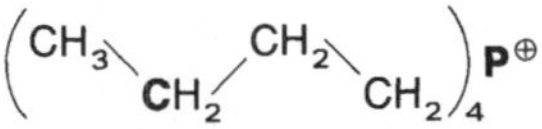

15,4

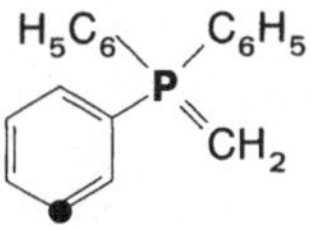

11,6

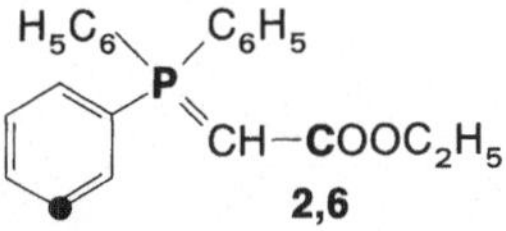

2,6

12,2

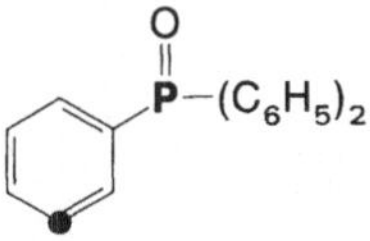

12,1

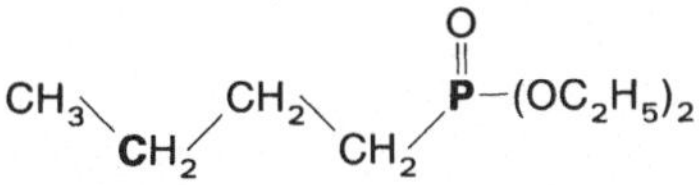

16,3

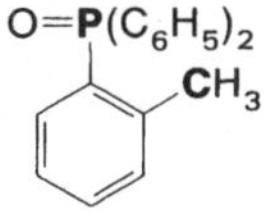

11,8

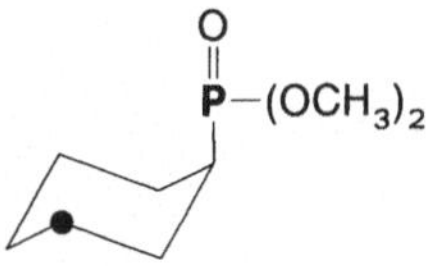

< **0,6**

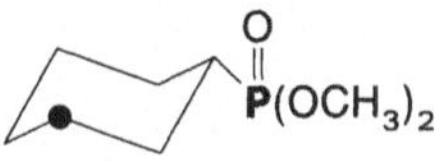

16,2

Quellennachweis

Bei der Zusammenstellung der in diesem Buch enthaltenen Daten wurden neben einigen Monographien auch zahlreiche Firmenschriften und Fachzeitschriften ausgewertet. Die wichtigsten Literaturquellen sind nachstehend genannt:

A. Monographien

U. Hübschmann, E. Links, Tabellen zur Chemie, Verlag Handwerk und Technik, Mannheim 1984

Küster-Thiel, Rechentafeln für die chemische Analytik, Walter de Gruyter, Berlin-New York 1982

Chimica – ein Wissensspeicher, Verlag Chemie Weinheim 1981

R. D. Harrison, Datenbuch Chemie-Physik, Vieweg & Sohn Braunschweig 1982

G. H. Aylward, T. J. V. Findlay, Datensammlung Chemie, Verlag Chemie Weinheim 1975

Rauscher-Voigt-Wilke-Wilke, Chemische Tabellen und Rechentafeln für die analytische Praxis, Verlag H. Deutsch, Frankfurt 1972

A. J. Gordon, R. A. Ford, The chemist's companion, J. Wiley & Sons, New York 1972

Handbook of Chemistry and Physics, CRC Press 1988

Chemiker-Kalender, Heidelberg 1984, Springer-Verlag

d'Ans/Lax, Taschenbuch für Chemiker und Physiker, Heidelberg 1983, Springer Verlag

Latscha-Klein, Chemie Basiswissen I Anorganische Chemie, Springer Verlag 1988

Latscha-Klein, Chemie Basiswissen II, Organische Chemie, Springer Verlag 1982

Latscha-Klein, Chemie Basiswissen III, Analytische Chemie, Springer Verlag 1984

H.-O. Kalinowski, S. Berger, S. Braun, ^{13}C-NMR-Spektroskopie; G. Thieme Verlag 1984

F. A. Bovery, NMR Data Tables for Organic Compounds, J. Wiley &
   Sons 1967

M. Hesse, H. Meier, B. Zeeh, Spektroskopische Methoden in der Organischen Chemie, G. Thieme Verlag 1984

W. von Philipsborn, R. Müller, ^{15}N-NMR-Spektroskopie – neue Methoden und ihre Anwendung, Angew. Chem. **98**, 381 (1986)

E. Breitmaier, W. Voelter, Carbon-13-NMR Spectroscopy, VCH-Verlagsgesellschaft Weinheim 1987

Methods in Stereochemical Analysis:
   J. G. Verkade, L. D. Quin, Phosphorous-31 NMR Spectroscopy
   in Stereochemical Analysis, VCH-Verlagsgesellschaft Weinheim
   1988

H. Böck, Infrarot-Spektroskopie, Analytiker-Taschenbuch, ▌; Band 4,
   201, Springer Verlag 1984

B. Einzelschriften

Broschüren, Informations- und Werbeschriften

Fa. Merck, Darmstadt, insbesondere
   – Tabellen für das Labor
   – Chromatographie-Katalog
   – Lösungsmittel nach Maß
   – Laborprodukte für die Praxis

Fa. Riedel-de Haen, Seelze/Hannover, insbesondere
   – Standardpuffer
   – Labor-Hilfstabellen

Fa. Merck Handbuch der instrumentellen Analytik –
NMR-Spektroskopie

Fa. Macherey-Nagel, Düren
   – Filtrierpapiere, Filtrierhilfsmittel
   – Chromatographieren

Fa. Auer, Berlin
   – Auer Technikum

Sachverzeichnis